第一推动丛书: 物理系列
The Physics Series

量子之谜
Quantum Enigma

[美] 布鲁斯·罗森布罗姆 [美] 弗雷德·库特纳 著 王文浩 译
Bruce Rosenblum Fred Kuttner

湖南科学技术出版社

图书在版编目（CIP）数据

量子之谜 /（美）布鲁斯·罗森布罗姆，（美）弗雷德·库特纳著；王文浩译．— 长沙：湖南科学技术出版社，2018.1（2024.10重印）
（第一推动丛书．物理系列）
ISBN 978-7-5357-9514-4
Ⅰ．①量… Ⅱ．①布… ②弗… ③王… Ⅲ．①量子力学—普及读物 Ⅳ．① O413.1-49
中国版本图书馆 CIP 数据核字（2017）第 226154 号

湖南科学技术出版社通过安德鲁·纳伯格联合国际有限公司独家获得本书中文简体版中国大陆出版发行权
著作权合同登记号 18-2011-292

LIANGZI ZHIMI
量子之谜

著者
[美] 布鲁斯·罗森布罗姆
[美] 弗雷德·库特纳
译者
王文浩
出版人
潘晓山
责任编辑
吴炜 戴涛 李蓓
装帧设计
邵年 李叶 李星霖 赵宛青
出版发行
湖南科学技术出版社
社址
长沙市芙蓉中路一段416号
泊富国际金融中心
http://www.hnstp.com
湖南科学技术出版社
天猫旗舰店网址
http://hnkjcbs.tmall.com
邮购联系
本社直销科 0731-84375808
印刷
湖南省汇昌印务有限公司
厂址
长沙市望城区丁字镇街道兴城社区
邮编
410299
版次
2018 年 1 月第 1 版
印次
2024 年 10 月第 9 次印刷
开本
880mm × 1230mm 1/32
印张
12
字数
256 千字
书号
ISBN 978-7-5357-9514-4
定价
59.00 元

THE
FIRST
MOVER

总序

《第一推动丛书》编委会

科学，特别是自然科学，最重要的目标之一，就是追寻科学本身的原动力，或曰追寻其第一推动。同时，科学的这种追求精神本身，又成为社会发展和人类进步的一种最基本的推动。

科学总是寻求发现和了解客观世界的新现象，研究和掌握新规律，总是在不懈地追求真理。科学是认真的、严谨的、实事求是的，同时，科学又是创造的。科学的最基本态度之一就是疑问，科学的最基本精神之一就是批判。

的确，科学活动，特别是自然科学活动，比起其他的人类活动来，其最基本特征就是不断进步。哪怕在其他方面倒退的时候，科学却总是进步着，即使是缓慢而艰难的进步。这表明，自然科学活动中包含着人类的最进步因素。

正是在这个意义上，科学堪称为人类进步的“第一推动”。

科学教育，特别是自然科学的教育，是提高人们素质的重要因素，是现代教育的一个核心。科学教育不仅使人获得生活和工作所需的知识和技能，更重要的是使人获得科学思想、科学精神、科学态度以及科学方法的熏陶和培养，使人获得非生物本能的智慧，获得非与生俱来的灵魂。可以这样说，没有科学的“教育”，只是培养信仰，而不是教育。没有受过科学教育的人，只能称为受过训练，而非受过教育。

正是在这个意义上，科学堪称为使人进化为现代人的“第一推动”。

近百年来，无数仁人志士意识到，强国富民再造中国离不开科学技术，他们为摆脱愚昧与无知做了艰苦卓绝的奋斗。中国的科学先贤们代代相传，不遗余力地为中国的进步献身于科学启蒙运动，以图完成国人的强国梦。然而可以说，这个目标远未达到。今日的中国需要新的科学启蒙，需要现代科学教育。只有全社会的人具备较高的科学素质，以科学的精神和思想、科学的态度和方法作为探讨和解决各类问题的共同基础和出发点，社会才能更好地向前发展和进步。因此，中国的进步离不开科学，是毋庸置疑的。

正是在这个意义上，似乎可以说，科学已被公认是中国进步所必不可少的推动。

然而，这并不意味着，科学的精神也同样地被公认和接受。虽然，科学已渗透到社会的各个领域和层面，科学的价值和地位也更高了，但是，毋庸讳言，在一定的范围内或某些特定时候，人们只是承认“科学是有用的”，只停留在对科学所带来的结果的接受和承认，而不是对科学的原动力——科学的精神的接受和承认。此种现象的存在也是不能忽视的。

科学的精神之一，是它自身就是自身的“第一推动”。也就是说，科学活动在原则上不隶属于服务于神学，不隶属于服务于儒学，科学活动在原则上也不隶属于服务于任何哲学。科学是超越宗教差别的，超越民族差别的，超越党派差别的，超越文化和地域差别的，科学是普适的、独立的，它自身就是自身的主宰。

湖南科学技术出版社精选了一批关于科学思想和科学精神的世界名著，请有关学者译成中文出版，其目的就是为了传播科学精神和科学思想，特别是自然科学的精神和思想，从而起到倡导科学精神，推动科技发展，对全民进行新的科学启蒙和科学教育的作用，为中国的进步做一点推动。丛书定名为“第一推动”，当然并非说其中每一册都是第一推动，但是可以肯定，蕴含在每一册中的科学的内容、观点、思想和精神，都会使你或多或少地更接近第一推动，或多或少地发现自身如何成为自身的主宰。

再版序
一个坠落苹果的两面：极端智慧与极致想象

龚曙光

2017年9月8日凌晨于抱朴庐

连我们自己也很惊讶，《第一推动丛书》已经出了25年。

或许，因为全神贯注于每一本书的编辑和出版细节，反倒忽视了这套丛书的出版历程，忽视了自己头上的黑发渐染霜雪，忽视了团队编辑的老退新替，忽视好些早年的读者，已经成长为多个领域的栋梁。

对于一套丛书的出版而言，25年的确是一段不短的历程；对于科学研究的进程而言，四分之一个世纪更是一部跨越式的历史。古人“洞中方七日，世上已千秋”的时间感，用来形容人类科学探求的速律，倒也恰当和准确。回头看看我们逐年出版的这些科普著作，许多当年的假设已经被证实，也有一些结论被证伪；许多当年的理论已经被孵化，也有一些发明被淘汰……

无论这些著作阐释的学科和学说，属于以上所说的哪种状况，都本质地呈现了科学探索的旨趣与真相：科学永远是一个求真的过程，所谓的真理，都只是这一过程中的阶段性成果。论证被想象讪笑，结论被假设挑衅，人类以其最优越的物种秉赋——智慧，让锐利无比的理性之刃，和绚烂无比的想象之花相克相生，相否相成。在形形色色的生活中，似乎没有哪一个领域如同科学探索一样，既是一次次伟大的理性历险，又是一次次极致的感性审美。科学家们穷其毕生所奉献的，不仅仅是我们无法发现的科学结论，还是我们无法展开的绚丽想象。在我们难以感知的极小与极大世界中，没有他们记历这些伟大历险和极致审美的科普著作，我们不但永远无法洞悉我们赖以生存世界的各种奥秘，无法领略我们难以抵达世界的各种美丽，更无法认知人类在找到真理和遭遇美景时的心路历程。在这个意义上，科普是人类极端智慧和极致审美的结晶，是物种独有的精神文本，是人类任何其他创造——神学、哲学、文学和艺术无法替代的文明载体。

在神学家给出“我是谁”的结论后，整个人类，不仅仅是科学家，包括庸常生活中的我们，都企图突破宗教教义的铁窗，自由探求世界的本质。于是，时间、物质和本源，成为了人类共同的终极探寻之地，成为了人类突破慵懒、挣脱琐碎、拒绝因袭的历险之旅。这一旅程中，引领着我们艰难而快乐前行的，是那一代又一代最伟大的科学家。他们是极端的智者和极致的幻想家，是真理的先知和审美的天使。

我曾有幸采访《时间简史》的作者史蒂芬·霍金，他痛苦地斜躺在轮椅上，用特制的语音器和我交谈。聆听着由他按击出的极其单调的金属般的音符，我确信，那个只留下萎缩的躯干和游丝一般生命气息的智者就是先知，就是上帝遣派给人类的孤独使者。倘若不是亲眼所见，你根本无法相信，那些深奥到极致而又浅白到极致，简练到极致而又美丽到极致的天书，竟是他蜷缩在轮椅上，用唯一能够动弹的手指，一个语音一个语音按击出来的。如果不是为了引导人类，你想象不出他人生此行还能有其他的目的。

无怪《时间简史》如此畅销！自出版始，每年都在中文图书的畅销榜上。其实何止《时间简史》，霍金的其他著作，《第一推动丛书》所遴选的其他作者著作，25年来都在热销。据此我们相信，这些著作不仅属于某一代人，甚至不仅属于20世纪。只要人类仍在为时间、物质乃至本源的命题所困扰，只要人类仍在为求真与审美的本能所驱动，丛书中的著作，便是永不过时的启蒙读本，永不熄灭的引领之光。

虽然著作中的某些假说会被否定，某些理论会被超越，但科学家们探求真理的精神，思考宇宙的智慧，感悟时空的审美，必将与日月同辉，成为人类进化中永不腐朽的历史界碑。

因而在25年这一时间节点上，我们合集再版这套丛书，便不只是为了纪念出版行为本身，更多的则是为了彰显这些著作的不朽，为了向新的时代和新的读者告白：21世纪不仅需要科学的功利，而且需要科学的审美。

当然，我们深知，并非所有的发现都为人类带来福祉，并非所有的创造都为世界带来安宁。在科学仍在为政治集团和经济集团所利用,甚至垄断的时代，初衷与结果悖反、无辜与有罪并存的科学公案屡见不鲜。对于科学可能带来的负能量，只能由了解科技的公民用群体的意愿抑制和抵消：选择推进人类进化的科学方向，选择造福人类生存的科学发现，是每个现代公民对自己，也是对物种应当肩负的一份责任、应该表达的一种诉求！在这一理解上，我们将科普阅读不仅视为一种个人爱好，而且视为一种公共使命！

牛顿站在苹果树下，在苹果坠落的那一刹那，他的顿悟一定不只包含了对于地心引力的推断，而且包含了对于苹果与地球、地球与行星、行星与未知宇宙奇妙关系的想象。我相信，那不仅仅是一次枯燥之极的理性推演，而且是一次瑰丽之极的感性审美……

如果说，求真与审美，是这套丛书难以评估的价值，那么，极端的智慧与极致的想象，则是这套丛书无法穷尽的魅力！

谨以此书纪念约翰·贝尔——20世纪后半叶杰出的量子理论家。他的著作、演讲和个人通信启发了我们。

弄清楚事情的因果关系不是很好吗，即便这在实用上不是必要的！ 例如，假设量子力学被发现不遵从精确的形式体系，假设这种形式体系超越了实用目的，我们发现有一种挥之不去的力量坚定地指向主题之外，引向观察者的心灵，引向佛经圣典，引向上帝，甚至唯一的引力，这难道不是非常有趣么？

——约翰·贝尔

致谢

在本书成文期间，我们从那些阅读过本书零星篇章的初稿和修改稿的同事所提出的建议、批评和更正当中获益良多。我们衷心感谢Leonard Anderson，Phyllis Arozena，Donald Coyne，Reay Dick，Carlos Figueroa，Freda Hedges，Nick Herbert，Alex Moraru，Andrew Neher和Topsy Smalley给予的帮助。

我们热诚感谢本书前一版的编辑Michael Penn给予的颇具眼光的忠告和支持，感谢本版编辑Phyllis Cohen提出的真知灼见、她的持续支持和对本书进一步完善所给予的鼓励。我们感谢本书出版编辑Stephanie Attia所给予的有益的建议，感谢出版编辑Amy Whitmer在第二版成书过程中给予的高效支持。

我们的代理人Faith Hamlin，自始至终给予我们重要的忠告和热诚的鼓励。我们对她在本书成书过程中的积极参与予以高度评价。

第二版
前言

量子力学获得了惊人的成功，至今没有一项理论预言是错的。全球经济的三分之一依赖于以此为基础的产品。然而，量子力学还是显得迷雾重重。它告诉我们，物理实在是由观察产生的，并且这种“幽灵作用”能够在两个相距遥远的事件之间瞬时传递——无须借助物理力。从人类的角度来看，量子力学使物理学遭遇到意识问题。

本书描述了一些无可争议的实验事实以及量子理论对它们的公认解释。我们讨论了现今各种各样的解释，以及每一种这类解释如何遇到意识上的困境。幸运的是，量子之谜可以用非专业性语言进行深入探讨。量子力学所呈现的神秘性，即物理学家所谓的“量子测量问题”，即使在最简单的量子实验中也会即刻表现出来。

近年来，对量子力学的基础和奥秘进行调查呈大幅上升之势。量子现象在计算机工程、生物研究乃至宇宙学领域的表现变得更加明显。本书第二版包括了在这方面理解和应用的最新进展。我们在大范围课堂教学和小型研讨会上均使用过本书内容，这使我们能够改进我们的陈述。这些改进已在读者、其他采用本书作教材的老师和评论员的评述中产生良好反响。我们打算在本书的网站www.quantumenigma.com上扩大和更新本书的内容。

目录

第1章
爱因斯坦为何称其为“幽灵”

我对量子问题的思考可以说和对广义相对论的思考一样多。

——阿尔伯特·爱因斯坦

我无法真正相信（量子理论），因为……物理学表示的是一种时间和空间上的实在，容不得超距的幽灵行为。

——阿尔伯特·爱因斯坦

3 20世纪50年代的一个周末，我在普林斯顿大学访友时，朋友曾问他的女婿比尔·贝内特和我（布鲁斯）是否愿意和他的朋友阿尔伯特·爱因斯坦晚上小聚一下。这样，我们两个诚惶诚恐的物理系研究生不久便来到爱因斯坦家的客厅，他穿着拖鞋和运动衫来到楼下。我因为紧张，只记得茶点，却忘了谈话是如何开始的。

爱因斯坦很快就问起我们关于量子力学课的事情。他赞同我们的主讲老师选用戴维·玻姆的书作教材，他问我们是否喜欢玻姆对量子理论所暗示的奇异性质的处理。我们无法回答，因为课上老师让我们跳过教材的这一部分，将注意力集中在题为“量子理论的数学形式体系”一节。爱因斯坦坚持与我们探讨关于这一理论的真正含义，但他所关注的问题是我们不熟悉的。我们的量子物理课程侧重的是这一理论的运用而不是它的意义。爱因斯坦对我们对这个问题的反应感到失望，于是谈话便随之结束了。[4]

很多年以后我才明白，爱因斯坦为什么这么关注量子理论的神秘影响。我不知道，早在1935年他便指出，这个理论需要以一地的观察能够在无须任何物理力的作用下瞬时影响到遥远之处所发生的事情为前提。他将这种实际上并不存在的性质讥讽为“幽灵作用”。这令量子理论的推动者们倍感诧异。

爱因斯坦还为下述理论陈述所困扰：如果你观察小的对象，譬如说某处的一个原子。结果却造成因为你的观察而使它跑到别处去了。这种效应对于大的物体是否适用呢？ 原则上，是的。作为嘲笑量子理论的例子，爱因斯坦曾半开玩笑地对一位物理学同行说，他是否相信月亮的存在只有在看到它时才算。根据爱因斯坦的理解，如果你认真对待量子理论，你就必须否认存在一个独立于观察的物理实在世界。这是一项非常严重的质疑，因为量子理论不只是许多物理学理论中的一种，而更是整个物理学的基本框架。

本书着重于量子理论中那些困扰爱因斯坦的神秘推断。这些推断大致出现于从他1905年最初建议的量子学说直到他去世后的半个世纪的时间里。在与爱因斯坦交谈的那个晚上之后，我几乎没有想过量子的古怪性质，即物理学家所称的“测量问题”。作为研究生，我曾对“波粒二象性”问题感到疑惑。它是这样一种疑难：如果你以这种方式来观察，你可以证明原子是一个物质聚集于一处的致密客体；但如果你用另一种方式来观察，你得到的结果完全是另一码事儿。你能确信原子不是一个致密物体，而是在广泛区域里传播的波。这一矛盾让我困惑，但我以为，如果花上几个小时来仔细思索，我能够想得通，就像我的老师那样。但作为一名研究生，我有更紧迫的事情要做。我的博士论文涉及大量的量子理论，但像大多数物理学家那样，我很少关心这一理论的深层含义，更没有意识到它远远超出了单纯的“波粒二象性”范围。

在做了10年的应用物理研究和科研管理之后，我转任加州大学圣克鲁斯分校（UCSC）教师。在为文科学生开设物理课的同时，量[5]子力学的奥秘吸引了我。而在意大利举行的为期一周的关于量子力学基础的会议则又将我带回到很久以前在普林斯顿那个毫无准备的与爱因斯坦交谈的夜晚。

当我（弗雷德）在麻省理工学院大学三年级上量子力学课时，我在笔记本里写下了薛定谔方程，我看着这个主宰宇宙中一切的方程而感到非常激动。后来我变得疑惑：量子力学断言，原子的自旋方向可以同时指向不止一个方向。我花了好些时间试图弄懂它，但最后还是放弃了。我猜想恐怕得学到更多的知识后才能理解它。

因此在进行博士论文选题时，我选了磁系统的量子分析作为攻读方向。我在运用量子理论时变得轻率，没有时间去思考那到底意味着什么。我忙于发表论文，拿到学位。在几个高科技公司干了一段时间后，我加入了加州大学圣克鲁斯分校的物理系。

我们两个人开始探索物理学与思辨哲学的边界，这使我们的物理学同事感到惊讶。我们以前的研究领域是相当传统的，甚至实用（有关我们在工业和学术研究方面的更多背景和联系信息，见本书网站www.quantumenigma.com）。

物理学领域的难言之隐

量子力学获得了惊人的成功，至今没有一项理论预言是错的。全球经济的三分之一依赖于以此为基础的产品。然而，我们对量子理论所要求的世界观的陌生程度可能远远超乎我们的想象。让我们来看看为什么是这样。

我们大多数人都有这样一些常识性的直觉：一个对象不可能同时处在分开的两地。显然，一个人在这里决定做什么不可能立即影响到远离此地的某个地方发生的事情。我们也不会认为“那里”的真实世界与我们是否看到它有关系。量子力学则挑战这些直觉。若什（J.M.Jauch）告诉我们：“对于许多有思想的物理学家来说，（量子力学的深层含义）还是像家丑那样的难言之隐。”

我们从困扰爱因斯坦的量子理论开始叙述。什么是量子理论呢？ 6
量子理论是一种在20世纪早期发展起来的、用于解释原子行为机制的理论。在早期，人们发现，一个物体的能量可以按某个离散量的大小即量子来改变，因此描述这种行为的理论被称为“量子力学”。“量子力学”既包括实验观察也包括量子理论对观察结果的解释。

量子理论是每一门自然科学——从化学到宇宙学——的基础。我们需要量子理论来理解为什么阳光普照，电视机是如何产生图像的，为什么草是绿的，以及宇宙是如何从大爆炸演化而来的。现代技术就是建立在基于量子理论所设计的器件之上的。

前量子理论物理学，或称“经典力学”或“经典物理学”，有时也称“牛顿物理学”，是一种用来描述比分子大得多的物体的绝好的近似理论，它对物体的处理通常要比量子理论简单得多，但它只是一种近似处理。对于由原子构成的一切事物，它无能为力。尽管如此，经典物理学却是我们的传统智慧——牛顿世界观——的基础，尽管我们现在知道这个古典的世界观在根本上是有缺陷的。

自古以来，哲学家一直对物理实在的性质进行着深奥的猜测。在量子力学之前，人们拒绝这样的理论性思考，而采取一种简单的、常识性世界观，具有逻辑上的必然性。今天，量子实验否定了这种常识性的物理实在。它不再是一种合理的选择。

量子力学建议的世界观与科学之外的东西可能有关联吗？对此请考虑两个确实有这类相关性的早期发现：否定了地球是宇宙中心的哥白尼理论和达尔文的进化论。在某种意义上，量子力学与外界的相关性要比哥白尼或达尔文的思想更直接，后者处理的是与遥远之外或很早以前的联系，而量子理论研究的是这里和现在，它甚至与我们人类的本质——我们的意识——相联系。

那么，为什么量子力学没有像那些早期的思想那样对人类产生知识上和社会性的影响呢？ 这也许是因为这些早期思想较容易理解，从而也更易为人们所相信的缘故。你可以用几句话大致总结哥白尼或达尔文的影响。至少对现代人来说，这些理论都好理解。但如果你尝[7]试总结量子理论的影响，你所得到的结论听上去则有一种神秘感。

不管怎样，这里我们试着粗略总结一下：量子理论告诉我们，对一物的观察可以瞬间影响到遥远距离之外的另一个物体的行为，即使二者间不存在任何连接。这些作用就是爱因斯坦所称的“幽灵作用”，但现在它们已被证明是真实存在的。量子理论还告诉我们，一个物体可以同时出现在两个地方。只有在对其观察后我们才能发现它恰好在某个特定的地方。因此，量子理论否认存在一个独立于观察的物理实在世界。（我们将看到，“观察”是一个棘手且有争议的概念。）

奇怪的量子现象只有在小物体上才能得到直接验证。经典物理学能够在近似程度极高的水平上描述大物体的合理行为。但大物体是由小物体组成的。因此作为一种世界观，经典物理学对于微观世界是行不通的。

经典物理学可以相当好地解释世界，它只是不能处理“细节”。而量子物理学则能够完美地处理“细节”，但它恰恰无法解释世界。因此你可以知道为什么爱因斯坦感到不安。

现代量子理论的创始人之一薛定谔曾通过他的著名的猫故事来强调量子理论所述东西的“荒谬性”。根据量子理论，这只未观测到的薛定谔猫既是死的也是活的，直到你对它的观察使得它要么死掉要么活着，二者择一。这里有些东西更难接受：如果发现猫死了，那么这个发现便产生出其尸僵发展的历史；如果发现它活着，则这个发现触发了其饥饿的历史。时间上总是倒回去的。

量子理论所包含的谜团已经使物理学家为此奋斗了80年。这期间，尽管形成了特定的专业知识，培养了天才的物理学家，但并不能保证目前的理解就非常可靠。因此，我们这些物理学家只能以谦虚的方式来处理这个问题，尽管我们发现这很难。

值得注意的是，要讲清楚什么是量子之谜，基本上无须涉及太多的物理学背景。那是不是有可能某个在量子理论方面未经多年训练的人就能提出新的见解？只有小孩子才会指出皇帝没穿衣服。

8 **争议**

我们这本书是在给文科学生讲授量子力学的奥秘的基础上整理而成的。量子力学部分是普通物理学课程最后几周要讲的内容。当我（布鲁斯）在系教学会议上首次提出开设这门课程时，曾遭到一名教师的反对：

> 虽然你说的都是对的，但你想过没有，向非科学家讲述这些东西就好比让孩子玩真枪。

这位持反对意见的老师，我的好朋友，有一个很好的理由：有些人，看到坚实的物理科学与意识心灵之谜相联系，便会变得对所有各种伪科学的谬论缺乏免疫。我的回答是，我们教的是“安全枪”：我们强调的是科学方法。开课申请得到了批准。弗雷德现在就教授这门课，它已成为我们系最受欢迎的课程。

这里我们要明确指出，标题“遭遇意识”里所谈的意识，并不意味着“精神控制”，不是说你的想法可以直接控制物理世界。那是不是说我们所描述的量子实验的无可争议的结果意味着意识在物理世界扮演着一种神秘角色呢？ 这是一个在物理学科边缘产生的激烈争论的问题。

由于本书将注意力聚焦在这个边界处，即量子之谜出现的地方，因此它必然是一本有争议的书。但是，我们绝对不是要说量子力学本身是有争议的，而是说这些结果所蕴含的神秘性是否超出了物理学范畴这一点是有争议的。对于许多物理学家来说，这种莫名其妙的怪事最好不要谈论。物理学家们（包括我们自己）会因为他们的学科遇到一些“非物理的”譬如意识问题而感到不舒服。虽然量子事实没有异议，但对这些事实背后的意义，对量子力学要告诉我们的关于这个世界的东西，有激烈的争辩。在物理系讲这些内容，尤其是在物理课上或对非专业听众讲这些内容，会招致一些教师的不满。（当然，并非只有物理学家对物理现象讨论中神秘出现的意识问题感到不适。它对我们所有人的世界观构成挑战。）

爱因斯坦的传记作者说起过，在20世纪50年代，如果物理系里[9]的非终身教职员对量子理论的奇异影响表现出任何兴趣，那都将危及到职业生涯。但时代在改变。如今，对量子力学根本问题的探索——这不可避免地会涉及意识——已经增强并超越物理学延伸到心理学、哲学，甚至计算机工程等领域。

由于从实用的角度看，量子理论非常有效，因此一些物理学家否认这其中还有任何问题。这种拒绝态度使得在非物理学家对量子力学的理解方面听任伪科学传播者的摆布。电影《我们到底知道多少》即是令我们感到遗憾的伪科学的例子。（如果你对这部影片不熟悉，请读我们在第15章的评论。）真正的量子之谜要比“哲学”对这些问题的处理更离奇，也更深刻。了解真正的量子之谜，需要多一点精神努力，但它是值得的。

在一个有几百名物理学家（包括我们两个人）参加的物理学会议上，报告后的讨论期间爆发了争论。（辩论的热烈程度充满整个礼堂，2005年12月的《纽约时报》对此曾有报道。）一位与会者认为，正因为它古怪，所以量子理论有问题。另一个人则极力否认量子力学有问题，指责前者没抓住“要点”。第三个人插话说：“我们还太年轻。我们应该等待，到2200年时，量子力学在幼儿园都能教。”第四个人则概括说：“世界并不像我们认为的那般真实。”这其中前三位都是诺贝尔物理学奖的获得者，第四位是一位很有竞争力的候选人。

这场争论让我们想起反映我们自己偏见的一个比喻。一对夫妇去民政部门就他们的婚姻寻求帮助。妻子说：“我们的婚姻有问题。”但她丈夫不同意，说：“我们的婚姻没有问题。”婚姻调解员一听就明白了谁是正确的。

量子理论的解释

在爱因斯坦生命的最后20年里，他对量子理论的坚持不懈地挑战往往很少再有人理会，因为他已与现代物理学脱节了。在否定他所发现的隐藏在量子理论中的“幽灵作用”的实在性方面，他确实错了。这种作用现在叫“纠缠”，已被证明是确实存在的。然而，爱因斯坦仍被公认为当今理论界最有先见之明的批评家。他不断呼吁理论的奇异特性绝不能撇开不管，这一点已被今天对量子理论的生猛解释的丰富性所证明。

在第15章中，我们介绍几种有关量子力学要告诉我们的关于物理世界（包括我们自身）的争鸣观点和解释。它们都是在广泛的数学分析的基础上发展而来的严肃建议。它们以不同的方式暗示了观察创造物理实在，认为存在许多平行的世界，在每个世界里有我们每个人，这是一个普遍连通的世界，未来影响着过去，一个超越物理实在的实在，甚至对自由意志形成挑战。

在物理学不再保持共识的边界处，量子理论的含义是有争议的。有关由什么来证明意识问题的大多数解释，出于实用目的被忽略了。然而，在探索理论基础方面，当今的大多数专家承认，量子力学的谜团之一通常就是遇到的意识问题。虽然我们对意识感触最深，但意识的本质仍是不明确的。物理学对此无法处理，但不能忽视。

诺贝尔物理学奖获得者弗兰克·维尔切克最近评论道：

> （有关量子理论意义的）相关文献众所周知是有争议的和模糊的。我相信它仍将是这样，直到有人在量子力学的形式框架下构建出一个“观察者”，即一个模型实体，其状态对应于自觉意识可辨认的漫画……这是一项艰巨的工程，远远超出了传统物理学所认可的范围。

正如我们给出不争的事实，强调这个谜团对我们构成的挑战，这里我们并不提供这个谜团的解决方案。我们只是提供读者自己琢磨的基础。值得庆幸的是，这一有争议的问题不需要具备多少物理学知识就可以理解。

第 2 章
造访纳根帕克——一个量子寓言

与其做得过火，不如做个彻底。

——G.I. 葛吉夫[1]

我们要在几章之后才会遇到量子力学所带来的谜团。这里我们不妨先看一个悖论。以今天的技术，我们只能在微小物体上显现量子谜团，但实际上量子力学适用于一切物理对象。

我们先来讲个物理学家访问纳根帕克的故事。这是一个虚拟的地方，它有一种神奇的技术，可以借助于大的物体（男人和女人）而不是在原子层面上来显示类似于量子谜团的景象。这个寓言可以告诉我们一些现实世界中不可能取得的东西，但是要注意我们的访客在纳根帕克遇到的困惑。他的困惑正是我们这个寓言的要点。在后面的章节中，你将会遇到类似的困惑。

1. G. I. 葛吉夫（1866—1949），出生地不详，早年以修行游历过很多地方，包括印度、西藏、埃及、麦加等，集佛教、苏菲密教和基督教的一些观念自创"第四道"，提倡顿悟，常用偏激预言警醒弟子。——译者注

序幕：前往纳根帕克的自信的访客

让我告诉你为什么我这会儿正穿着雨鞋，踩着泥巴，走在这条险道上。由于量子力学可以使大自然现出神秘，因此有些人会被误导去接受超自然的愚昧。

上个月，我与一些通常很睿智的朋友在加州旅行。然而，那里的人们似乎特别容易听信有关量子的流言。我的朋友们谈到纳根帕克有个叫"罗伯"的人。纳根帕克是个处于高高的希马乌拉尔山脉的村庄。他们声称这位萨满[1] 可以用大的东西来显现类似量子的现象。这显然是荒谬的！

12　我向他们解释这样的演示是不可能的，但他们指责我是个头脑封闭的科学家。我决定接受这个挑战，前去调查一番。他们中的一位从事网络业务的亿万富翁为我提供这趟行程的经费。他承认他几个月前刚卖了他的公司，免得走霉运。物理系的同事则劝我不要浪费时间去干这档子吃力不讨好的事情，劝我最好做些严肃的物理研究，发些文章，这对我获得终身教职有益。但我相信，一个热心公益的科学家应该花些力气去调查不合理的观念来防止其传播。就这样我来到这里。

我带着完全开放的心态来看待这件事，想着回去后我便揭穿这种

1. 萨满教徒的简称。萨满教是一种流行于亚洲北部和北美地区的原生性（即不是由某人开创的）宗教。日常以驱魔、占卜、祈福等仪式服务于大众。仪式通过舞蹈、击鼓和歌唱来表现神灵附体，完成与凡人的交流（即民间跳大神活动）。"萨满"一词的本义是智者、通晓和探究等。—— 译者注

无稽之谈。但当我在纳根帕克的时候，我需要谨慎。这个萨满的伎俩可能是当地宗教仪式的一部分。

道路变得不那么陡峭，而且越来越宽阔，尽头是一个中等大小的广场。我们的访客已经抵达纳根帕克。他欣慰地看到，他的朋友对他的远道而来安排得挺到位。人们在等待他的到来。他受到罗伯和一群村民的热情欢迎。

罗伯：你们的技术使你们局限在只能用小的和简单的对象来进行演示。而我们的“技术”，如果您不反对我这么称呼它，可以为您提供一种用最复杂的实体来进行的示范。

访客：（*热情但有些疑虑地*）那敢情好，我真希望早点看到。

罗伯：我已经作了安排。您可以问一个适当的问题，我们就把答案展示给您看。我相信，这里提出问题和作答的过程，很像你们科学家所称的“做实验”。您希望有这方面的经历对吧？

访客：（*看上去迷茫地*）哦，是的……

罗伯：我会准备好进行这种实验。

罗伯向两间相距大约20码（约18米）的小屋打个手势，两屋之间站着一男一女两个手牵手的年轻人。

罗伯：我们做实验准备，就是你们叫做“准备状态”的过程，必须在无人观察的条件下进行。故请戴上这个头罩。

访客顺从地让人将一只黑色头罩戴在他头上。罗伯继续做着实验准备。

罗伯：现在一切准备就绪，请除掉头罩。在这两间小屋的一间屋中有一对男女，一个男人和一个女人在一起。另一间屋子是空的。您的第一个“实验”是要确定哪间小屋有人，哪间小屋是空的。请问一个适当的问题。

访客：好的，请问哪间小屋有这对男女，哪间小屋是空的？

罗伯：非常好，做得好！

罗伯给助手发信号，助手打开右边小屋的门，显示一男一女手挽着手羞涩地微笑着。随后，他打开了另一间小屋的门，里面是空的。

罗伯：请注意，我的朋友，您得到了一个合适的答案。这俩人确实在一间小屋里。另一间小屋自然是空的。

访客：（*不为所动，但有礼貌地*）嗯。是的，我明白了。

罗伯：但我知道，重复性对科学家来说是至关重要的。所以我们将重复这个实验。

这个过程为我们的访客重复了6次。有时男女俩在右边的小屋，有时在左边的小屋。看到访客显然已经感到厌

烦，罗伯让人停止了演示和解释。

罗伯：（*有点兴高采烈地*）请注意，我的朋友！您提的要求是看看这对男女待在哪里，这使得这个年轻男子和这个年轻女子一起待在了一间小屋里。

访客：（*千里迢迢赶来，看到的却是这么一种不起眼的示范，感到很恼火。但他发现现在不是发火的时候*）是我问的问题造成了这两人待在一间小屋？废话！您安置他们的时候我不是戴着头套吗？哦，不过，我很抱歉。非常感谢您的演示。但天色已晚，我得下山了。

罗伯：不，应道歉的是我。我应该知道，美国人保持注意力的时间很短暂。我听说你们居然在许多仅显示30秒的小玻璃幕墙上就选定了你们国家的领导人。

但请别离开，我们现在进行第二个实验。您会问不同的问题。您会问一个问题而导致男人和女人分别处在各自的小屋。

访客：嗯，但是我真的必须下山了……

不待访客犹豫，罗伯便已将头套递给他，访客只好耸耸肩，戴上它。一会儿罗伯接着说。

罗伯：请取下头套。提个新问题，一个能确定男人在哪个屋，女人在哪个屋的问题。

访客：好的，好的，请问男人在哪个屋，女人在哪个屋？

这一次罗伯给出的信号是让他的两位助手同时打开小屋的门。可以看到，男人在右边的小屋，女人在左边的小屋，两人隔着广场彼此微笑着。

罗伯：注意！您得到的是对您问的新问题的合适的答案，这个结果正相当于你们做不同实验的结果。您的问题造成这对男女分处于两个小屋。我们现在可以重复这个实验来显示结果的可重复性。

访客：请让我离开，我必须走了。（语调带着讥讽）我承认，您的“实验”都是可以重复无数次，结果都一样。

罗伯：哦，对不起。

15

访客：（*对自己的无礼吓了一跳*）哦，不，我道歉。我真的很高兴看到重复这个实验。

罗伯：好了，那我们就重复两三次怎么样？

演示重复了三次。

罗伯：您似乎不耐烦。因此，也许三次足以证明您提问的男人和女人分别在哪里这个问题导致了这对男女分别待在两间小屋里。您能同意吗？

访客：（*无聊和失望地，但有些飘飘然*）我当然同意您能够让这对男女按您希望的方式分处在两间小屋里。不过，现在我真的要下山了。不过我非常感谢您为我……

罗伯：（*打断*）您还没有看到这些实验的最终版本。这是完成我们的演示最关键的一环。让我为您只做两次，只做两次怎么样？

访客：（*屈尊地*）那好吧，确定，就两次。

我们的访问者再次戴上头套。

罗伯：请取下头套，并提出您的问题。

访客：我该问哪个问题？

罗伯：啊，我的朋友，您现在已经提过两个问题。您可能会问其中之一。您可以选择这两个实验的随便哪一个。

访客：（*没太多想*）好的。这对男女在哪间小屋？

罗伯让人打开右边小屋的门，露出了男人和女人手拉手的情形。随后打开另一间小屋的门，显示它是空的。

访客：（*有点纳闷，但并没有真正感到惊讶*）嗯……

罗伯：注意到没有，您问的问题，您选择的实验，造成了这对男女待在一间小屋里。现在，让我们再尝试一遍，当然得您同意。

访客：（*相当心甘情愿地*）当然，让我们再试一次。

16

我们的访客再次戴上头套。

罗伯：请取下头套，问问题吧，随便哪一个。

访客：（*带着一丝怀疑*）好的。这次我决定问另一个问题：男人在哪间屋，女人在哪间屋？

罗伯让助手同时打开两间小屋的门，结果显示，男人在右边的小屋，女人在左边的小屋。

访客：嗯……（*待在一边，喃喃地沉思道*）有趣，他居然能够两次答对我问的问题。他不可能知道我要问哪一个问题呀。

罗伯：注意到没有，我的朋友，不论您选择问哪个问题，您总是能得到正确的答案。现在，如果您愿意，就走吧。

访客：哦，嗯……事实上，我想最后再做一遍这个实验。

罗伯：很好。只要您有兴趣，我很乐意为您提供示范。无论您选择哪种实验，您都会得到正确的答案。

我们的访问者再次戴上头套。

罗伯：请取下头套，并再次提出两个问题中随便哪一个。

访客：好的，这次，这对男女在哪间小屋？

罗伯让人打开左边小屋的门，显示男人和女人在一起。然后他让助手打开右边小屋的门，是空的。

访客：对我一连三次提出的问题您都安排对了正确答案。您的运气真不错！

罗伯：这不是运气，我的朋友。是您自由选择的观察确定了这对男女是在一间小屋还是分处在两间小屋。

访客：（*疑惑地*）怎么会这样呢？（*急切地*）现在我们能不能再试一次？

17

罗伯：当然可以，只要您愿意。

演示再次重复，我们的访客变得越来越困惑，要求进一步重复。又重复了9次，有8次他问的问题都能得到正确的答案，但有一次他问了一个其他的问题，结果回答不正确。

访客：（*激动地旁白：我简直不相信这一点*）我想再试一次！

罗伯：恐怕现在天快黑了，下山的路很陡，不好走。请放心，您的提问总是能得到正确答案，因为是您的问题造成了这种存在。

访客：（*喃喃自语，看起来感到非常困扰*）……

罗伯：您怎么了，我的朋友？

访客：您怎么知道我要问的问题，您安排您的人在屋里是在我之前呀？

罗伯：我不知道。您可以问两个问题中随便哪一个。

访客：（*激动地*）可是，可是……让我们评评理！如果我问的问题，结果男人和女人的实际处境与答案不相符该怎么办？

罗伯：我的朋友，你们伟大的丹麦物理学家、哥本哈根的玻尔不是教过你们吗？科学不必为没有实际进行的实验提供解释，不需要回答实际上没有问的问题。

访客：哦，是的，但是我觉得，您的人在我问问题之前就已经聚在一块儿或立即分处两地了。

罗伯：我看您是想多了。尽管您作为物理学家受过训练，您具有实验室从事量子力学实验的丰富经验，但您脑子里仍然充满着在您选择要观察什么之前，在您对它有意识经验之前，这个特定的物理实在就已经存在的观念。物理学家显然还很难完全理解他们最近收集的伟大真理。不过今晚天气不错，我的朋友。您现在已经见识了您想见识的东西。您得走了。下山一路小心。

18

访客：(*转身准备离去，但显然还是百思不得其解*) 嗯，好的，我这就走，嗯，非常非常谢谢您，我……嗯，好的……谢谢……

访客：(*一边走在下山的路上一边自言自语地*) 现在让我想想，我们应该有个合理的解释。如果我问这对男女在哪间屋子，他立即就能显示出两人待在一间屋里。但如果我选择问男人和女人各待在哪间屋子，他立即就能显示他们各在一间小屋。而在我问问题之前，两间屋子相距甚远，他们要跑也来不及呀。他是怎么做到的呢？

我是被骗按他事先布置好的要求问的问题吗？不对呀，我知道我的选择是自由做出的。

这是不可能的！但我确实看到了这一切。这就像一项量子实验，两种情况同时存在，直到你看了之后，你才能只看到一个答案。难道真像罗伯说的“意识的经验”使然？但物理学不应涉及任何像意识这样的东西呀。不管怎么说，量子力学都不适用于像人这样大的物体。嗯…… 当然，这并不完全正确。原则上，量子物理学适用于一切对象。但是，你只能用干涉实验来证明这样的性质。而用大的物体来做干涉实验是不可能的，那不切实际。是我的幻觉吗？

我回到加州后该如何揭穿这个罗伯呢？而且，噢，我的上帝！那帮已回到物理系的家伙们肯定会问我这趟行程收获如何。哎哟！

当然，这只是个虚构的故事，根本不存在纳根帕克这个地方。我们的访客所看到的东西其实是不可能的。但在后面的章节中，你会看到一个对象，在不同的实验选择下，是如何被显示为既可以完全在一个地方，也可以分处两处，就像纳根帕克的那对男女一样。你会像我们的纳根帕克访客一样感到同样的困惑。

对物理实在是由观察产生的这一现象的演示目前还只能在非常小的对象上进行。但随着时间的推移，科学的进步正在逐步证明，这种现象对越来越大的对象也是成立的。我们将用一整章来阐明物理学对这一悖论给出的“正统”解释，这就是以玻尔为首的量子力学缔造者们给出的哥本哈根解释。玻尔给出的解释与纳根帕克的罗伯 [“罗伯（Rhob）”是“玻尔（Bohr）”的倒序拼写] 给出的解释并没有什么不同。然后我们来讨论哥本哈根解释面临的现代挑战。

第 3 章
牛顿世界观：普适的运动定律

自然和自然法则在夜间隐去。上帝说，让牛顿来！于是一切都变[21]得明亮起来。

—— 亚历山大 · 波普尔

量子理论与我们的直觉冲突得厉害。然而，物理学家却毫不犹豫地将量子理论作为一切物理学 —— 从而也是所有科学 —— 的根本基础来看待。要问为什么会这样，还得从历史谈起。

在17世纪，立场大胆的伽利略创立了现代意义上的科学。在随后的几十年里，艾萨克 · 牛顿对运动普遍规律的发现为一切事物的运动提供了合理的解释模式。牛顿物理学导致了影响今天我们每个人的思想的世界观。量子力学既依赖于这种思维又对其构成了挑战。

伽利略坚持认为，一种理论是否科学唯有在实验检验的基础上方可被接受或拒绝。理论与人的直觉是否相符必定是不相关的两回事。这一断言否决了文艺复兴时期 —— 事实上，是古希腊 —— 的科学发展观。让我们来看看伽利略在意大利文艺复兴时期所面临的问题：古希腊的科学遗产。

古希腊科学的贡献及其致命缺陷

应当感谢古希腊的哲学家，他们认为大自然是可以理解的，从而为科学活动搭建了舞台。随着亚里士多德的著作在13世纪被重新发现，人们将古希腊人的成就尊称为“黄金时代”的智慧。

22 亚里士多德指出，自然界发生的一切事物本质上都是物质运动。他甚至举例说，橡子发芽便长成橡树。因此他从处理简单对象的运动开始研究，这样他可以从少数的基本原理起步。这也正是我们今天做物理研究的方式。我们探索基本原理。然而，亚里士多德选定基本原理的方法使得研究要取得进展变得没有可能，因为他假设这些原理必须是直观上可感知的自明的真理。

下面是其中的几条：物质客体都趋于停留在宇宙中心，这个中心“显然”是地球。物体下落是因为它们有趋向宇宙中心的本能。因此重的物体——也就是那种本能较强的物体——毫无疑问会比轻的物体下落得快。另一方面，在完美的天堂里，各种天体都是以最完美的形状——圆形——运动的。这些圆都位于以宇宙中心——地球——为球心的球面上。

古希腊科学有一个致命缺陷：它没有任何机制来推动达成共识。古希腊人对科学结论的实验检验无外乎从政治或审美的立场出发，因此矛盾的观点引来无休止的争论。

黄金时代的思想家们为科学进步付出了很大努力。然而，没有一种用以达成某种共识的方法，要想取得进展是不可能的。虽然亚里士多德在他自己所处的时代没有取得共识，但到了中世纪晚期，他的观点却成为教会的官方教条，这主要拜赐托马斯·阿奎那的努力。

阿奎那将亚里士多德的宇宙学和物理学与教会的道德和精神学说加以配对，创建了一种引人注目的综合体系。地球，万物坠落之所在，也是道德“堕落”之人的活动场所；天堂，完美天体运行之所在，是上帝及其天使的境界；在宇宙中的最低点，也就是地球的中心，是地狱。那时，即文艺复兴之初，但丁在他的《神曲》中就采用了这种宇宙图像，可见这种认识已成为深刻影响西方思想的一种观点。

中世纪和文艺复兴时期的天文学

天上星星的位置一直被用来预言季节的变化。那么，游荡在繁星背景下的5颗亮星[1]的意义是什么呢？结论“显然”是，这些行星的运动（“Planet”本意指流浪者）是对人世间飘忽不定的事务的预言。因此，行星值得密切关注。天文学的根扎在占星术里。

23

在公元2世纪，亚历山大城的托勒密通过数学描述的天上的运动是如此完美，以至于在他的模型基础上制定的历法和导航非常有效。占星家的预言——至少是关于行星的位置——同样很准确。托勒密的天文学以静止不动的地球作为宇宙中心，要求行星在“本轮”上滚动，而这个本轮又是在某个更大圆圈内的圆上运动，由此形成一条复

1. 这里指当时已知的5颗行星：水星、金星、火星、木星和土星。——译者注

杂的不断循环的曲线。据信卡斯蒂利亚王国的国王阿方索十世[1]，在听人向他解释了托勒密体系之后，曾这样说道："如果全能的主在开始创世纪之前征询我的意见，我会建议他创制得简单点。"然而尽管如此，亚里士多德物理学与托勒密天文学的结合还是被当作实用的真理和宗教教义接受下来，并由罗马教廷宗教裁判所加以强化。

后来到了16世纪，教会内部出现的一种深邃思想搅乱了整个苹果园。波兰神父和天文学家尼古拉·哥白尼认为，大自然要比托勒密的宇宙论简单，他认为，地球和其他5颗行星是围绕中心不动的太阳做轨道运动的。我们之所以观察到行星相对于繁星背景来回地徘徊，是因为我们所在的地球也在做轨道运动。地球只是太阳的第三颗行星。这是一种简单得多的图像。

简单很难被当作一个令人信服的理由。地球"显然"停在那里。人们感觉不到它在动。如果地球在运动，那么下落的石块应当落在原位置的后面才对。由于空气被认为充满所有空间，因此如果地球运动，风应该很大。不仅如此，运动的地球还与黄金时代的智慧相冲突。这些论点很难反驳。最令人不安的是，哥白尼体系被视为违背"圣经"，而怀疑"圣经"则威胁到救赎。

---

1. 阿方索十世（King Alfonso X of Castile，1221—1284）是1252—1284年卡斯蒂利亚王国（今西班牙前身）的国王。他在历史上对西班牙的文化和科学的发展贡献很大，是当时最有学问的国王，被誉为智者（el Sabio）。在任期间，他致力于使卡斯蒂利亚语（西班牙语）规范化；建立了托莱多翻译学校，将一大批犹太人和摩尔人召集起来，让他们将希伯来语和阿拉伯语的古希腊罗马典籍译成拉丁文，并对当时的几乎所有知识进行了系统整理。他主持编撰了西班牙历史上第一部历史著作《西班牙编年史》和《世界通史》；第一部法学著作《法典七章》；编制了第一部天文学典籍《阿方索星表》和第一部诗歌集《蛮歌》。其中《阿方索星表》虽是根据托勒密理论编制的，但却是此后两个世纪里最好的星表，也是哥白尼早期天文研究的重要资料来源。——译者注

哥白尼的著作在他去世前不久才出版。出版时编辑加了一个前言，声称它的描述只是出于数学上的方便。它没有要描述实际的天体运动。教会教义的任何矛盾都不应由它担责。

几十年后，约翰内斯·开普勒的精辟分析表明，如果他假定行星是在椭圆轨道上运动，而太阳处于这个椭圆的一个焦点上，那么关于行星运动的新的精确观测数据将与计算结果符合得非常好。他还发现了一个简单法则，用来算出每个行星围绕太阳旋转一周的准确时间，这一时间周期取决于该行星到太阳的距离。开普勒无法解释他的法则，他也不喜欢椭圆，因为那是一种“不完美的圆”，但他能超越偏见，相信他所看到的事实。 24

开普勒在天文学方面做了很多工作，但起初引导他的世界观的却并非科学，他认为行星是由天使沿着轨道推动的。作为业余爱好，他画过星相图，他可能真的相信这些。他还曾从天文研究中抽出时间来捍卫他母亲遭受的巫术指控。

伽利略关于运动的新思路

1591年，只有27岁的伽利略成为帕多瓦大学的教授，但他不久便离开去了佛罗伦萨。今天的大学教师会明白其中的缘由，研究上花的时间多，教学上的时间就必然少。伽利略的才能表现在音乐、艺术和科学研究上。他阳光帅气、诙谐幽默而且迷人；他也爱夸夸其谈，表现得傲慢且小气。关于他的才气不是一两句话能说清楚的。他喜欢女人，她们也喜欢他。

伽利略是一个忠实的哥白尼信徒。他也认为较简单的系统更有意义。但是与哥白尼不同，伽利略并不仅仅看重计算上的新技术，他主张新的世界观。卑躬屈膝的做法不是他的风格。

图3.1 伽利略。版权所有：伦敦格林尼治国家海事博物馆

教会不得不停止伽利略的独立思考的主张。教会的目标是拯救灵魂，而不是科学上的有效性。罗马教廷的宗教裁判所发现他的理论属于异端邪说，便让他参观了刑讯室，逼得伽利略宣布放弃了他的地球

在太阳轨道上运动的学说。在他生命的最后几年里，伽利略过着软禁的生活，这要比另一个哥白尼信徒布鲁诺强多了，后者被烧死在火刑柱上。

尽管宣布不再坚持日心说，但伽利略知道，地球的确在运动。此外，他意识到，亚里士多德对运动的解释在运动的地球上不再成立。是摩擦力，而不是停在宇宙中心的本能使得滑块停下来；是空气阻力，而不是宇宙中心的本能使得羽毛的下降速度比石头的慢。

与亚里士多德的说法相左，伽利略声称："在没有摩擦力或其他影响力的情形下，物体将以恒定的速度沿水平面持续地运动下去。""在没有空气阻力的情形下，重物和轻物会以同样的速度降落。"[25]

伽利略的思想是显而易见的——对他自己而言。他怎么说服别人呢？反驳亚里士多德关于物质运动的教导可不是一个小问题。亚里士多德的哲学是一个全方位的、教堂供奉的世界观。你能驳斥其中的一部分，就能驳倒它的全部。

实验方法

为了让人接受他的想法，伽利略需要有与亚里士多德的力学相冲突的例证，而且这个例证要符合自己的想法。他环顾四周，发现这样的例证很少。他的解决之道：自己创建！

伽利略想出了特别鲜明的情形："实验。"用实验来检验理论预言。[26]

这似乎是一个显而易见的方法，但在当时，这却是一种原创而深刻的思想。

他的最著名的实验，可能是从比萨斜塔上同时抛下铅球和木球。木球和铅球同时发出的撞击声表明，轻的木球和重的铅球下落得一样快。他认为，这种演示表明有足够的理由放弃亚里士多德理论并接受他自己的理论。

有些人对伽利略的实验方法不以为然。虽然显示的事实不能否认，但伽利略的演示“都是发生在精心设计的情况下”。这些情形可以忽略不计，因为它们与直观上明显的物质属性相冲突。此外，伽利略的想法肯定是错误的，因为它们与亚里士多德的哲学相冲突。

伽利略给出了意义深远的答案：科学只应该处理那些可以被证实的事情。直觉和权威在科学上没有位置。科学上唯一判断标准是实验演示。

在随后的几十年里，伽利略的做法被彻底接受下来。科学取得了前所未有的进步。

可靠的科学

我们先就接受一种理论为可靠的科学理论这一点的证据规则取得一致。这样，在我们考虑接受违反直觉的量子理论时，它们会使我们处于有利地位。

但首先声明一点，这里的“理论”一词指的是量子理论，而非牛顿定律。“理论”是现代用语。让人不禁想到20世纪或21世纪的物理学“定律”。虽然“理论”有时被用于指称某种思辨性的设想，但它未必就意味着不确定性。就目前来说，量子理论是完全正确的，而牛顿定律则是一种近似正确的理论。

作为一种谋求共识的理论，它首先必须给出可检验的预言，其结果应能够客观地显示出来。它必须经得住那些具有挑战性的可能的反驳。

“如果你是好人，你会去天堂。”这类预言可以是正确的，但它不是客观可检验的。宗教、政治立场或一般意义上的哲学都不是科学理论。亚里士多德的可检验的落体理论，即预言一个2磅（1磅＝0.4536千克）重的石头其下降速度是一个1磅重石头的2倍的那种理论，是科学理论，虽然它是一种错误的理论。

一个理论，只要能给出可检验的预言结果，就是可靠科学的候选者。它的预言必须接受实验的检验，这些实验可能是设计来试图反驳这一预言结果以挑战该理论，而且实验必须具有说服力，以打消人们的怀疑态度。例如，暗示存在超感官知觉（ESP）的理论作出过各种预言，但到目前为止，检验还不能令质疑者信服。

一个理论要成为可靠的科学理论，就必须使其多项预言被证实，并且没有一项是不成立的。只要有一项预言不正确，就将迫使理论被修正或放弃。科学方法对于理论是很硬的。一个不对你就出局了！ 其实没有一种科学理论是完全可靠的。它始终存在着在将来某个时候被证伪的可能性。科学的理论充其量是暂定可靠的。

设置高标准实验验证的科学方法不仅对于理论是一种硬尺度，对我们来说也是一种考验。如果一个理论满足了这些高标准，我们就有责任将它作为可靠的科学接受下来，不管它与我们的直觉冲突是如何剧烈。量子理论就将是我们面临的这样一个重点。

牛顿世界观

艾萨克·牛顿出生于1642年，即伽利略去世的那一年。随着实验方法被广泛接受，科学取得了明显进步，尽管亚里士多德的错误物理学还经常被教导。位于伦敦的英国皇家学会，今天主要的科学组织，成立于1660年。它的座右铭 —— Nullis in verba —— 翻译过来大致是“任何人的话都别当真”。伽利略听到会很高兴。

牛顿是一位很利索的人，据说他接管了家里的农场。但他对读书比对犁耙更感兴趣，他设法去了剑桥大学，通过做点零活儿来支付学费。作为一名学生，他不是十分出色，但科学 —— 那时叫“自然哲学”—— 令他着迷。大瘟疫来临，大学被迫关闭，牛顿回到农场待了一年半。

年轻的牛顿了解到伽利略的教诲：在完全光滑的水平面上，滑块一旦滑动移动，就将永远滑下去，需要克服的只有摩擦力。如果有更大的力作用，滑块的运动将加快，它将做加速运动。

图3.2 艾萨克·牛顿（1642—1727）肖像(1702年)。Godfrey Kneller爵士摄制，承蒙Getty图片社提供

然而，伽利略接受了亚里士多德的物体降落是“自然的”，无须任何力的作用的观念。他还认为行星可以“自然地”、在没有外力的作用下做着圆周运动。伽利略恰恰忽略了他的同时代人开普勒发现的椭圆轨道。由于牛顿提出了普适的运动定律和重力，因此他必然超越伽利略所接受的亚里士多德的“自然性”的思想而走得更远。 28

牛顿说，他的灵感来自于他看到的苹果落地。他可能会问自己：既然水平加速度需要力，那么为什么垂直加速度就不需要力了呢？29 如果有一个向下的力作用在苹果上，为什么就不能作用在月球上呢？如果答案是肯定的，那为什么月球不会像苹果那样掉到地球上来呢？

月亮之所以不会撞向地球只是因为它有垂直于地球半径方向的速度，就像打出去的快速炮弹。牛顿意识到了前人所不曾注意到的问题：月亮在降落。

图3.3 牛顿画的山上的大炮图

普适的运动定律和万有引力

伽利略认为，没有力作用的匀速运动只适用于平行于地球表面的运动，即围绕地心的圆周运动。牛顿纠正了这一点，认为使物体偏离直线上的恒定速度需要力。

需要多大的力呢？物体的质量越大，需要加速的力应该更大。牛顿推测，所需的力应等于物体的质量乘以力所产生的加速度，即

$F=Ma$。这就是牛顿的运动普适定律。

但是在牛顿所处的时代，似乎有一个反例：下落呈加速过程，但却看不见产生影响的力。年轻的牛顿曾同时设想出两个思想深刻的概念：以他名字命名的运动定律和万有引力。

当瘟疫消退，牛顿回到剑桥。当时的卢卡斯数学教授艾萨克·巴罗很快就对他的这位曾经的学生留下深刻印象，他决定辞去卢卡斯讲席教职，让牛顿来当。于是这个安静的男孩变成了一个深居简出的单身汉（独身是剑桥大学对教师的要求）。牛顿是个沉默寡言和郁郁寡欢的人，往往对善意的批评感到愤怒。他宁愿花整晚的时间阅读伽利略的著作。[30]

牛顿的想法需要检验。然而在地球上，可以移动的物体之间的万有引力太小，使他无法测量，于是他将视线移向天空。他用他的运动方程和万有引力定律推导出一个简单的公式。但当他看着这个公式时，一股寒意不经意间流过脊背——他的这个公式正是开普勒在几十年前给出的每个行星绕日运动的确切时间的那个未经解释的公式。

牛顿用这个公式还可以计算出月球轨道周期是27天，这与你让一个自由落体获得每秒10米的加速度时所得到的期望值是一样的，伽利略已通过实验证明了自由落体的这种加速度。也就是说，牛顿的运动公式和支配苹果落地的万有引力同样适用于月球。这些公式是在地球上得到的，但它们适用于天体。牛顿的方程是普适的。

《原理》

牛顿意识到他的发现的意义，但他写的第一篇论文所引起的争议令他心烦，因此现在提出要将这套理论出版，这简直让他恐惧。

大约在他回到农场的二十年后，有一天，年轻的天文学家埃德蒙·哈雷访问了牛顿。哈雷知道当时其他人也正在猜测产生开普勒的行星椭圆轨道的引力公式的形式，便问牛顿，他的万有引力定律所预言的是什么轨道。牛顿立即回答说："椭圆。"这种快速反应令哈雷印象深刻，于是他要求看看牛顿的计算。但牛顿找不到他的论文。一位历史学家指出："当其他人还在寻求万有引力定律的具体形式时，牛顿已经弄丢了它。"

哈雷提醒牛顿，别人可能抢在他前面发表这一结果，于是牛顿赶忙花了18个月的时间一口气写成了《自然哲学的数学原理》一书。我们现在读到的《原理》是在哈雷的资助下于1687年出版的。牛顿对批评的恐惧变得现实起来——有人甚至声称，他偷了他们的成果。

虽然人们广泛认识到，《原理》揭示了自然规律的深刻性质，具有数学上的严谨性，但也正是这种数学上的特点和拉丁文叙述，使得[31]这部著作很少有人能够读懂。但普及版很快面世，《女士版牛顿原理》更是畅销书。伏尔泰在比他更具科学素养的情侣夏特莱侯爵夫人的帮助下写了一本《牛顿理论精要》，在书中他声称"已经将这部巨著简化到让你我这样的普通人读得懂的程度"。

揭示自然的理性的做法是革命性的。它意味着，世界至少在原则上，应该像钟表机械那样是可以理解的。这种时钟特征在后来的哈雷对彗星回归的准确预测上得到了充分体现。直到那时，在古代人们的心目中，一直普遍认为彗星的出现预示着国王的死亡。

《原理》引发了称为启蒙运动的崇尚知识热潮。整个社会不再到古希腊的黄金时代去寻求智慧。亚历山大·波普尔准确描绘了这种心态："自然和自然法在夜间隐去。上帝说：让牛顿来！于是一切都变得明亮起来。"

当时他需要更好的数学方法，为此牛顿发明了微积分。他对光的研究改变了光学领域的面貌。他获得了议会的席位，并作为剑桥大学的代表留在议会里。他成了造币厂主管，并认真履行职责。在他的晚年，艾萨克爵士——被授予爵位的第一位科学家——成为也许是当时西方世界中最受尊敬的人。奇怪的是，牛顿还是一个神秘主义者，曾沉溺于超自然的炼金术和对《圣经》预言的解释。

牛顿的遗产

牛顿世界观的最直接的影响是打破了中世纪后期的物质世界与精神世界合一的世界观。虽然哥白尼也许是无意识地通过否定地球为宇宙中心最先打破了教会赖以统治的这种关系，但牛顿通过证明尘世和天堂均受到相同的物理规律的支配这一结论从而完成了对这种关系的彻底否定。在这一灵感的鼓舞下，地质学家通过假设牛顿定律同样适用于整个地质年代，由此发现地球的年龄大大超过《圣经》所述的6000年。这一结论直接导致了达尔文提出进化论，这一理论也是近代科学中最具社会争议的思想。

虽然牛顿遗产的方方面面将永远存在下去，但牛顿的机械论世界观和我们今天称之为“经典物理学”的那部分内容正受到当代物理学的挑战。当然，机械论世界观这一牛顿遗产，今天仍然是我们对物理世界的常识性观点，并且影响着我们对每一种知识领域的思考。

我们现在重点要谈的是牛顿立场的5种“常识性”见解。量子力学对其中的每一种都发起了挑战。

决定论

理想化台球是物理学家们非常爱用的确定性模型。如果你知道一对将要发生碰撞的球的位置和速度，那么按照牛顿物理学，你就可以预言它们在任意遥远未来时刻的位置和速度。计算机甚至可以计算出众多碰撞小球的未来位置。

原则上，对于一盒气体周围的原子碰撞，上述法则同样适用。你可以将这种思想推广到所有情形：对于那双能看到宇宙中每个原子在某一时刻的位置和速度的“眼睛”，整个宇宙的未来显而易见是确定的。原则上，在牛顿世界观看来，宇宙的未来是确定的，不论人们知不知道其未来都一样。确定性的牛顿宇宙就是一部大机器，其精准的齿轮使它按预定的方式运行着。

于是上帝就成了主宰这部机器运行的大师，一个伟大的工程师。有些人则走得更远：造完这部确定性的机器后，上帝就没事可干了。他是一名退休的工程师。而从退休到否定上帝存在，只是一小步。

决定论的思想也渗透到对个人行为的理解：你看似自由的选择实际上是否是预先确定的呢？按照艾萨克·巴什维斯·辛格的理解，“你一定要相信自由意志，你别无选择”。这里有一个悖论：我们的自由意识与牛顿物理学的决定论相冲突。

在牛顿之前，自由是指什么呢？不存在这个问题。在亚里士多德的物理学里，甚至连一块石头从山上滚下都是遵循其个体的倾向，以自己的特殊方式进行的。正是牛顿物理学的决定论造成了悖论。

然而，这是一个良性的悖论。虽然我们通过我们有意识的自由意志来影响物质世界，但自由意志对物理世界的外部可观察的影响是通过移动物体的身体肌肉间接得来的。意识本身可以被看作是密闭于我们身体内的。

33

因此，经典物理学默认，意识及其相关的自由意志不在物理学家关注的范围之内。先有意识，后有物质。[1] 物理学处理的是物质。有了这个分裂的宇宙，前量子物理学家就可以在逻辑上避开这个悖论。决定论或自由意志悖论可以避免，是因为它只有通过确定性理论产生，而不是通过实验验证来确立的。因此，通过将理论的范围限定为排除

---

1. 原文是“There is mind, and then there is matter”。—— 译者注

观察者，物理学家便可将自由意志和其余的意识问题交给心理学、哲学和神学去考虑。这是他们的偏好取向所在。

在量子力学诞生以后，即当马克斯·普朗克给出了电子随机行为的解释之后，决定论遇到了挑战。后来，观察者在量子实验中的介入又带来了更深刻的挑战。物理学再也不能简单地通过限定理论范围来将自由意志问题排除出去了。它在实验演示中必然存在。而且在量子力学里，有意识的自由意志的矛盾也不再是良性的了。

物理实在

在牛顿之前，对自然现象的解释显得神秘，而且在很大程度上是没用的。既然行星是由天使推着走的，石头下落是因为它们先天就具有趋向宇宙中心的欲望；既然种子发芽是对成熟植物生长的效仿，那谁又能否定其他神秘力量的影响呢？谁能说月相或咒语就一定不相关呢？流感的全名叫“influenza”，该词的本义就来源于最初的超自然影响力的解释。

相比之下，在牛顿世界观里，自然是一台机器，它的运行虽然我们还不完全了解，但其运行机制一点也不神秘，与时钟并无二致，只是我们看不见其内部的齿轮。接受这样一种物理上实在的世界已经成为我们的传统智慧。虽然我们会说这辆车“不想跑了”，其实我们的意思是想让机师给个物理上的解释。

我们提出“实在论”的问题，是因为量子力学挑战这种古典观点。

为了避免语义上的误解，我们先不谈主观上的实在性，因为这种实在性因人而异。例如，我们可能会说，“你的实在感是由你自己创造的”，这里“实在”的意思是指你的心理上的实在性。而我们这里所说的实在是客观实在，是一种大家都认同的实在概念，譬如石头的位置，就是这样一种实在概念。

几千年来，哲学家对于实在的性质有过广泛多样的观点。一种称为“实在论”的传统哲学观点认为，物质世界是一个独立于对其观察的存在。一种更激进的实在论则干脆认为，除了物理客体，任何东西都不存在。例如，在这种“唯物论”的观点下，意识，至少在原则上，最终应能够依据大脑的电化学性质而得到理解。人们对这种唯物论观点的默认，甚至对它的明确辩护，在今天并不鲜见。

与牛顿的实在论或唯物论观点不同，哲学上还有一种称为“唯心论”的观点，它认为我们感知的世界不是实际的世界，不过，我们可以通过心灵来把握实际世界。

一种极端的唯心主义立场是“唯我论”。其实质是：我经历的一切都是我自己的感觉。例如，我可以知道存在这支铅笔，那是因为它将光线反射到了我的视网膜上，它的重量对我的手指造成压力感。除了我的经验感觉，我不能证明存在什么“真正的”铅笔或其他任何东西。（请注意这段话是用第一人称单数叙述的，对唯我论者来说，你的存在只是我精神世界的感觉而已。）

“如果森林里倒下一棵树，但没有人听见，那是不是就不发出声响了呢？”实在论者的答案是：“不是，即使气压变化即我们能够感知的声音没有被人听到，它们依然是一种真实存在的物理现象。”而唯我论者则回答：“是的，除非我感知到它，否则存不存在一棵树都未可知。要说它存在，那也只有我的意识感觉到它是实际存在的。”对于这一点，我们不妨引用哲学家伍迪·艾伦的原话：“如果一切都是幻觉，没有什么是存在的，那又该如何呢？那样的话，我肯定我的地毯买贵了。”

我们将看到，有意识的观察者对量子实验的介入，使牛顿世界观发生了如此剧烈的颠覆，以至于实在论、唯物论、唯心论，甚至是唯我论等派别的哲学问题都变得有讨论的必要。

可分离性

建立在亚里士多德理论基础上的文艺复兴时期的科学充满了神秘的心物关联性。譬如石头就具有奔向宇宙中心的强烈愿望。

35

橡子总想着效仿附近的橡树。炼金术士相信他们的个人纯洁性能够影响烧瓶里的化学反应。相比之下，在牛顿世界观里，不论是大块物质，还是一颗行星或一个人，只有通过其他物体施加在它们身上的物理上真实的力，它们才与世界上其他物体发生作用。换句话说，这些物体是可以与宇宙的其余部分分开的。这种观点认为，除非施加物理力，否则一个物体与宇宙中的其他物体没有“关联性”。

物理力可以非常微弱。例如，当一个人看到朋友后，会调整身体运动姿态来与之见面，这里影响力由他的朋友反射的光所传递，并施加在他的视网膜的视紫红质分子上。违背可分性的一个例子是伏都教巫师将一枚钉子钉在一个道具娃娃上，从而可以不借助物理力而引起你的痛苦。

量子力学违反了我们的古典直觉，它认为存在违反可分性的瞬时影响力。爱因斯坦嘲笑这些行为是“幽灵行动”。然而，现在实际的实验证明这些行为确实存在。

还原论

人们的世界观里通常隐含着还原论假说，这个假说认为，复杂系统至少原则上可以用更简单的要素来解释，或者说被“还原”成较简单的要素。例如，汽车发动机的工作原理可以用燃油产生的气压推动活塞来解释。

依据生物学基础来解释心理现象有可能将心理学的某个方面还原成生物学。（“对你来说，世上的肉汁要比坟头多。”斯克罗吉对马利的鬼魂说，因为他把他的梦想还原成了消化问题。[1]）

化学家可以依据所涉原子的物理性质来解释化学反应，如今这对于一些简单情形是可行的。它意味着可以将化学现象还原到物理学。

我们可以认为存在一种还原论金字塔（图3.4），从层级最高的心理学还原到物理学，而物理学则是牢牢扎根于经验事实。科学的解释

---

1. 这个故事见查尔斯·狄更斯的小说《圣诞欢歌》。——译者注

一般都是还原性的，总是转向更基本的原理来寻求原因。虽然人们在向这个方向努力，但通常只能迈出一小步。具体到每个层级，我们始终需要一般性原理。

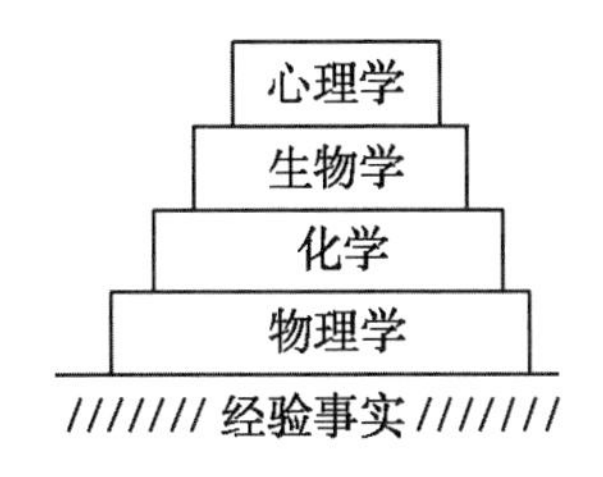

图3.4 科学解释的层级结构

36　违反还原论的典型例子是曾经为解释生命过程而提出的“活力”概念。在这种观点看来，出现在生物层面上的生命现象是不能到化学或物理学里去寻找起源的。显然，这样一种生命哲学思想在今天的生物学里是站不住脚的。

在意识研究领域，还原论在今天引起很大争议。有些人认为，一旦意识的电化学神经关联变得可以理解，那么就没有什么需要解释的了。而另一些人则坚持认为，我们的意识经验的“内在之光”不可能由还原论来把握，意识是第一性的，新的“心理学原理”仍将是需要的。量子力学就被宣称为支持这种非还原论观点的证据之一。

充分的解释

牛顿对万有引力的解释受到挑战。引力是这样一种力，它可以不借助任何物体，通过虚空传播，对此特性当然需要给予说明。

牛顿的简明回答是：“我不作假设。”因此他声称，理论需要做的就是提供前后一致的正确预言。不作假设的态度在量子力学问题上再度出现。然而，量子理论对简单物理实在的否定是一个比力通过虚空传递问题更有必要说明的问题。

通过类比超越物理

在牛顿之后的几十年里，工程师们学会了制造机器，由此带来了工业革命。化学超越了神秘的炼丹术，后者在几个世纪的时间里几乎没取得什么成就。随着理解取代了民间传说，农业成为一门科学。虽然早期的技术工人几乎用不到物理学，但他们取得的飞速进步需要用牛顿的观点来认识支配物理世界的各种法则。

37

牛顿的物理学成为所有知识研究的范例。比照物理学来建立新的知识体系成了一种艰巨大胆的事业。奥古斯特·孔德提出了“社会学”概念，他称它为“社会物理学”，在这门学科里，人便是由各种力驱动的“社会原子”。以前社会研究从来没有被视为一门科学。

也正是通过类比牛顿物理学，亚当·斯密提出了自由放任的资本主义主张。他声称，如果人们被允许去追求自己的利益，那么一只“看不见的手”——政治经济学的基本法则——便会向总体趋好的方向来调节社会。

这种类比是灵活的。卡尔·马克思认为，是他而不是亚当·斯密发现了正确的经济学法则。马克思宣称“道破了经济运动的法则”，并且运用这一法则预言了共产主义的未来。通过与机械系统的类比，他只需要知道初始条件。他认为，这个初始条件就是他所处的那个时代的资本主义。因此，马克思的巨著《资本论》研究的就是资本主义。

这种类比也出现在心理学领域。西格蒙德·弗洛伊德写道：“这个项目的目的是提供一种具有自然科学性质的心理学，其目的是要用定量测定具体物质粒子状态的方法来表达心灵过程……”那么牛顿理论就充分了吗？作为例子，我们不妨看看B. F. 斯金纳是怎么说的：“作为科学方法在人类行为研究方面的应用，‘人不是自由的’这个假说是必不可少的。”他明确否定了自由意志，采取了一种唯物论和牛顿决定论的论战姿态。

在社会科学领域，这种类比推理的吸引力已有所降温。今天，工作在如此复杂领域的研究者更关注那些在简单物理局面下有效方法的局限性。但更广泛意义上的牛顿力学观点，即寻求经得起实证检验的一般性原理的做法，已成为探究知识的公认模式。

牛顿力学观点是我们宝贵的知识遗产。我们很难逃避它。它是我们日常生活的常识基础，甚至是我们的科学常识的基础。明确这一点可以帮助我们更好地看清量子力学对古典世界观构成的挑战。

第4章
经典物理学还剩下什么

物理学现在已经没有什么新的东西有待发现了。剩下要做的就是愈加精确地测量。[39]

——开尔文勋爵（1894年）

1900年，也就是开尔文在做出上述断言的6年后，他不得不承认："物理学已基本完成，只是地平线上还有两朵乌云。"这两朵乌云他选得很准：一朵是相对论，另一朵就是量子力学。在讨论这两朵乌云背后的故事之前，我们先谈谈今天称之为"经典物理学"的19世纪物理学。我们要描述的"相干性"，是一种显示为扩展波的现象。我们发展了电场概念，因为光就是一种迅速变化的电场。正是借助于光，量子之谜才第一次出现。我们说到能量及其"守恒"，是指它在总体上不变。最后，我们还会讨论到爱因斯坦的相对论。对相对论的那些很难让人相信但却是被证实的预言的接受过程，对于把握量子理论的那种令人无法相信的结果，是一种很好的心理实践。本章给出的事例比你为了解量子之谜而需要真正知道的知识要多。它们构成了良好的知识背景。

光的故事

牛顿断定，光是微粒流。他有很好的理由。正如服从其普适运动方程的物体一样，光沿直线传播，除非它遇到某个物体，这时它可能会对该物体施加一个力。按牛顿的话说："光线是不是由发光物质发出的很小物体呢？因为这种物体沿直线穿过均匀媒质而不偏折到阴影里，这正是光线的本质。"[1]

其实，牛顿是矛盾的。他研究过光的我们现在称之为"干涉"的性质，这是一种唯有扩展波的特性可以解释的现象。然而，他强烈坚持偏好粒子说。他的理由是，波需要媒质来传播，而这种媒质会妨碍行星的运动，这是他的普适运动方程似乎要否定的性质。正如他所说的那样：

> 因此，要为行星和彗星的有规则而持久的运动铺平道路，或许除了某些很薄的水蒸气，或从地球、行星和彗星的大气以及上述极度稀薄的以太媒质中升起的臭气外，就必须从天空中扫清一切物质。用一种稠密流体来解释自然界中的现象，是没有什么用处的，不要它的话，行星和彗星的运动反倒容易解释得多…… 因此它的存在是得不到证明的，因而只应将它抛弃掉。而如果将它抛弃，那么光是在这样一种媒质中传播的挤压或运动的假说，也就和它一起被抛弃了。[2]

---

1. 见牛顿《光学》第三编"疑问29"。译句参考了王福山等译《牛顿自然哲学著作选》中的译文。下同。—— 译者注
2. 出处同上"疑问28"。—— 译者注

其他科学家提出了光的波动理论，但牛顿的绝对权威意味着，他的“微粒说”——光是一连串的微粒——主导对光的本性的认识长达100多年。而牛顿的支持者实际上比牛顿本人更加笃信牛顿的微粒说，直到大约1800年，当托马斯·杨用另一种方法证明了光的波动性之后，这一局面才告终结。

杨是一个早熟的孩子，据说他两岁就能流利地诵读。他受的是医学教育，靠行医养家糊口，他还是一位杰出的象形文字翻译大师，但他的主要兴趣是物理学。在19世纪初，杨给出了光是一种波的有说服力的证明。

在一块经过发黑处理的玻璃板上，杨刻画了两条相隔很近的平行线。光线通过这两条狭缝后投影到墙上形成明暗交替的条纹，我们称之为“干涉条纹”。我们会看到，这种条纹表明光是一种扩展的波。

我们可以将“波”想象成一系列移动的峰和谷，或波峰和波谷。[41]例如，这些波峰和波谷可以看成是水族馆水面起的涟漪。另一种描绘波的方式是鸟瞰，我们画一些线条来表示波峰。从飞机上看到的海洋里的波看起来就是这个样子。这两种方式显示的波如图4.1所示。

从一个小波源发出的波，譬如投入水里的鹅卵石产生的波，向各个方向传播。类似地，从一个小的发光体发出的光也向各个方向传播。同样道理，从一个小光源发出的光通过窄缝后将沿各个方向扩散，并在屏幕上均匀照亮整个屏幕。（图4.2中是从侧面表示狭缝。）

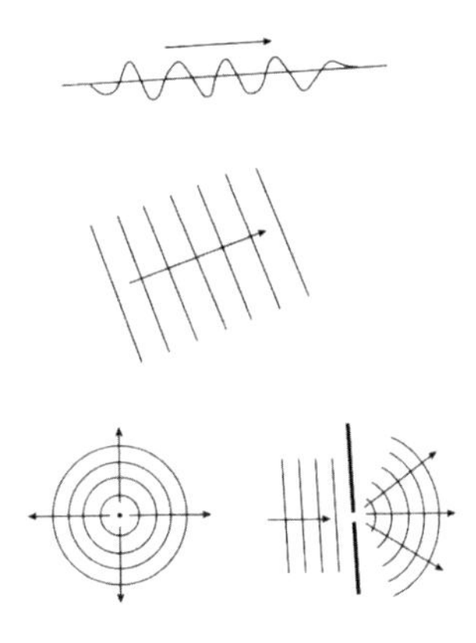

图4.1 波的图像

可以预料，从两条靠得很近的狭缝出射的光照在屏幕上的亮度是单狭缝出射光强的2倍。如果光是小的粒子流，即牛顿的微粒流，那么可以肯定会出现这种情况。但当托马斯·杨让光通过他的两条狭缝后，他看到的却是明暗相间的条纹。而且，最关键的是，明暗条纹之间的距离取决于狭缝间距。一束独立的粒子流（每个粒子通过一条单狭缝）无法解释这种行为。

干涉既是量子理论也是量子之谜的核心，在下面几个自然段里，我们更详细地予以解释。在物理学里，干涉被视为扩展波的行为的确凿示范。如果你只想浏览本书重点内容，完全可以跳过下面几段对干涉的解释，略读后面的“电磁力”一节，你仍将鉴赏到量子谜团。

这里我们先说说干涉是如何产生的：对于屏上中心位置（图4.2中的A点），从上面狭缝出射的光波与从下面狭缝出射的光波走过完全相等的距离。因此，如果从一条狭缝出射的波到达A点时是波峰，那么从其他狭缝出射的波到达A点时也是波峰。同样，从两条狭缝出射的波的波谷也在同一时间到达A点。从两条狭缝出射的全同光波到达A点时产生的亮度要比只有一条狭缝被打开时光波所产生的亮度要亮，所以屏的中央位置上一定是亮点。

但是，对于到达屏上中央位置上方某点（譬如图4.2中的B点），[42]从下狭缝出射的光波要比从上狭缝出射的光波走过更远的距离。因此对于B点，下狭缝的波峰要比上狭缝的波峰到得晚。特别是，下狭缝波峰到达B点时如果正好遇上上狭缝的波谷，这样波峰和波谷便在B点互相抵消。因此在B点是两条狭缝出射的光波相减，产生的是暗点，即一束光与其他光重叠后可以产生暗点。

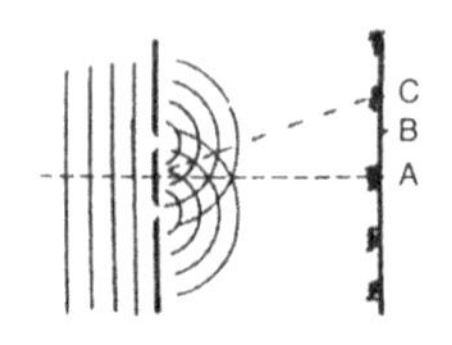

图4.2 双缝实验中的干涉现象

在屏幕更远的地方（如图4.2中的C点），将产生另一条亮带，因为在那个地方，从一条狭缝出射的波峰正好与来自其他狭缝的波峰再次同时到达。在屏幕上再往上走，随着两条狭缝出射的光波交替出现相互增强和相互抵消，便会交替出现亮带和暗带，形成干涉图样。“干涉”这个词实际上用得并不恰当。从两条狭缝出射的波不是相互干涉，只是互加互减，就像你向银行账户中存款和取钱。

这里我们假设了不同狭缝出射的波具有相同的频率，即它们的波峰之间有相同的距离，相同的波长。也就是说，我们假设了光是单色光。如果不是这样，不同颜色的光会在不同的地方产生亮条纹，形成一种模糊的干涉图样。

如果从几何上考虑，你可以看到，如果两条狭缝间距离越大，则干涉条纹之间的间距越小。这里的细节并不重要，重要的是要记住，条纹间距取决于狭缝间距。杨论证道，既然光在屏幕上每个点的量取决于缝间距，故屏上每个点均接收到来自两条狭缝的光。

如果光是微粒流，就不会出现干涉条纹。从一条狭缝或其他狭缝出射的小子弹彼此间是相互独立的，不能够相互抵消从而产生出有赖于缝间距的条纹。

杨的论证就真的无懈可击吗？未必。在杨提出这一解释的当时，43 这种解释即受到激烈争辩。杨的英国同行坚定地站在牛顿的微粒说立场上。而光的波动说则得到法国科学家的青睐，而且部分出于这个原因从而为英国人所拒绝。然而，进一步的实验很快就压倒了反对意见，光是一种波得到了公认。

我们从光波的角度描述了干涉。其实这种讨论适用于任何类型的波。其关键在于：干涉展现了一个扩展波的实体。干涉现象无法用致密的独立粒子流来解释。

电磁力

一块用玻璃摩擦过的丝绸会受到玻璃的吸引，但排斥另一块经玻璃摩擦过的丝绸。这种因不同材料相互摩擦而产生"电荷"间的力很早便为人类所熟知。认识上的关键一步是由本杰明·富兰克林通过一个聪明点子取得的。他注意到，让任何两个相互吸引的带电体相互接触，它们的吸引力便减小。但两个相互排斥的带电体之间接触却不会造成这种结果。他意识到，彼此吸引的物体相互间抵消了彼此的电荷。

相互抵消是正负数的特性。因此，富兰克林为不同的带电体分配了正号（+）和负号（-）。符号相反的带电体之间相互吸引，符号相同的带电体之间互相排斥。

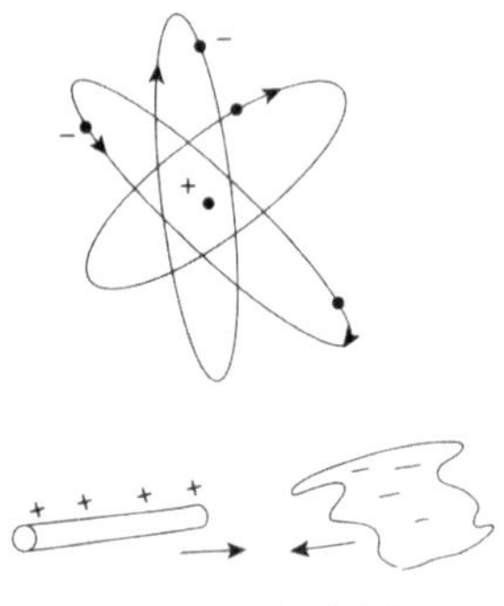

图4.3 正电荷与负电荷

（富兰克林在电学方面的工作对美国的建立具有重要作用。作为驻法国大使，富兰克林不仅以他的机智、魅力和政治敏锐性，而且以他的科学家身份，说服了法国为美国独立战争革命的成功提供了重要的援助。）

现在我们知道，原子有一个带正电的原子核。这个核由带正电的质子（和不带电的中子）组成。环绕原子核旋转的电子则带负电荷，44 其多少与质子所带的正电荷等量。原子中的电子数与质子数相等，所以原子作为一个整体是不带电的。当两个物体放在一起发生摩擦时，电子会从一个物体移到另一个物体。

图4.4 迈克尔·法拉第。承蒙Stockton出版社许可复制

例如，与丝绸摩擦的玻璃棒带正电，因为玻璃中的电子受到的束缚要比在丝绸中受到的弱。因此，一些电子从玻璃移向丝绸，丝绸有了比其质子数更多的电子，带上负电，吸引带正电的玻璃。而两块带负电荷的丝绸之间则互相排斥。

一个简单的公式——库仑定律——告诉我们一个带电体（或“电荷”）作用于另一个带电体的电性力的大小。你可以用这个公式计算出任意电荷排布下电荷间的电性力。这便是电性力的全部内容，没什么好多说的，19世纪初的大多数物理学家都这么认为。

45

但是，迈克尔·法拉第却发现电性力令人费解。让我们回顾一下当时的情形。1805年，法拉第14岁，是一个铁匠的儿子，在做书籍装订学徒工。法拉第有着很强的好奇心，当时对汉弗莱·戴维爵士的一些科普讲义非常着迷。他认真做笔记，并将这些笔记装订成册，呈送汉弗莱爵士，要求到他的实验室打工。虽然是一个勤杂工，但法拉第很快就被允许尝试做一些自己的实验。

法拉第奇怪，一个物体是如何隔着空无一物的空间将力施加到另一个物体上的呢？库仑定律只是在数学上正确预言了你所观察到的事实，但法拉第对这个解释并不十分满意。（对他来说，“我不做任何假说”[1] 没必要。）法拉第假设电荷在它周围的空间形成一个电“场”，正是这个物理场对其他电荷施加力的作用。法拉第用一些从正电荷发出到负电荷的连续的线来表示它的场。凡线最密集的地

1. Hypothesis non fingo. 这是牛顿的名言。—— 译者注

方，表明该处场强最大。

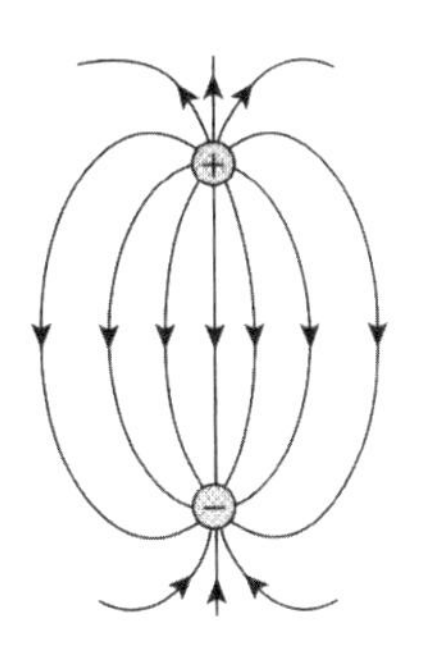

图4.5 两个电荷之间的电场

大多数科学家认为库仑定律的数学表达式就是全部，认为法拉第的场的概念是多余的。他们指出，法拉第在数学上无知，因此需要借助图像来思考电荷。抽象思维对于像他这样的来自“下层阶级”的年轻人是困难的。场的概念被讥为“法拉第的精神拐杖”。

其实，法拉第走得更远。他假设电荷产生的场需要时间来传播。例如，如果一个正电荷和附近的等量负电荷被带到一起便相互抵消，因此在它们的周围场会消失。但法拉第似乎不能肯定各处的场是不是会立即消失。

他认为，远处的场将会存在一段时间，尽管产生这个场的电荷已相互抵消不再存在。如果这是真的，那么场本身就将是一种物理上真实的东西。

此外，法拉第还论证道，如果两个大小相等的异号电荷被多次汇集和分离，则有交变电场从这个振荡电荷对传播开去。即使这对电荷停止振荡并相互抵消，而振荡电场将继续向外传播。

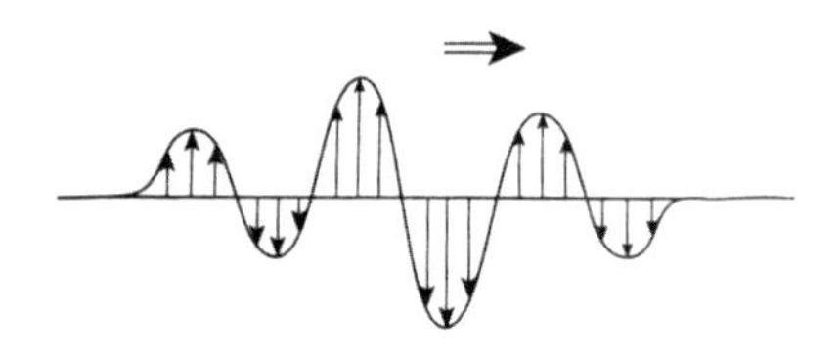

图4.6 振荡电场

法拉第的直觉非常好使。几年后，詹姆斯·克拉克·麦克斯韦拾起了法拉第的场的概念，制定出一组由4个包含场的方程构成的方程组。这一方程组将所有的电和磁现象统一起来，我们称它为“麦克斯韦方程组”。它预言存在电场和磁场的波——“电磁波”。麦克斯韦注意到，这种波的速度与光测量的速度完全相同。因此他建议，光是一种电磁波。这一点不久即得到证明，可惜他已去世了。 46

正如法拉第曾预言的那样，等量异号电荷的来回运动（实际上，是电荷的任何加速运动）产生电磁辐射。电荷的运动频率（每秒的重复次数）即为所产生的波的频率。较高频率的运动产生紫色和紫外线；较低的频率产生红光和红外光；更高的频率产生X射线，而更低的频率则产生无线电波。

今天，物理学的基本理论都是根据各种场来制定的。法拉第的“精神拐杖”是当今所有物理学的支柱。

电性力，或者说电磁力，正是我们需要讨论的力。和重力一样，这是我们通常感受到的一种力。(尽管所有的物体之间都存在引力，但只有当其中的一个物体的质量非常之大，譬如行星质量，二者间的引力才有意义。)原子间的力是电性力。

当我们接触某人时，接触时的压力就是一种电性力。我们手的原子的电子排斥他人的原子的电子。通过电话与某人交谈时，通过电线传递信号的也是电性力，然后信号再通过光纤和空间传递出去。组成固体物质的原子是靠电性力聚合在一起的。电性力是所有化学反应的基础，因此也是整个生物学的基础。我们看、听、闻、尝以及触摸等感官反应均是电性力使然。我们大脑中的神经活动过程是电化学过程，因此最终也是靠电性力起作用。

47　那么我们的思想，我们的意识，是不是最终可以完全依据我们大脑发生的电化学过程来解释呢?我们对意识的感觉“仅仅”是电性力的体现吗?有些人认为是这样，而另一些人则认为意识过程不能仅用电化学机制来解释。这是一个我们后面需要探索的问题，它和量子力学有关。

除了引力和电磁力，自然界还有其他的力。但似乎也就只有两种：所谓“强力”和“弱力”。它们都与组成原子核的粒子(以及那些由高能粒子对撞时产生的、只能维持瞬间寿命的粒子)有关，在大于原子核的尺度上基本上没有影响。因此，它们对于本书的主题不重要。

能量

能量是一个物理学、化学、生物学、地质学，以及工程技术和经济领域都要用到的概念。有许多战争就是为了争夺存储在石油里的化学能。能量有一个重要特点：尽管它的形式会改变，但能量总量保持不变。这个事实被称为“能量守恒”。但是，什么是能量？定义能量的最佳方式有几种不同的形式。

首先，有运动能。运动物体的质量越大，速度越快，其“动能”就越大。由于物体的运动而具有的能量叫动能。

石头下落的距离越长，下落的速度越快，则其动能就越大。因此，位于一定高度的石头具有获得一定速度，或者说一定动能的潜力。这种由引力带来的“潜在能量”叫势能。一个物体的质量越大，或它所处的高度越高，它的势能就越大。一块石头的动能和势能之和，即它的总能量，在石头下落过程中是不变的。这是能量守恒的一个例子。

当然，石头击中地面后，它的动能和势能均变为零。因此，在石头接触地面的过程中，石头本身的能量是不守恒的，但总能量是守恒的。通过撞击，石头的能量转化为地面和石头所含原子的随机运动的动能。现在，这些原子获得了更大的到处乱撞的能量。这些原子的[48]偶发运动是热能（热）的微观描述。在石头击中的地方，地面会发热，就是这个道理。原子获得的杂乱运动的能量正好等于石头失去的能量。

当石头停止运动后，虽然总能量是守恒的，但可用的能量却减少了。例如，石块下落或水流下落的动能原本可以被用来推动转盘。但当这些能量转化为原子的随机运动后，除了热能，我们再也无法利用了。在任何物理过程中，总有些能量最后变得不可利用。当我们从环境角度考虑提倡“节约能量”时，我们所要求的是少用可用能量。

动能只有一种形式，但势能的形式却有多种。位于一定高度的石头具有引力势能，压缩的弹簧或拉长的橡皮筋具有弹性势能。弹簧的弹性势能可以转化成譬如石头上抛的动能。

当两块分别带有正电和负电的带电体被分开时，这些物体之间便有了电势能。如果松开手，它们会很快飞向对方，电势能便转化为速度和动能的增大。围绕太阳旋转的行星，或绕核旋转的电子，都同时具有动能和势能。

一瓶氢气和氧气分子的化学能要比在相同温度下由这些分子化合成的水有更大的能量。如果点燃氢氧混合气体，这些多余的能量便会以所产生的水分子的动能呈现。因此水蒸气是非常热的。这里氢氧混合物中的化学能变成了热能。

核能与化学能类似，只是核能涉及的是构成原子核的质子之间、中子之间以及质子与中子之间的力，包括核力和电性力。一个铀原子核具有的势能要比它破碎成的裂变产物的势能大得多。多出来的那部分势能就变成了裂变产物的动能。这种动能是热能，可以被用来产生蒸汽推动涡轮机从而带动发电机发电。铀的势能也可以作为炸弹被迅速释放出来。

49

当一个热的发光体发光时，能量变成电磁辐射场，同时发光体冷却，除非它获得其他能量的支持。当单个原子发光时，它便进入较低能态。

能量形式到底有多少种呢？这取决于你如何考虑。例如，化学能本质上属于电能，但通常为了方便将它单独分类，可能还存在一些我们还不了解的能量形式。若干年前，人们发现，宇宙的膨胀并不像人们普遍认为的那样在变缓，而是在加速。造成这种加速的能量有一个名字，叫“暗能量”，但关于它的神秘性我们目前了解得还不是很多。

什么是“精神能量[1]”呢？物理学对“能量”一词并没有专利。能量一词在19世纪初被引入物理学之前就长期存在了。如果“精神能量”可以转换成能由物理学处理的能量，那它也将是我们讨论的一种能量形式。当然，这一点至今尚没有普遍接受的证据。

相对论

> 爱丽丝笑了起来，“尝试没用的，”她说，“人不能相信不可能的事情。”
>
> “我敢说你没有太多的实践，”女王说，“当我在你这个年龄，我总是每天花半个小时这么做。这就是为什么有时我能在早餐前搞定多达六个不可能的事情。”
>
> —— 刘易斯·卡罗尔《透过窥镜》

当光作为波被接受时，就已经假设了有些东西在波动。电场和磁

1. psychic energy心理学通常译为“心力”。这里为了与能量搭上界，故直译。—— 译者注

场在这样一种波动媒质中振荡。由于物体可以无阻碍地穿越这种媒质，因此这种媒质是空虚的，被称为“以太”。既然我们收到来自恒星的光，因此以太可能弥漫于整个宇宙。相对于这种以太的运动被定义为绝对速度，如果宇宙中没有以太来定义一个“马桩”，事情就会变得没意义。

19世纪90年代，阿尔伯特·迈克耳孙和爱德华·莫雷着手确定我们这颗星球在以太中的运动速度。当小船在与水波同一方向上行驶时，你看到的波相对于船的速度显然要比船与水波沿相反方向运动时的相对速度慢。从这两种波速的差别，就可以确定船在水波中运动得有多快。这正是利用光波进行的迈克耳孙-莫雷实验的基本原理。

50

令他们吃惊的是，地球相对于以太似乎是不动的。至少他们在所有方向上测得的光速均相同。试图运用电磁理论来解释这一结果的各种巧妙尝试都归于失败。

爱因斯坦采取了不同的策略：快刀斩乱麻。他大胆地将观察到的事实作为假设：无论观察者运动的速度有多快，光速都是不变的。他把这种奇怪的结果作为大自然的一种新属性。因此两名观察者，尽管以不同的速度在移动，但他们测得的光速均相同。因此（真空中）光速成为一个普适常数，记为“c”。

既然光速对所有观察者都是相同的，那么就不可能测到绝对速度。任何观察者，无论他的速度是多少，都可以认为自己是处在静止参照系中。因此不存在什么绝对速度，只有相对速度是有意义的。故此，我们称爱因斯坦的这种理论为“相对论”。

借助于简单的代数，爱因斯坦从他的假设中进一步推导出可检验的预言。这个预言也是本书中最重要的预言，它是说：没有任何物体、任何信号和任何信息可以跑得比光速更快。另一个预言则是：质量是能量的一种形式，可以转换成其他形式的能量。它概括为：$E=mc^2$。这些预言都已被证实，有时还非常显著。

相对论中最难置信的预言是时间的推移是相对的：我们看到，一个快速移动物体所经历的时间要比身边静止参考系中时钟所显示的时间慢。

假设一个20岁的女人乘坐超快火箭去遥远的恒星旅行，与她地球上的孪生兄弟分别了30年。在她回归后，她的弟弟已经老了30岁，现在是50岁。而她，因为乘坐在以95%的光速运行的飞船里，时间才过了10年。她相对年轻，才30岁。不论是在物理上还是生物学意义上，这位旅行回来的人要比待在家里的孪生兄弟年轻20岁。

早期这种“双生子佯谬”提出的目的是为了驳斥爱因斯坦的理论。如果在她所在的静止参考系里看，她的兄弟岂不是在做高速旅行，那么他岂不该比她年轻？因此有人声称这一理论是不自洽的。但事实并非如此。这里的情况不是对称的。只有以恒定速度（速率、方向均不变）运动的观察者才能认为自己处在静止参考系里。而对于旅行者来说，这不可能是真实的，因为她从遥远的恒星返回时需要改变运动方向，需要加速。（当她加速时她可以感觉到受到的力，这就告诉她，

51

她不是处于静止参考系中。)

虽然要建造接近光速运行的载人飞船在技术上不可行，但相对论已得到广泛检验和证实。大部分检验是用亚原子粒子进行的。人们还通过对原地钟表与周游世界飞行的时钟进行精确比较检验了这一理论。旅行时钟返回后确实变“年轻”了。它们与本地时间的差值与理论预言的结果精确地一致。相对论的有效性在今天是如此稳固，以至于只有极具挑战性的检验才可能有意义。如果你读到有关“相对论”的检验，那很可能是一项关于广义相对论，即爱因斯坦的引力理论的检验。而我们这里所说理论的全称是狭义相对论。

爱因斯坦相对论告诉我们的很多怪事都令人难以置信。例如，原则上一个人可以变得比自己母亲更老。但接受这样一个现已通过实验牢固确立的事实——运动系统的年龄较轻——对于我们了解量子力学里更奇异的事情有很大好处。

现在我们就准备开始讨论这些奇异的事情。

您好，量子力学

宇宙开始时看起来与其说像一部机器，不如说更像一种伟大的思想。 53

——詹姆斯·琼斯爵士

在19世纪末，寻找自然界的基本规律似乎已接近目标。人们感到这项任务就要完成了。物理学呈现出一种与当时得体的维多利亚格调相配的有序图景。

地上的和天上的物体都按照牛顿定律运行着。因此，人们想当然地认为原子也应如此。当时原子的性质还不清楚。但在大多数科学家看来，就描述宇宙的工作而言，余下的事情似乎仅是填补这架大机器的细节。

牛顿物理学的决定论否定了“自由意志”吗？物理学家将这些问题留给了哲学家。定义物理学家认为的属于自己的领地似乎很简单。人们已经没有多少动力去探索自然法则背后的更深的意义。但这种直观上合理的世界观无法解释物理学家在实验室中看到的一些令人迷惑的东西。起初，人们以为这些谜团似乎只需在细节上加以探讨就可以解决。然而不久，探索的结果开始挑战人们业已习惯的经典世界观。但直到今天，一个世纪以后，这种世界观仍在争论。

量子物理学不会像太阳中心说取代早期的地球中心说那样取代经典物理学。相反，量子物理学将经典物理学作为一种特殊情形包括进来。经典物理学是对通常比原子大得多的对象的行为的一种非常好的近似。但如果你深入研究任何自然现象，不管是物理学的、化学的、生物学的还是宇宙学的，你都会遇上量子力学。从作为物理学基础理[54]论的弦论到宇宙大爆炸，所有的物理学均从量子理论开始。

八十多年来，量子理论一直在经受着挑战性检验。这一理论的预言从来没有被证明是错的。这是最经得起实验检验的科学理论。它没有竞争对手。不过，如果你认真考虑这一理论的隐含意义，你就会遇到一个谜团。这一理论告诉我们，物理世界的实在性取决于我们如何观察它。这一点很难令人相信。

既然难以置信，于是便有了问题。如果有人告诉你一件你无法相信的事情，你的反应可能是："我不明白。"在这种情况下，实际上你可能只比你认为你了解的多那么一点点：我们面对的是一个谜。

还有一种倾向认为，对已有陈述进行重新解释就能够使之变得合理。我们奉劝不要用合理性作为对理解力的检验。这里就有一项检验：玻尔，量子理论的创始人之一，曾警告说，除非你对量子力学感到震惊，否则你并不理解它。

虽然我们的描述像是一部小说，但我们描述的实验事实和量子理论对这些事实的解释，是完全无可争议的。但当我们探索这一理论的解释，从而物理学遇到意识问题时，我们便跨过了这一理论的坚实基础。量子力学更深层次的含义正引起越来越多的争议。

了解物理学前沿问题不需要多少专业背景知识，这些物理学问题似乎已超越物理学，因此物理学家不具有专权的权力。一旦进入前沿，你会选取辩论一方的立场。

第 5 章
量子概念如何切入物理学

这是一种让人绝望的行为。

——马克斯 · 普朗克

55　物理学课程很少是按其历史发展的顺序写就的。但量子力学的入门课程是个例外。对学生来说，要看清楚为什么我们会接受一种与常识有着激烈冲突的理论，就必须清楚物理学家们是如何在严酷的实验室观察事实面前从19世纪的自满中挣脱出来的。

不情愿的革命者

在19世纪的最后一周，马克斯 · 普朗克给出了一个离谱的结论：物理学的最根本法则受到侵犯。这是量子革命的第一个暗示——我们今天称之为"经典"的那种世界观必须放弃。

普朗克是一个著名法学教授的儿子，他为人审慎、传统且保守。他的衣着总是深色，衬衫笔挺。普朗克出生于要求严格的普鲁士家庭，无论是在社会问题上还是在科学上都尊重权威。普鲁士人严守法律，这种作风也带到了对物理问题的研究上。他们不是那种典型的革命者。

1875年，当年轻的马克斯·普朗克申明他对物理学有兴趣后，他的物理系主任却建议他去研究一些更令人兴奋的东西。他说，物理学已接近完成，“所有重要的发现都已经作出”。但普朗克没有气馁，他完成了物理学学业后当了一名助教，仅从听课的学生那里获得微薄的收入。[56]

图5.1 马克斯·普朗克

普朗克选择了物理学领域中最规矩合法的热力学进行研究，热力学研究热及其与其他能量形式之间的相互作用。他以坚实而不引人注目的工作最终赢得了教授职位。据说他父亲的影响力也起了一定作用。

在热力学里，一种长期得不到解释的现象是热辐射频谱——热物体发射出的光的颜色。这个问题是开尔文所称的“地平线上的两朵乌云”之一。普朗克打算解决它。

我们先来看看似乎合理的某些方面，然后再谈问题。热的火钳会发光似乎是显而易见的。在20世纪之交，原子的性质，甚至原子的存在都还不清楚，电子也才刚刚被发现。人们猜想这些小的带电粒子在热的物体里蹦跶，由此发出电磁辐射。由于不论何种材料，它们所发出的这种辐射都是相同的，它似乎是大自然的一种基本性质，因此对其了解非常重要。

这似乎是合理的：随着铁块变得越来越热，其中的电子动摇得就越发厉害，故应具有更高的速度，并发出更高的频率。因此，金属越热，它发的光就越明亮，发光的频率就越高。随着铁块变得越来越热，它的颜色便由不可见的红外波段趋向可见的红色，然后到橙色，并最终使金属变得白热化，所发出的光覆盖整个可见光的频率范围。

由于我们的眼睛无法看到比紫色波长更短的频率，因此超热物体——它发出的大多是紫外线——就会显得蓝莹莹的。地球上的物质材料在热到足以发出蓝光之前就会蒸发，但我们可以抬头看到天空中热的蓝色恒星。即使是冷的物体也会“发光”，只是强度较弱，且在低频段。将你的手掌靠近脸颊，你会因自你的手发出的红外光而感到温暖。天空中有大量看不见的微波辐射照在我们身上，这些微波辐射

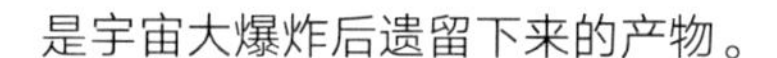

是宇宙大爆炸后遗留下来的产物。

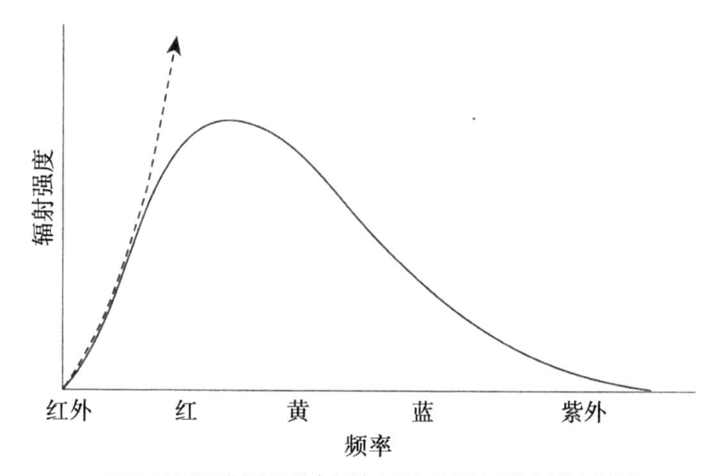

图5.2 6000℃下热辐射曲线（实线）与经典理论预言曲线（虚线）的比较

在图5.2中，我们描绘了太阳表面温度在6000℃时由不同频段发出的实际辐射强度。这里横坐标的频率我们只标了颜色。越热的物体会在所有频率上发出越强的光，它的最大强度会移向更高的频率位置，但强度总是在高频处下降。 58

图中的虚线显示了问题所在。这条曲线是在1900年按当时公认的物理学定律计算出的理论强度。我们注意到，在红外线波段，理论曲线和实验观察一致。但在较高频段，经典物理学的计算结果不仅是一个错误的答案，而且是一个可笑的答案。按它的预期，在紫外以外的频段，辐射光强将持续增大。

如果事实真是这样，那么每个物体很快便会通过紫外以外频段的热辐射形式失去其大量能量。这种尴尬的推导结果被讥讽为“紫外灾难”。但是没人能说清楚这一看似无错的推导究竟是在什么地方导致了错误。

普朗克试图用经典物理学公式来拟合实验数据，并为此奋斗了好些年。但经过多次失败后，他决定改变攻击方向。他首先试着给出能够拟合实验数据的公式，然后以此为提示，尝试确立正确的理论。一天晚上，在研究别人给他的数据时，他发现了一个很简单但拟合效果非常好的公式。

如果将物体的温度代入，这个公式便可在每个频率位置上给出正确的辐射强度。但他的这个公式需要一个“人为因子”方可拟合数据。他将这个因子记为“*h*”，我们现在称它为“普朗克常数”，并将它看作是与光速一样的自然界的一种基本性质。

普朗克将这一公式视为一种提示，试图根据物理学的基本原理来解释热辐射。按照当时人们的简单设想，热金属中的电子在受到临近活泼原子的碰撞后开始振动。这个小的带电粒子将通过发光逐渐失去其能量。我们可以用图5.3来表示这种能量损失过程。像吊在线上的锤摆，或荡秋千的孩子，推它一下以后，便会以类似的方式不断地因空气阻力和摩擦而失去能量。

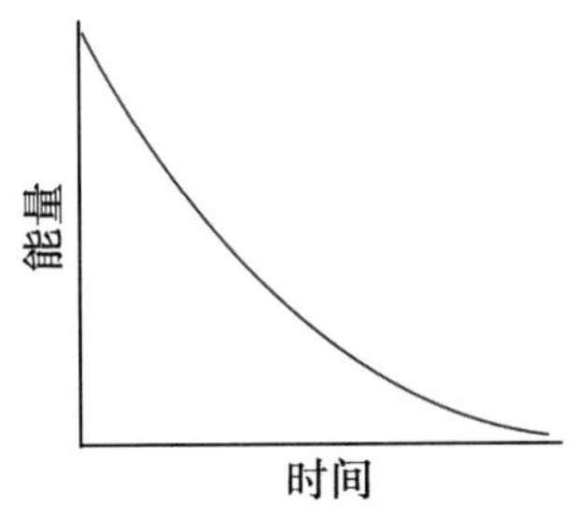

图5.3 经典物理下带电粒子的能量损失曲线

然而，如果严格按照当时的物理学来描述电子的辐射能量，同样会导致紫外灾难。经过长期努力，普朗克提出了一种有违物理学普遍接受原理的假设。起初，他并没有将此看得很严重，但后来他称它为“没办法的办法”。 59

马克斯·普朗克假设，电子只能以一咕嘟一咕嘟地辐射能量，这一咕嘟叫“量子”。每个量子能量的大小等于他公式里的h乘以电子的振动频率。

按照这样一种方式，电子可以振荡一段时间而不经辐射损失能量。然后，在无须任何力的作用下，电子会随机地、无因地以光脉冲的形式突然辐射出一个量子的能量。（电子也可以以这种“量子跃迁”的形式从热原子那里获得能量。）在图5.4中，我们画出了能量以突跳方式损失的例子。图中虚线与图5.3中经典预言的情形相同，能量以连续的方式损失。

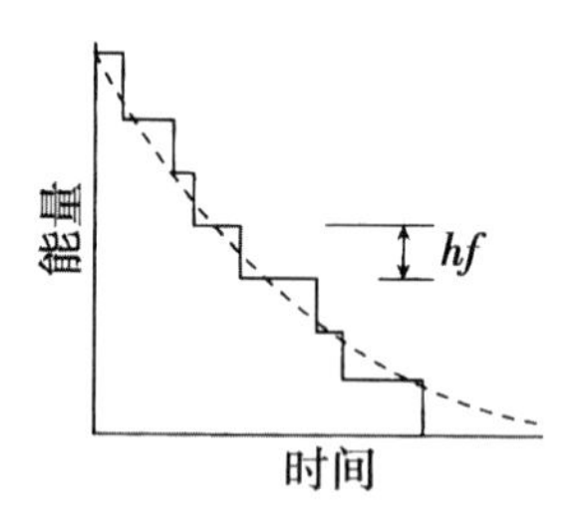

图5.4 普朗克给出的带电粒子的能量损失曲线

普朗克在这里认可了电子可以不遵从电磁学和牛顿的普适运动方程。只有通过这种野路子假设，他才能够导出原先猜想的公式，而只有这个公式能够正确描述热辐射。

如果这种量子跃迁行为确实是大自然的一个规律，那它就应该适用于一切情形。但为什么我们看到我们周围的事物都表现为连续的呢？为什么我们看不到秋千上的孩子以量子跃迁的方式突然改变秋千的运动呢？这是一个数量的问题，因为h是一个非常小的数字。

不仅是h非常小，而且孩子来回摆动秋千的频率也要比电子振动的频率低得多，因此孩子的能量的量子步进量（h乘以频率）非常非常的小。当然，秋千上孩子的总能量远远大于电子。因此孩子运动所包括的量子数要远远大于电子运动所包括的量子数。这样，就荡秋千的孩子而言，量子跃迁，即单位量子的能量变化，小到根本看不出来。

现在，让我们回到普朗克时代，来看看人们对他所提出的热辐射 60 问题的解的反应。尽管他的公式能很好地拟合实验数据，但他的解释似乎比所解决的问题更令人惶恐。普朗克的理论看似荒谬，但没有人敢轻慢地对待，至少在公众场合是这样——普朗克教授由此成为重要人物。他关于量子跃迁的建议被简单地忽略了。

物理学家们没人准备挑战力学和电磁学的基本规律。尽管经典定律对热体辐射光给出的是一个荒谬的预言，但这些基本原理在其他方方面面似乎都管用。它们是有意义的。普朗克的同事认为，一种合理的解最终会被发现。普朗克本人同意并承诺找到一个解。量子革命带着歉意到来了，但几乎没有引起人们的注意。

在随后几年里，普朗克甚至害怕量子力学会带来消极的社会后果。物质的基本构成不遵从适当的行为规则，预示着人可以摆脱责任和义务。因此这个不情愿的革命者希望摒弃他所引发的革命。

三级技术专家

爱因斯坦年幼时很晚才开始学说话，为此他的父母担心他智力发育迟缓。后来，在学生时代，他变得对所感兴趣的东西非常热衷和独立，但他对（中学）体育课上的死记硬背感到厌烦，这导致他的体育成绩平平。父母曾向校长征询阿尔伯特学什么为好，这位校长自信地预言道："不要紧，反正他做什么都不会很出色。"

家里从事的电化学生意失败后，爱因斯坦的父母举家离开德国前往意大利。在意大利，新的营生稍显起色。年轻的爱因斯坦很快独立自主起来。他参加了苏黎世联邦工学院的入学考试，但没有通过。第二年再次应试，终于被录取了。但到毕业时，他想寻求一个做助教的职位，却一再不成功。不得已他只好申请了一份在体育馆代课的教学工作。有段时间，爱因斯坦还干过为中学学习有困难的学生做家教来维持生活。最后，经朋友帮忙，他在瑞士专利局得到了一份工作。

作为三级技术专家，他的职责是为专利申请写一份摘要，以供他[61]的上司决定该项申请是否值得授予专利。爱因斯坦很喜欢这份工作，因为它不占用他的全部时间。他时不时地瞄一眼门口，看看管事的会不会过来，抽空他就忙着自己的事情。

起初，爱因斯坦忙于他的博士论文——液体中原子弹跳的统计分析。这项工作很快就成了物质的原子性质的最佳证据，当时有些东西仍在争论中。爱因斯坦对原子的运动方程与普朗克辐射定律之间的数学相似性感到震惊。他思忖着：会不会光不仅在数学上与原子类似，而且在物理上也像个原子？

图5.5 阿尔伯特·爱因斯坦。承蒙加州理工学院和耶路撒冷希伯来大学许可复制

如果真是这样，那么光会不会像物质一样可以浓缩的形式存在？也许作为普朗克量子跃迁所发出的光能量脉冲并不是像普朗克假设的那样是向各个方向扩展的。或者说，能量可以定域于一个小区域

吗？有没有可能存在如同物质原子那样的光原子？

爱因斯坦推测，光是一系列浓缩的波包——“光子”（后来起的术语名）——的流。每个光子的能量等于普朗克的量子hf（普朗克常数h乘以光的频率f）。当电子发光时，即产生光子。当光被吸收时，光子即消失。

62

为了证明他的猜测可能是正确的，爱因斯坦开始寻找那些有可能显示光的粒子性的证据。这并不难找到。那时“光电效应”已为人所知近20年[1]。所谓光电效应是指光照射在金属表面会引起电子的发射。

这种效应较为复杂，与热辐射不同。在热辐射里，普适法则对所有材料都成立，而光电效应则对每一种不同的物质有不同的电子发射强度。此外，光电效应的实验数据不够精确，特别是无法重现。

爱因斯坦从来就不在意坏数据。弥散的光波根本无法将电子踢出金属。电子被束缚得过于紧密了。虽然电子可以在金属内自由移动，但它们不能轻易逃逸出金属。我们可以从金属中“蒸发”出电子，但这需要非常高的温度。我们也可以从金属中拉出电子，但这需要非常强的电场。然而，微弱的光，相当于极其微弱的电场，仍能够弹出电子。光越微弱，弹出的电子就越少。但无论光是多么微弱，总有些电子被弹出。

---

1. 光电效应最早是由海因里希·鲁道夫·赫兹于1887年发现的。赫兹在进行电磁波实验时，注意到电极之间的放电会受光辐射，尤其是紫外辐射的影响。经过仔细审慎地研究后，他将这一现象写成论文《紫外光对放电的影响》。——译者注

爱因斯坦甚至能够从坏的数据中提取出更多的信息。如果照射用的是紫外线或蓝色光，那么电子将带着高能量射出。如果采用较低频率的黄色光，则出射电子的能量就较低。红光通常打不出电子。光的频率越高，出射电子的能量就越大。

光电效应正是爱因斯坦所需要的。普朗克的辐射定律暗示，光是以脉冲，即量子的形式发出的。光的频率越高，其携带的能量就越大。如果这个量子就是实际的浓缩波包，那么每个光子的所有能量就可能会集中于单个电子上。单个电子吸收光子就获得了整个光量子的全部能量*hf*。

因此光，尤其是由高能光子构成的高频光，可以给电子以足够的 63 能量使之跳出金属。光子的能量越高，弹出电子的能量就越高。低于某一特定频率的光，其光子的能量就不足以使电子从金属中脱出，因此就不会有电子被弹出。

1905年，爱因斯坦明确地说道：

> 根据目前提出的假设，从点光源发出的光束的能量在越来越大的空间体积中并不是呈连续分布的，而是由有限数量的能量量子组成，定域于空间各点，它们移动时不再被细分，并只能以一个单位的形式被吸收和排放。

假设光以光子流的形式存在，单个电子吸收光子的全部能量，于是爱因斯坦用能量守恒推导出一个简单的、将光的频率与弹出电子的能量联系在一起的公式（图5.6）。如果光子能量小于材料的电子逸出能量，那么光就不能使电子逸出。

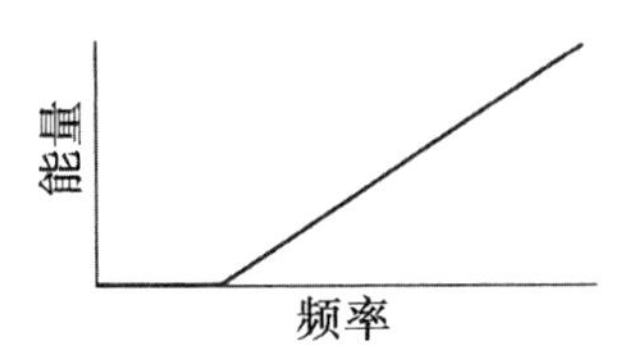

图5.6 电子发射的能量对光频率的曲线

爱因斯坦的光子假说有一个显著特点，就是图5.6中直线的斜率恰是普朗克常数h。在此之前，普朗克常数只是一个用普朗克公式来拟合观测到的热辐射特性所需的数。在物理学其他地方似乎还无用处。在爱因斯坦提出光子假说以前，没有理由认为光引起的电子出射与热体的辐射有任何关联。这个斜率首次表明，量子是普遍的。

在爱因斯坦的光电效应工作的十年后，美国物理学家罗伯特·密立根发现，在任何情况下，爱因斯坦公式所预言的结果都与“观察结果完全一致”。不过，密立根认为爱因斯坦的光子假设导致该公式“完全站不住脚”，并称爱因斯坦的光是一种浓缩粒子的建议“甚为鲁莽”。

并不是只有密立根这样认为。当时物理学界是带着一种“不信任和近乎嘲笑地疑虑”态度来接受光子假设的。然而，光子假设提出八年后，爱因斯坦因许多其他成就获得了作为一个理论物理学家崇高的声誉，并被提名为普鲁士科学院院士。尽管如此，普朗克在他写的支持这一提名的信还是认为，他必须为爱因斯坦说句公道话：“他有时可能错过了他的猜想中的目标。例如，在他的光量子假说中，真是有太多的机会他没抓住……”

64

甚至当爱因斯坦于1922年因光电效应而被授予诺贝尔物理学奖时，诺贝尔颁奖委员会在颁奖词中仍避免明确提及已经年届十七但仍不被接受的光子。爱因斯坦的传记作者曾写道："从1905年到1923年，(爱因斯坦)是唯一一位，或者说几乎是唯一的一位，认真对待光量子的人。"（在本章的后面我们再来谈发生于1923年以后的事。）

虽然物理学界对爱因斯坦的光子的反应就一个字——拒绝，但他们毕竟不是猪脑壳。光已被证明是一种扩展的波，光显示出干涉性质，而离散的粒子流做不到这一点。

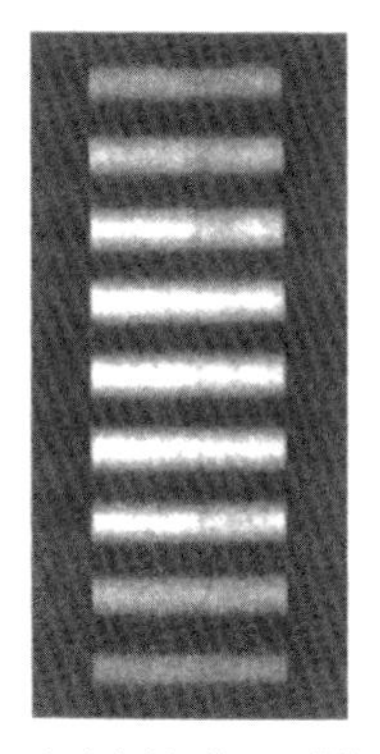

图5.7 由两个狭缝出射的光形成的干涉条纹

回想一下我们在第4章中对干涉现象的讨论：通过单窄缝的光大致均匀地照亮屏幕。打开第二个狭缝，屏上出现明暗相间的条纹，条纹的宽窄取决于两个狭缝之间的距离。在那些暗条纹处，从一个狭缝出射的波的波峰正好与另一个狭缝出射的波的波谷相遇，从而来自一个狭缝的波与来自另一个狭缝的波抵消。干涉现象表明，光是一种分布于两狭缝的波。

在第4章中我们提到，有关微粒不会引起干涉的论证并不是无懈可击的。它们是不是就不能以某种方式彼此偏转从而形成明暗条纹呢？论证中的漏洞现已被补牢。既然我们知道了每个光子携带多少能量，我们就可以知道在给定强度的光束中有多少个光子。当光线极度微弱，光强是如此之低，以至于仪器上一次只有一个光子通过时，我们依然看得见干涉。

如果选择的是演示干涉现象，这属于只能根据波的性质来解释的范畴，你可以证明光是一种向四周扩散的波。但通过选择光电实验，[65]你能证明相反的性质：光不是一种扩散开去的波，而是一个微小的粒子流。这里似乎显得不一致。（回想一下我们在纳根帕克遇到的类似事情：访问者可以选择证明这对夫妻住的是两间小屋，一个人一间；他也可以选择证明这对夫妻是紧凑住在一个单间小屋里。）

虽然光的矛盾性质困扰着爱因斯坦，但他坚持他的光子假说。他宣称自然中存在着神秘的东西，我们必须面对它。他没有假装要解决这个问题。在本书中我们也不假装要解决它。这个奥秘仍将伴随我们走过一百年。后面的章节重点放在说明我们能够通过选择来确立两个相互矛盾的东西中的一个。这一奥秘延伸到物理学之外的观察性质。这就是量子之谜。对此当今量子物理学领域的杰出专家们提出了各种意义深远的猜想。

在1905年这一年里，爱因斯坦不但发现了光的量子性质，牢固确立了物质的原子属性，并且创立了相对论。第二年，瑞士专利局为爱因斯坦提了一级：二级技术专家。

博士后

尼尔斯·玻尔成长于一个舒适而受人敬重的家庭，从小就养成了独立思考的习惯。他的父亲是哥本哈根大学著名的生理学教授，不仅自己对哲学和科学感兴趣，也培养两个儿子在这方面的兴趣。尼尔斯的弟弟哈拉尔最终成为一名杰出的数学家。尼尔斯·玻尔早年是个温顺友善的孩子。与爱因斯坦不同，他从来没有过叛逆心理。

图5.8 尼尔斯·玻尔。承蒙美国物理研究所许可复制

在丹麦上大学时，玻尔因设计巧妙的流体实验赢得过一枚金牌。但我们还是直接跳到1912年。这一年玻尔取得了博士学位，转而去英

国攻读"博士后",成了一名博士后学生。

当时,物质的原子属性已被普遍接受,但原子的内部结构尚属未知。实际上,那时学界在这方面存在很大争议。电子——一种比任何原子轻数千倍的带负电荷的粒子——早在十年前就已经由J.J.汤姆孙发现。而原子表现为电中性,因此它必然在某处带有大小等于负电子的正电荷,而且这个正电荷应具有原子的大部分质量。原子的电子和所带的正电荷究竟是如何分布的? 66

汤姆孙做了个最简单的假设:大质量的正电荷均匀分布于原子体积内;电子——在氢原子中有一个,在最重的原子中几乎有100个——则假想为随机分布在正电荷的背景下,就像八宝粥里的葡萄干。理论家们试图通过计算给出各种不同的电子分布可能形成的各种元素的特征属性。

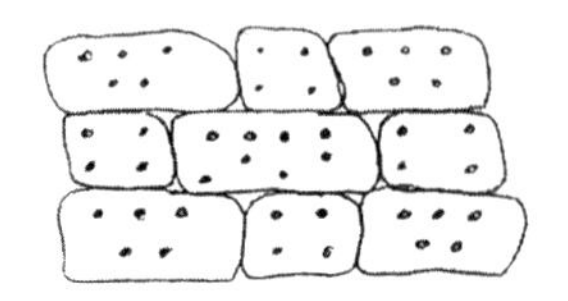

图5.9 汤姆孙的原子葡萄干布丁模型

与此形成竞争的还有另一个原子模型。当时在英国的曼彻斯特大学,欧内斯特·卢瑟福通过用α粒子(电子被剥离后的氦原子)轰击金箔原子来探索原子结构。他看到的情形与汤姆孙的带正电的质量均匀分布的猜想不一致:大约有万分之一的α粒子存在大角度反弹,有时甚至是背散射。这个实验被比作向八宝粥里投杏干。因为用小葡萄干(电子)去碰撞原子达不到像用α粒子杏干轰击的明显实验效果。 67

卢瑟福得出结论：实验中 α 粒子是与原子的大质量正电荷相碰撞，这个正电荷处集中在原子中心一个很小的区域内，称为“原子核”。

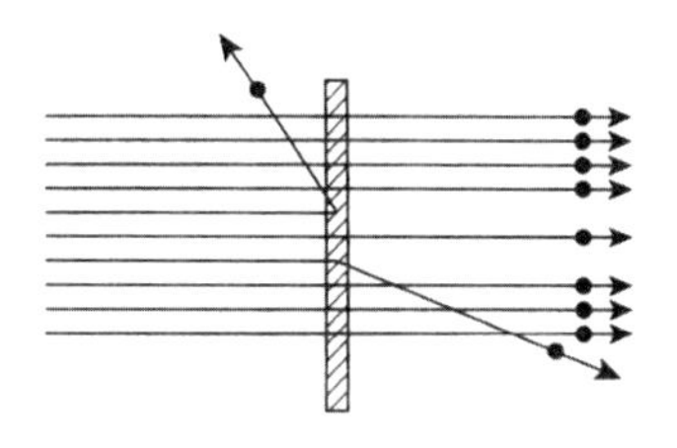

图5.10 卢瑟福的 α 粒子实验

为什么负电子在受到带正电的原子核吸引时不会落向核呢？卢瑟福推测，其原因可能就像行星不会撞向太阳一样：行星会围绕太阳做轨道运动。因此卢瑟福认定，电子是围绕一个致密的、大质量的、带正电的原子核做轨道运动。

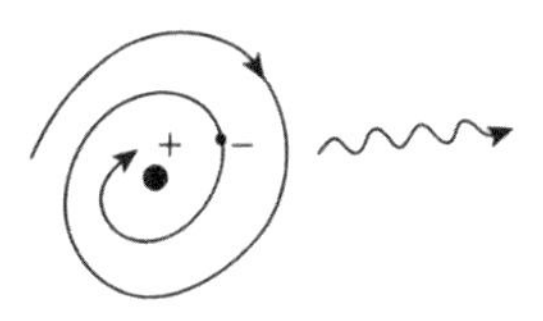

图5.11 卢瑟福原子模型的不稳定性

但卢瑟福的行星模型有一个问题：不稳定性。由于电子是带电的，因此它在做轨道运动时就应有辐射。计算表明，电子会在不足百万分之一秒的时间里通过辐射可见光而损失能量，旋转着掉入原子核。

物理学界的大多数同行认为，就解释卢瑟福实验中罕见的 α 粒子大角散射这个问题而言，行星模型的不稳定性要比葡萄干布丁模型的不稳定性问题更严重。但是，卢瑟福是个超级自信的主儿，他知道他的行星模型基本上是正确的。

正在这个当口，年轻的博士后玻尔来到了曼彻斯特。卢瑟福给他安排的工作是解释行星原子如何才能是稳定的。玻尔在曼彻斯特的任期只有六个月，据说是因为支持经费告罄，而且渴望回到丹麦与美丽的玛格丽特结婚可能也是缩短任期的因素之一。尽管玻尔于1913年回到哥本哈根大学任教，但他继续对原子稳定性问题进行研究。

他是怎么得到成功的思路的这一点我们还不清楚。但可以断定，当时其他物理学家都在试图理解从经典物理规律引出的能量的量子化和普朗克常数h，玻尔想必采取这样一种态度："h，有了！"他只是将量子化当作基本性质。毕竟，量子概念一直是普朗克和爱因斯坦的工作成果。

68

玻尔写了一个很简单的公式，表示"角动量"——度量物体旋转运动的量——可以仅以量子单位存在。如果事实确实是这样，那么只有特定的电子轨道才是允许的。而且，最重要的是，他的公式给出了最小的可能轨道。玻尔的公式规定，电子"不允许"崩坍到核。如果他的这个专用公式是正确的，那么行星原子就是稳定的。

玻尔的量子概念没有更多的证据，有可能被丢弃。但用这个公式玻尔可以很容易地计算出单个电子绕质子——氢原子的核——做轨道运动的所有容许的能量。然后从这些能量，他可以计算出氢原子"放电"时因电激发所放出的光的特定频率或颜色。(所谓"放电"是指像霓虹灯那样的发光现象，只不过现在灯管里充的是氢气而不是氖气。)

这些频率已经仔细研究了多年，但最初玻尔并不知道这项工作。为什么原子只能发出某些频率的光？这一点以前完全是个谜。每种元素的频谱都独具特色，呈现为一组漂亮的颜色。难道它们比蝴蝶翼翅的特定图案更具重要的意义？不过现在好了，玻尔的量子规则所预测的氢原子的频率具有惊人的精确性：精度达到1/10000。虽然那时玻尔的理论包含了原子以能量量子方式发出的光，但他与几乎所有其他物理学家一样，仍然拒绝采用爱因斯坦的浓缩性的光子概念。

一些物理学家将玻尔的理论贬斥为“数字杂耍”。但爱因斯坦却称它为“最伟大的发现之一”。其他人很快同意了爱因斯坦的观点。玻尔的基本概念很快被应用到物理和化学上。没人明白为什么它有效，但它确实有效。在玻尔看来，这是最重要的东西。玻尔对量子的那种“*h*，有了”的务实态度为他迅速带来了成功。

我们不妨将玻尔早期在量子概念上的巨大成功与爱因斯坦在光子概念几乎遭到普遍的拒绝时仍坚持信念长期保持“一个人战斗”作一对比。在后面的章节中我们会注意到，这两人的早期经历是如何体现在他们终身友好地进行有关量子力学的辩论中的。

王子

69

路易斯·德布罗意是德布罗意家族的王子。他的贵族家庭打算让他去法国从事外交服务生涯。年轻的王子路易斯曾在索邦的巴黎大学研究历史。但在获得了学士学位后，他转向了理论物理。在他可以充分研究物理学之前，第一次世界大战爆发了。德布罗意在法国军队驻埃菲尔铁塔电报站服役。

图5.12 路易斯·德布罗意。承蒙美国物理研究所许可复制

随着战争结束，德布罗意开始了他的物理学博士学位研究。他说，

他受到“奇怪的量子概念”的吸引。在三年的研究期间，他读了美国物理学家阿瑟·康普顿的最新著作，于是一种概念在他脑海里形成。这个概念不仅让他很快完成了博士论文，还最终荣获诺贝尔奖。

70　1923年，在爱因斯坦提出光子概念将近二十年后，康普顿发现，出乎他的意料，当光线反弹电子后其频率发生改变。这不是波的行为：当波从一个固定物体表面反射时，每个入射波的波峰产生出另一个波的波峰，而反射波的频率不改变。另一方面，如果康普顿假设光是粒子流，每一个这种粒子都具有爱因斯坦光子的能量，那么他得到的计算结果与他的实验数据完美契合。

“康普顿效应”做到了这一点！ 物理学家们现在终于接受光子概念了。诚然，在某些实验中，光显示出发散波的属性；而在另一些实验中，光则显露出浓缩的粒子性质。只要我们知道在什么条件下会出现什么属性，那么光子概念的解释似乎不比去寻求康普顿效应的另一种解释更麻烦。然而爱因斯坦仍坚持“单干”。他坚持认为谜团依然存在，有一次他这么说道：“汤姆、迪克和哈里，每个人都认为他们知道什么是光子，但他们错了。”

身为研究生的德布罗意很能体会爱因斯坦的感受：光的二象性——既是弥散的波又是浓缩的粒子流——一定有深刻的含义。他怀疑大自然是否有可能存在着这样一种对称性。如果光可以是波或粒子，那么实物也就可能既是粒子也是波。他写出了一个简单的物质粒子的波长表达式。这个称为粒子的“德布罗意波长”公式是每个开始学习量子力学的学生很快就能掌握的概念。

这一公式的首次检验源于一个激发德布罗意提出波的概念的谜题：如果氢原子中的电子是一个浓缩粒子，我们如何能“知道”它的运动轨道的大小？这些轨道都由著名的玻尔轨道公式来描述。

	波	粒子
光	√	√
物质	?	√

图5.13 德布罗意的对称性概念

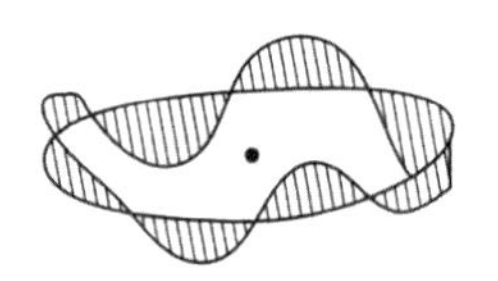

图5.14 围绕电子轨道的波长

产生给定的标准音高的小提琴琴弦的长度由沿弦长方向振动的半波长数目确定。同样，电子作为一个波，其允许的轨道可能由绕轨道周长的电子波波长的数目确定。运用这一思想，德布罗意能够推导出玻尔先前的专门的量子化选择定则。（对于小提琴，振动的是弦材料。而在电子“波”情形下，究竟是什么在振动，仍然是个谜，现在依然如此。）

71

目前尚不清楚德布罗意是如何认真对待他的猜想的。他肯定没有认识到它推动了关于世界的革命性观念变革。用他自己后来的话说：

> 那些提出新学说基本思想的人往往不能在一开始就认识到一切后果。他在个人直觉的引领下，受到数学类比的内力束缚，他被带着不由自主地走上了一条对终点一无所知的道路。

德布罗意将他的猜想告诉了他的论文导师保罗·朗之万，后者以磁学研究而闻名。朗之万对此没有留下深刻的印象。他指出，在推导玻尔公式时，德布罗意不过是用一个特定假设取代了另一个。不仅如此，他认为德布罗意的假设，即电子可以有波的行为，似乎是荒谬的。

如果德布罗意只是一个普通的研究生，朗之万很可能立即摒弃了他的想法。但他是王子德布罗意。贵族血统起了作用，即使是在法兰西共和国。因此毫无疑问，朗之万克制了自己，要求由世界上最杰出的物理学家来对德布罗意的思想进行评论。爱因斯坦回信说，这个年轻人“揭开了笼罩在旧世界头上的面纱的一角”。

与此同时，在纽约的电话公司的实验室里出了个小事故。当时克林顿·戴维孙正在做金属表面的电子散射实验。虽然戴维孙的兴趣主要是在科学方面，但电话公司正在开发用于电话传输的真空管放大器，对此，掌握电子打击金属表面的行为是很重要的。

通常，电子在非晶态金属表面沿各个方向反弹。但事故发生后，空气泄漏到真空系统，造成镍表面氧化，戴维孙加热金属来赶走氧气。镍结晶后基本上形成了一个狭缝阵列，电子现在只能沿少数几个规定方向弹开。这时出现了干涉图样，证明电子确实存在波的性质。这一发现证实了德布罗意的猜测，实物粒子也可以是波。

72

我们以1900年的第一个量子暗示作为本章的开头。这个暗示在很大程度上被忽视了。现在我们以物理学家在1923年终于被迫接受了波粒二象性作为本章的结束：光子、电子、原子、分子，原则上任何物体都可以是浓缩的或呈弥散的。你可以在大到一个面包或小到一个原子来证明这一点。你可以选择两个矛盾的特性来证明这一点。一个对象的物理实在性取决于你选择如何看待它。

物理学遇到了意识问题，但还没有意识到这一点。要意识到这个问题还有待几年的接触之后，即在薛定谔发现新的普适运动规律之后。这一发现将是我们下一章的主题。

第 6 章
薛定谔方程——新的普适运动定律

73　如果我们要与这些讨厌的量子跃迁打交道，很抱歉我们还得用量子理论，别无他法。

——薛定谔

到20世纪20年代初，物理学家们已经接受了这样一种观念：电子、其他微观物质以及光被证明既可以浓缩的波包形式出现，也可以表现为向四处传播的波。到底取何种形式，取决于你选择要进行的实验。

自1905年爱因斯坦给出对光电效应的光子解释以来，有许多这样的无可争议的实验事实摆在物理学家面前。但这些事实的深远意义在很大程度上被忽略了。1909年，爱因斯坦强调指出，光量子带来一个严重问题。但“除了他自己一个人之外”，几乎没有人认真考虑过光量子问题。玻尔在1913年认为，光是以量子跃迁形式发出的，但他不能接受作为粒子的光子概念。1915年，密立根还认为爱因斯坦的光子假说是“鲁莽的”。然而，随着1923年康普顿的电子对单光子的散射实验结果的确立，物理学家们很快就接受了光子。然而他们不太在意爱因斯坦所持久关注的问题。为什么呢？因为他们预期无疑会有一种基本理论（虽然当时还没出现）来解决麻烦的“波粒二象性”悖论。这种基本理论很快就出现了，但它没带来问题的解决，而是相反，使得问题变得更严重了。

认识到这个悖论是个严重的问题已是三年后的1926年了。其关键是薛定谔方程。薛定谔不是要寻求解决波粒二象性的悖论，而是看到德布罗意的物质波可以作为一种摆脱玻尔的“讨厌的量子跃迁”的途径。他似乎可以解释物质波。

图6.1 艾尔温·薛定谔。承蒙美国物理研究所许可复制

74　薛定谔是一个繁盛的维也纳家庭里唯一的孩子，是个优秀的学生。在青少年时期，他的兴趣在戏剧和艺术方面。作为对19世纪晚期维也纳的资产阶级社会的反抗，薛定谔拒绝遵从他成长时期所接受的维多利亚时代的道德观。他一生追求热烈的罗曼蒂克，但他对婚姻却非常严肃，夫妇俩毕生相守。

在第一次世界大战时，薛定谔曾担任过奥地利军队在意大利前线的一名中尉。战争结束后，他开始在维也纳大学执教。大约在这一时期，他一度热衷于印度吠陀教派的神秘教学，但他似乎从来都是将这种哲学和物理学清楚地区分开来。1927年，他因为在量子力学研究中的出色工作而被邀请到柏林大学作为普朗克的继任者。但随着希特勒在1933年的上台，薛定谔虽不是犹太人，但还是出于正义感辞职离开了德国。在英国和美国作为访问学者工作一段时间后，他鬼使神差地75　接受了去格拉茨大学任系主任的邀请，回到了奥地利。[1] 但随着希特勒吞并奥地利，他遇到了麻烦。他的反纳粹的态度迫使他离开德国势力范围。经由意大利来到爱尔兰首都都柏林，在都柏林高等教育学院理论物理所度过了他的另一段学术生涯。

在他中年后，薛定谔的思想已趋向量子力学所涵盖的那些超越物

---

1. 从薛定谔写的《自传》（见薛定谔著，罗来鸥、罗辽复译《生命是什么》，湖南科学技术出版社，2005年第1版）可知，薛定谔是在1933年7月底离开柏林的，并随后向学校（柏林大学）递交了辞呈。在朋友林德曼（F. A. Lindemann）的举荐下，他于1933年年底被聘为牛津大学马格德琳学院客座研究员（也正是在这一年年底，他与海森伯、狄拉克共同分享了当年度的诺贝尔物理学奖）。他在牛津一直待到1936年，这期间似乎没有访问过美国。1936年，英国爱丁堡大学和奥地利格拉茨大学均向薛定谔发出请他去主持物理系的邀请。因为倦于异国生活，薛定谔选择了后者。但这也导致了两年后纳粹并吞奥地利后他们全家再度流亡。他在《自传》里将当时的这一决定形容为“一个非常愚蠢的选择”，故本书中有“鬼使神差”之说。但平心而论，由于薛定谔喜欢热闹，富于浪漫，过不惯牛津的清心寡欲的清教徒生活，加之他怀念故土，思乡心切，因此选择回格拉茨大学任教有其必然性。——译者注

理学的问题。他出版了两本简短但极有影响力的小书:《生命是什么》和《心与物》。在《生命是什么》里,他提出了基因遗传物质是"非周期性晶体"的量子力学解释。DNA结构的共同发现者弗朗西斯·克里克承认,薛定谔的这本小书是他获得灵感的源泉之一。薛定谔的另一本小书《心与物》的第一章的题目就是"意识的物理基础"。

波动方程

尽管基于玻尔量子规则的早期量子理论是成功的,但薛定谔拒绝接受一种电子只能在"允许轨道"上运动,且毫无缘由地从一个轨道跃迁到另一轨道的物理学。他直言不讳地指出:

> 你一定要弄明白,玻尔,量子跃迁的整个概念必然导致无意义。你说原子的稳态电子首先做的是无辐射的某种周期性的轨道运动,但却没有解释为什么它不会辐射。而根据麦克斯韦的电磁理论,它必然会辐射。接着,电子从一个轨道跃迁到另一个轨道并伴随辐射。那么请问,这种跃迁是逐渐进行的还是突发的?……在跃迁过程中是什么法则在起作用?因此说,量子跃迁的整体思路必然只能是无稽之谈。

薛定谔非常感谢爱因斯坦"简短而富于远见的教诲",即让他注意德布罗意关于实物可以显示出波动性质的猜想。这个想法吸引了他。波可能是从一种状态连续平稳地演变到另一种状态。电子作为一种波可能无须无辐射轨道的概念。他有可能摆脱玻尔的"讨厌的量子跃迁"。

76

薛定谔非常想通过修正牛顿定律来解释量子行为，他试图给电子和原子的行为以合理的说明来描述这个世界。他想得到一个支配物质波的方程，这将是一种新物理学，因此是一种有待检验的猜想。薛定谔寻求的是一种新的普适的运动方程。

普适方程不仅要对大的物体有效，而且也适用于微观粒子。牛顿定律可以从某一时刻扔出去的石头的位置和运动来预测石头未来的位置和运动。同样，波动方程能够从一个波的初始形状来预言波在此后任意时刻的形状。它既能够描述涟漪是如何从扔出的石子所击中的水面位置向四周扩散开的，也能够描述波是如何在绷紧的绳子上传播的。

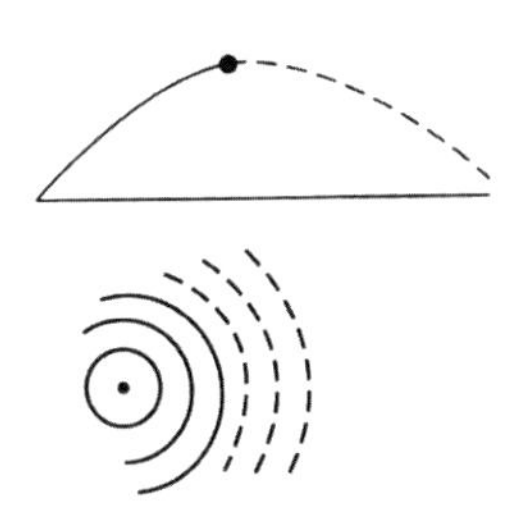

图6.2 石头的路径和波纹的扩散

有一个问题：对于水波、光波和声波有效的波动方程对物质波无效。光波和声波在介质中可以单一速度传播，这个波速由介质确定。例如，声波在空气中以每秒330米的波速运动。而薛定谔寻求的波动方程则允许物质波在任何速度下运动，因为电子、原子——乃至棒球——可以在任何速度下运动。

突破是在1925年薛定谔与女友在山区度假时取得的。他的妻子留在家中。为了让耳朵隔绝噪声以便集中注意力，薛定谔随身带了两颗珍珠塞耳朵用。他究竟希望避免的噪声是什么，这一点一直不明确。我们也不知道他女友的身份，她是给了他灵感呢还是让他分心亦不得而知。薛定谔一直有细心记日记的习惯，但只有这一时期的日记缺失。

在接下来的6个月里，薛定谔发表了4篇论文，用描述物质波的方程奠定了现代量子力学的基础。这项工作立即被确认为一个重大胜利。爱因斯坦认为它是出自“真正天才”的成果。普朗克称这项工作具有“划时代”的意义。薛定谔自己当然更是高兴，认为他已经摆脱了量子跃迁。他写道：

> 几乎没有必要指出，将量子跃迁设想成从一种振动模式到另一种振动模式转变所引起的能量变化，要比将它当作一个电子的跃迁更令人满意。振动模式的变化可以被视为在连续空间和时间上的过程，其持久性与发射过程一样长。

（薛定谔方程实际上是一种非相对论性近似，也就是说，它只有在速度不是接近光速时才是对的，我们仍然是在更一般的情况下来处理概念问题，这样更简单、更清晰，同时也符合用薛定谔方程来处理量子谜团的习惯。即使光子是以光速运动，但我们说的一切基本上都适用于光子。）

实际历史要比我们讲述的更复杂，更尖锐。几乎就在薛定谔发现波动方程的同时，玻尔的年轻博士后——海森伯（对他我们会在后面有具体交代)——提出他自己的量子力学版本。这是一种用于得到数值结果的抽象数学方法。它不需要借助任何图像来描述过程。薛定谔是这样批评海森伯的方法的:"我很气馁,即便不是排斥,我所看到的也是一种相当困难的先验代数的方法,它与可图像化相抵触。"海森伯对薛定谔的波动图像同样没留下太好的印象。他在给同事的信中说:"我越琢磨薛定谔理论的物理部分,似乎让我越感到恶心。"

有一段时间,两种本质上不同的理论似乎都能解释相同的物理现象,局面出现了一种哲学家早就在思考的令人不安的可能性。但在短短几个月后,薛定谔证明了,海森伯的理论在逻辑上等同于他自己的理论,只是数学表象上有所不同。今天普遍使用的是数学上更容易处理的薛定谔版本。

波函数

但海森伯确实抓住了薛定谔理论在物理上的要点。薛定谔的物质波是什么在波动?波的数学表达式被称为"波函数"。从某种意义上说,一个对象的波函数就是该对象本身。在标准的量子理论里,原子除了自身的波函数之外,再没有其他存在。

78 但薛定谔的波函数在物理上到底是什么?起初,薛定谔自己也不知道,而且他推测过,但他错了。现在,让我们先翻翻地,看看这个方程告诉我们可以存在哪些波函数。看完之后我们会担心它们是不是具有实际的物理意义。但这就是薛定谔给出的结果。

首先，我们考虑一个沿直线移动的简单小物体的波函数。例如，它可能是电子或原子。为了一般化，我们通常用“对象”来指称待描述的客体，但有时我们也恢复到“原子”。后面我们会讨论更大的东西——分子、棒球、一只猫，甚至一位朋友——的波函数。宇宙学家思考宇宙的波函数，所以我们也会讨论我们自身的波函数。

在薛定谔度假灵感闪现的几年前，康普顿表明，光子反弹电子的过程就像电子和光子是两个结构紧凑的小球。另一方面，在显示干涉特性的时候，每一个光子或电子又都表现得像沿两条路径传播的扩展波。一个单一的对象怎么会是既紧凑又扩展？波可以是紧凑的也可以是扩展的，但不能同时表现出这两种特性。那么原子、电子和光子真的就可以这样吗？原子到底是一种紧凑的对象还是一种扩展的对象？这仍然是一个问题。

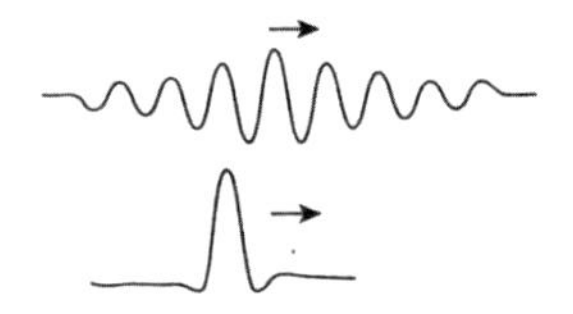

图6.3 一系列波峰或单个波峰的波函数

但有一件事情很清楚：对于大的物体，譬如远远大于原子的对象，薛定谔方程实质上成为牛顿的普适运动方程。因此，薛定谔方程不仅支配着电子和原子的行为，也支配着由原子构成的一切对象——分子、棒球乃至行星——的行为。薛定谔方程告诉我们在给定情形下波函数将成为什么，以及它如何随时间变化。这是新的普适运动规律。牛顿运动定律仅仅是这一规律在大物体上的绝好的近似。

波场

薛定谔方程说，一个移动的物体是一个移动的波包。但是，波场是什么样的呢？薛定谔无疑考虑了如下这些类比：

79　在海洋上风暴所在区域，波浪很大。我们称这样的区域叫大"波场"区域。循着鼓声你可以找到位于遥远距离之外的鼓手，那里的空气压强的波场最大，它便是声源所在的位置。明亮的阳光洒在墙上，阳光照到的地方电场的波场幅度大，所以亮的地方就是阳光所在处。在这些情形中，波场告诉我们有什么东西在那里。因此将这一概念外推到量子情形应该说是合理的。

在波幅大（即波峰高或波谷深）的地方量子波包的波场也大。如果我们有了波函数，就很容易画出波场来。在下面的图中，我们用阴影区来表示波场：阴影越浓重，波场就越大。（波场的数学术语是"波函数的绝对值二次方"，从波函数得到波场大小有一套数学程序。我们提到这一点只是因为你可能会在其他地方看到这个词。"波场"更多是描述性的。）

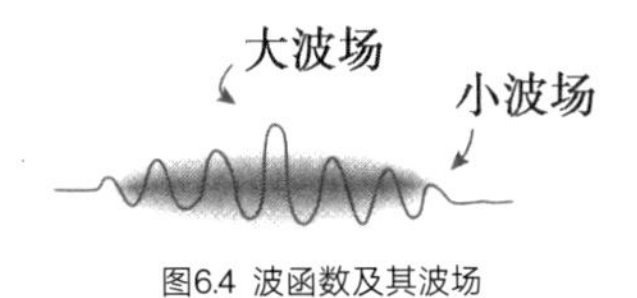

图6.4 波函数及其波场

当我们将原子简单设想成沿某个方向运动的一个对象时，我们忽略了它的内部结构。然而，原子内的电子有其自身的波函数。在早期，薛定谔通过计算氢原子的单电子波函数，重新得到了玻尔的能级和实验观察到的氢光谱等结果。由于无须玻尔的任意假设就能做到这一点，薛定谔兴高采烈，确信自己是正确的。他一直就想摆脱量子跃迁概念。但现在我们知道，事实并非如此。

在图6.5中，我们画出了氢的3个最低的电子能态（电子的三维波场的截面）。你可以将波场想象成一团雾。雾最浓的地方波场最大。在一定意义上，雾团的形状就是原子的形状。像这样的计算图像可以使化学家更好地了解原子和分子是如何相互结合的。

图6.5 氢原子的三个最低能态的波形

我们很少有人想到，原子内的电子波场可以直接显示出来，这种方法可以展现自由电子或原子的弥散波场的干涉图案。图6.5的模式是由薛定谔方程计算所得，后经实验他们的推断行为得到间接证实。2009年，乌克兰物理学家采用老的成像技术“场发射显微镜”，运用强大电场将电子从单个碳原子中拉出。通过检测电子在屏上的着落地点，他们可以追溯到电子在原子内部出现的位置。由此他们直接证实了我们在教科书中所熟悉的波场模式。 80

那么这是不是在暗示波场能告诉弥散对象在哪儿呢？事实不完全是这样。

薛定谔对波场的最初（错误）解释

薛定谔推测，对象的波场就是涂抹开的对象本身。例如，当电子雾最密集时，构成电子的物质也最集中。因此电子本身是按其波场范围被涂抹开的。图6.5中的氢原子电子的某个态的波场，可以不经薛定谔厌恶的量子跃迁就平滑过渡到另一个态。

但这种貌似合理的波场解释是错误的。原因是：虽然一个对象的波场可能弥漫于广泛的区域，但当我们去看某个特定位置时，立刻发现要么看见的是整个对象，要么该位置上什么都没有。

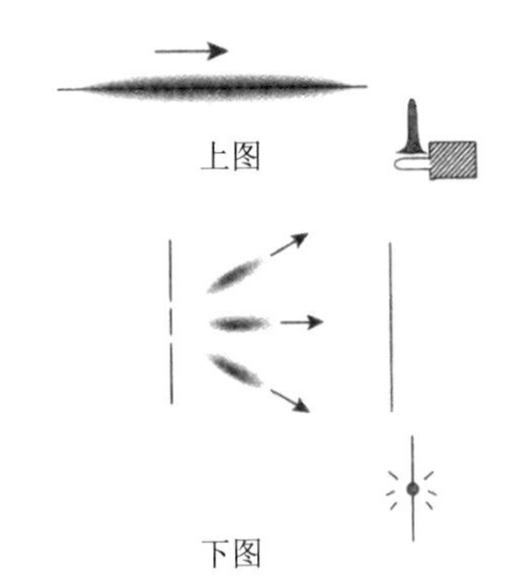

图6.6 上图：盖革计数器探测前后 α 粒子的波形。下图：电子到达屏前后的波形

例如，从原子核射出的 α 粒子的波场可能延绵几千米。但只要盖革计数器一计数，就可以发现计数器内整个 α 粒子都在那儿。确认德布罗意波概念的干涉实验也一样：按说落在闪烁屏上的单个电子的波场应分为几处，相隔数英寸才对。但闪光过后瞬间可见，电子就点击在屏的某个单一位置上。整个电子便可以在那里找到。原先弥散的电

子波场会突然收缩到一个点上。如果电子的检测转换到屏上，它将集中在波场的几个团块位置的某个位置上。 81

如果一个实际的物理对象按其波场范围涂抹开，就像薛定谔最初认为的那样，那么为了拟合所观察到的事实，波场的偏远部分就必须瞬间凝聚到整个对象被发现的地方。为此物质必须以大于光速的速度移动。这是不可能的。

在试图摆脱"讨厌的量子跃迁"物理方面，薛定谔失败了。稍后我们会看到，他对有些东西的反对要比对轨道跃迁电子更离谱。

波场的公认解释

从某一时刻物体的位置和运动状态，牛顿运动定律可以给出它们此前和此后所有时刻的位置和运动状态。同样，从某一时刻的波函数，薛定谔方程可以给出将来所有时刻和过去所有时刻的波函数。从这个意义上说，量子理论像经典物理学一样是确定性的。但量子力学，即理论加实验观察，具有内在的随机性。这些随机性由"观察"引起，属于理论内部无法解释的东西。

我们在接下来几页中要讨论的东西可能会令人糊涂。这是因为它很难被相信。波场的公认解释对物理实在的常识观念构成挑战。它以一种量子之谜呈现在我们眼前。

某个区域的波场是特定位置上发现该对象的概率。我们必须小心：波场不是对象处于某一地点的概率。这二者有关键性区别！在你发现它在那儿之前，该对象不在那儿。你可以选择干涉实验来证明波场在广泛区域的传播。你知道你可以做干涉实验，那是因为实际上你用其他对象以完全相同的方式做过。

82　你可能已经在这种情形下作出那样的选择。你不经意看了一下，结果就导致它出现在某个地点。按照量子力学的标准看法，即哥本哈根学派的解释（见第10章），“观察”不仅扰动了待测对象，实际上观察也产生了测量结果。后面我们会详细讨论什么东西被认为是可能的“观察”。

波场是概率，虽然我们有必要将波场，或曰量子概率，与古典概率进行对比，但二者形似实则不同。我们从一个古典概率的例子开始谈起。

在节日晚会上，一位说话快但手更快的魔术师做了个扣碗游戏。他把一粒豌豆倒扣在两个碗的其中一个之下。经过快速挪移，你的眼睛便搞不清是哪个碗下有豌豆了。豌豆在两个碗下出现的概率是相同的——每个碗下出现的概率均为1/2。这意味着我们有一半的机会发现豌豆在比方说右边的那个碗下。两个碗下出现的概率的总和为1（1/2+1/2=1）。两种可能性的总和概率为1对应于确定性事件，即你肯定能在其中的一个碗下发现豌豆。

魔术师一边挪着碗一边巧舌如簧地聊着天，希望你能下注，猜中有奖。这之后他揭开了右边的碗。假设你看到了豌豆，那么豌豆在右边的碗下这一事件瞬间就变成了确定性事件。左碗的概率“坍缩”到0，右碗的概率为1。即使左碗被挪到城市的另一端，但只要右碗被揭开，左碗概率坍缩到0的事实便瞬间完成。概率的改变如此之快并不受距离远近的影响。

图 6.7

这种机会游戏基本上说明白了量子波场所代表的东西。(至少对于我们中那些学过概率知道答案的人来说是清楚的。)事实上，在薛定谔公布他的方程后仅几个月，马克斯·玻恩便提出了现在公认的概念：一个区域内的波场是在其中发现该整个对象的概率。玻恩的这一假设将我们的实际观察结果(在特定位置找到整个对象)与量子理论给出的波场的数学表达式联系起来。如同扣碗游戏的概率一样，当我们找到对象的所在位置时，它的波场在该位置瞬间“坍缩”到1，而在其他位置上的概率为0。

83

图 6.8

然而，扣碗游戏所代表的古典概率与波场所代表的量子概率之间存在着重大区别。古典概率是对一个人的知晓程度的陈述。在扣碗游戏中，你不知道哪个碗下有豌豆，因此每个碗的概率是1/2。但魔术师知道答案。对于他，概率是不同的。

古典概率代表一个人的知晓状况，但这不是故事的全部。因为这里除了知晓状况（概率）外，物理上是有真实东西存在的——其中一个碗下真有一粒豌豆。如果有人偷看，看见豌豆在左碗下，那么相对于我来说，他的概率就是确定的。但对他的朋友来说，每个碗下出现豌豆的可能性仍然是1/2。古典概率是主观性的。

另一方面，量子概率——波场——则是神秘的客观性的，它对每个人都是一样的。波函数就是整个故事：按照标准的量子描述，原子除了原子波函数，啥都不是。正像主流量子物理学教科书所述的那样，“原子波函数”就是“原子”的同义语。

如果有人看一个特定地点，碰巧看到了原子，那么这一看便使原子的扩散波场整个地“坍缩”到特定地点。这以后该原子对所有人来说都存在于该点。（如果他看了看，发现那儿没原子，那么那个地点对所有人来说都没有原子。）如果有人在一个特定的地点观察到原子，那么第二个观察者观察不同的地点时就一定找不到原子。然而，在第一个观察者使波场坍缩到一点之前的瞬间，该原子的波场还是存在于不同地点的。量子理论之所以坚持这一点，是因为干涉实验本可以建立该原子的波场来显示其在那里的存在。（这段话肯定令人糊涂，但当我们描述了导致这些结论的实验之后，情况就会变得清晰起来，但这个谜团仍将存在。)

在特定的地方观测到一个原子，难道这个原子是观察产生的？是的。但我们必须小心。我们正遇到某种有争议的概念："观察"。标准观点（或称哥本哈根学派的解释，有时也被称为物理学"正统"观点）[84] 认为，无论何时，发生在小的、微观对象上的观察会影响到大的、宏观对象。例如，如果一个原子引起闪烁屏上的某个地方闪光，按照哥本哈根学派的解释，这个宏观的屏就会使该原子广泛传播的波函数"坍缩"到屏上的那个点。

然而，当原子打在屏幕上之前瞬间，它还是一个广泛传播的波。击中屏幕后，它立即以某种方式变成一个集中于特定地点的粒子。我们可以通过观察发现它在那儿。因此，我们可以说，屏幕已"观察到"该原子。这是一种很好的解释，至少从实用目的来看是如此。不过，我们感兴趣的是超越单纯的实用目的的那些所发生的事情。

我们一直在谈论原子，因为量子理论就是由处理微观客体发展起来的。但量子理论是全部物理从而也是全部科学的基础，它可以运用到大如宇宙的对象上，也可以与心灵发生亲密接触，尽管这样做还存在争议。

本质上就是概率的

物理学理论预言了你会在实验中看到什么。这里"实验"是指任何具体情形。不管是扔一个球，还是行星的运动，经典物理学都能够告诉我们球或行星在任意时刻的实际位置，即使这些客体没被观察到。这样的预言也存在不确定性，它可能是指可能位置的一个范围。虽然预言可能是概率性质的，但对象被认为确实存在于某个具体位置。所以，经典物理学中的概率是指我们主观上的不确定性。

而另一方面，量子力学在本质上就是概率性质的。概率就是全部。量子物理学并不能告诉你一个对象出现在某地点的概率，而是告诉你这样一种概率：如果你看某个地点，你能在该位置观察到对象的概率。在你观察之前，对象没有“实际位置”。在量子力学中，对象的位置不独立于你对该位置的观察。被观察的对象与观察者是不可分的。

85 让我们看看关于量子概率的两种态度。

“一切OK”的态度：波场是你将观察的对象的概率。是的，它取决于你如何观察。你可以直接看对象，证明它是一个出现在某一地点的致密对象；你也可以做干涉实验，证明它是一个广泛传播的对象。在这两种情况下，量子力学都能正确预测出你实际做实验能够取得的结果。由于正确的预测是我们始终需要的，因此从实际目的上看，这是没有问题的。在第10章里，我们将捍卫这种有用的务实态度——哥本哈根学派的解释。

另一方面，还有一种“百思不得其解”的态度：这个理论只给出了波场。它是一个超出薛定谔方程的假设。玻恩的解释告诉我们，观察使得扩展波场坍缩到一个具体的位置上，我们碰巧在此发现了对象。

难道大自然的根本大法——薛定谔方程——就仅提供概率?爱因斯坦认为，对于对象被发现的特定位置一定存在一种基本的、确定性的解释——“上帝不掷骰子”。(玻尔建议爱因斯坦不要告诉上帝来如何运行宇宙。)

爱因斯坦不认为随机性是量子力学的严重问题，尽管这多少援引了神学评论。令爱因斯坦、薛定谔和当今更多的专家不安的，是量子力学断然否定物理实在。或换言之，是观察者的观察选择居然能影响先前的物理状况。根据量子理论，在我们观察前，某地不存在实际的原子;是我们的观察使得“波函数坍缩”，从而发现那儿有一个原子。但存在实际的原子和由原子构成的实际事物，不是吗?

在有薛定谔方程之前的20世纪20年代初，我们可以将光与物质显示为传播的波或凝缩粒子的集合这一事实令人非常不安。人们希望能找到一种尚未被发现的基本理论来给出一个合理的解释。到20世纪20年代后期，有了薛定谔方程，基本理论似乎已经在手。但这个谜团却变得更加令人不安。

第 7 章
双缝实验——观察者问题

87　[双缝实验]包含着唯一的谜团。我们无法通过“解释”它是怎么工作的来解开这个谜团……在告诉你它的作用原理的同时，我们也告诉了你整个量子力学的基本特性。

——理查德·费恩曼

在本章中，我们提出严格的量子之谜。而在本书的其余部分，我们将以更宽松的方式来思考这一切可能意味着什么。

作为量子现象的典型示范，双缝实验显示了物理与意识的相遇。正像费恩曼在上面所说，“我们无法通过……来解开这个谜团”，但我们会知道它是如何起效的。

从某种角度看，双缝实验就是干涉实验。我们在第4章里描述了光波的干涉。现在，不仅光子，电子、原子和大分子也都展示出干涉现象，人们正在尝试由更大的东西所展示的干涉特性。用光子来演示干涉现象是一种在课堂上就可进行的简单实验。狭缝可由在不透明的胶片上蚀刻出的两条线组成。用激光笔照射狭缝，你就可以看到屏上显示的清晰的干涉图样。要看到电子的干涉则没这么容易，但如果你花几千美元买一套教学用演示设备，一样可以做到这一点。展示原子或分子的干涉就更加复杂，也更加昂贵，但基本思想是一样的。由于电子或原子容易与空气分子发生碰撞，因此与光子干涉实验不同，这类演示实验必须将容器中的空气抽干净，但在此我们不必理会这些技术“细节”。

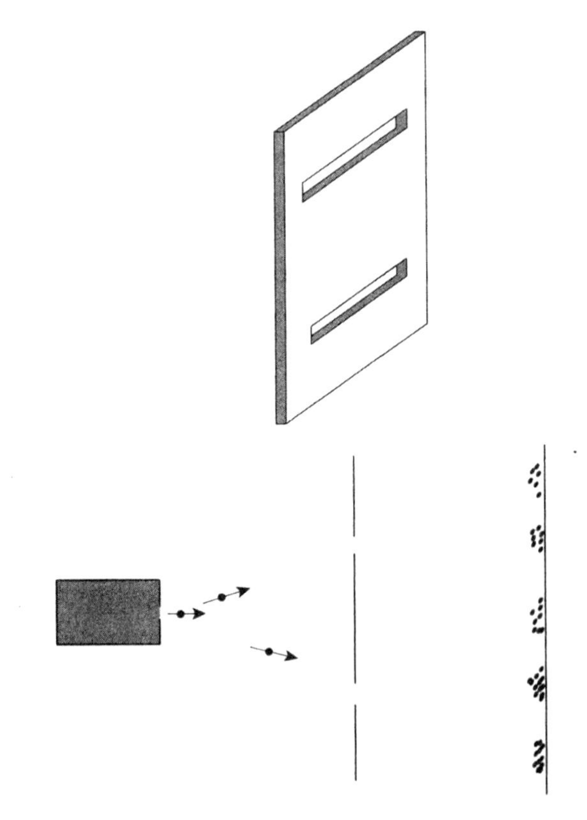

图7.1 上图：双缝示意图。下图：原子源、双缝和显示原子干涉条纹的探测器屏的侧视图

由于在上述所有情形下量子之谜都是相同的，同时我们也无须考虑实验的成本问题，因此我们将只就原子的情形来讨论。如今，我们 88

已经可以看到单个原子，甚至可以将它们一次一个地捡起来放好。我们先简要概述一下标准的双缝实验，然后再用第6章的扣碗游戏作为例子给出一个完全等效的版本。

在第4章描述光波的干涉时，我们注意到，要得到一个明晰的干涉图样，光源应当是单色的。这意味着，光的频率和波长范围较窄。这一要求同样适用于原子。演示原子干涉的原子应该有基本相同的德布罗意波长，即它们应有同样的速度。

两个开口狭缝如图7.1所示。你从左边发送原子，它们通过狭缝打到右边的屏上，如图7.2所示。(我们不关心那些没通过狭缝的原子。)

图7.2 由两个狭缝出射形成的原子干涉条纹

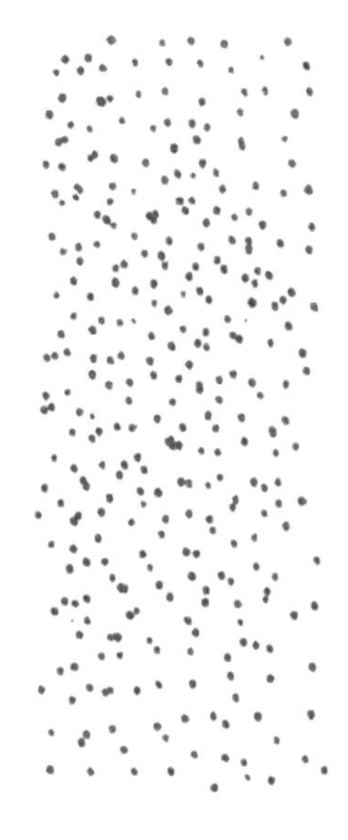

图7.3 由单狭缝出射的原子分布

你记录下原子落在屏上的位置。它们只落在某个区域内。原子分布产生的条纹如图7.2所示。（它与图5.7我们用光波进行的干涉实验结果相同。）

这些条纹（干涉图样）看起来与任何波产生的条纹没什么两样，因为每个原子的波函数均通过两个狭缝。在屏的一些地方，来自上狭缝的波峰与来自下狭缝的波峰重叠，从而来自两个狭缝的波相加产生大的波场区。而在其他地方，来自一个狭缝的波峰与来自另一个狭缝的波谷重叠，从而产生零波场区。某处的波场就是在该处发现原子的概率。因此，您会发现，有些区域有许多原子打在上面，而有些区域则很少有原子打在上面。按"正统的"哥本哈根学派的解释，每个原子的波函数都会在它击中的地方发生坍缩，这也是宏观屏幕"观察"到的位置。

由于每个原子的波函数遵循一种由狭缝间距决定的规则，因此每个原子的某种东西一定是通过了双狭缝。既然依据量子理论，除了原子的波函数，原子就不再有任何其他性质，那么，每个原子本身必然就是通过双狭缝传播出来的东西。

然而，你也可以用单狭缝来做这个实验。这时每个原子的波函数只能通过一个狭缝。你仍能看到原子打在屏上。但这时没有干涉现象出现，因为每个原子的波函数只通过一个狭缝。也正由于每个原子的波函数仅通过一个狭缝，因此每个原子是作为一个紧缩的客体——一个粒子——存在的。原子均匀地分布在屏上，如图7.3所示。

90 因此，您可以选择演示方法。如果用两个狭缝做实验，原子呈现为扩展开的东西；如果仅打开一个狭缝，则你能够证明相反的情形：原子是一种结构紧凑的颗粒。当然，这实际上就是第5章中讨论的德布罗意波的波粒二象性。这里我们只根据今天的量子理论来讨论原子的故事。

双缝实验的盒子对版本

这是一种与双缝实验完全等效的实验。在其中你既可以选择将对象（例如一个原子）显示成完全在一个盒子里，也可以选择显示同样是这个原子不是整个地在一个盒子里。通过盒子捕获原子的故事，你可以随心所欲地决定你想演示的矛盾情形。采用这种讲故事的方式是想最大限度地展示量子现象对我们的常识性直觉——独立于观察者的物理实在就“在那里”——提出的挑战。由于在以后的章节我们还会用盒子对来进行描述，所以在此我们仔细讨论一下这个假想实验。

亚里士多德教导说，要发现自然规律，应从最简单的例子开始，并从它们推演到更一般的情形。伽利略接受了这一教诲，但他警告说，我们必须只依靠那些实验能够证明的东西，即使结果有违于我们最深切的直觉。正是通过分析理想化的孤立对象——月球、行星和苹果——的行为，牛顿提出了他的普适运动方程。双缝实验，作为最简单的量子现象展现，也遵循这一思路。我们认真对待装有原子的盒子对，然后将它推广到猫、意识乃至宇宙。

在第6章的扣碗游戏中，豌豆在每个碗下的概率是相等的。这里，概率不是对物理状态的完整描述，毕竟有一粒实际的豌豆确实在这个或那个碗下，观察并不改变物理状态。现在，我们将单个原子的波场等分到两个盒子中，使原子在每个盒子里的概率相等。但是，与扣碗游戏不同的是，在具体的盒子里并不存在“实际的原子”。划分到两个盒子的波函数已经是对物理状态的完整描述。现在的情形与扣碗游戏不同——观察会改变物理状态。

91

为了显示量子之谜，我们不必描述盒子对是如何准备的。但既然我们已经讲过波函数，这里就对波函数的准备做些描述。在这之后，我们将仅讲述你实际所看到的来展示量子之谜。我们不必提及量子理论或波函数，甚至不提到波就可描述盒子对实验。

先讲一下如何把原子装到盒子对里。我们知道，波都具有反射性质。我们通常用一个半透明的镜子来反射一部分波，使其余的透过镜子。例如，窗玻璃就可使一些光透过，一些光被反射。对此，我们说玻璃使每个单光子的波函数发生分裂。部分光子波函数被反射，部分波函数被透射。我们也可以对原子采用这种半透明的镜子。它使原子的波函数分裂成两个波包。一个波包透过，另一个被反射。

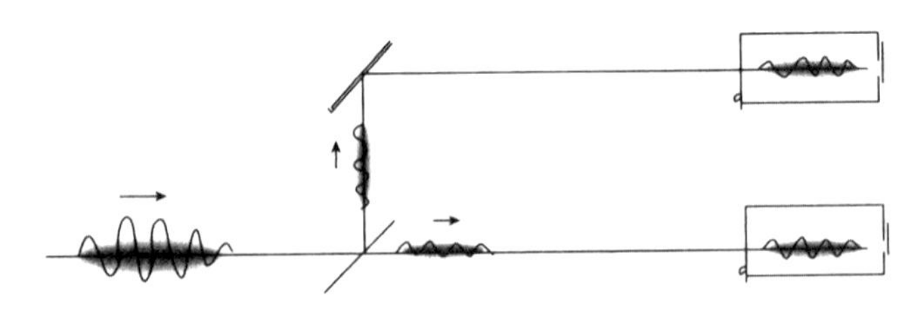

图7.4　反射/透射镜和两个探头构成的探测系统能够捕捉到原子的波函数。图中显示了3个不同时刻的原子波函数

镜子和两个盒子的安排如图7.4所示。这种安排可使原子的两部分波函数都被盒子捕获。我们用已知速度发送一个原子，然后当原子波函数的波包进入盒子后关门。这之后，每个部分的波函数在盒子中来回反射。在图7.4中，我们显示了前后相连的3个波函数及其波场。

92 我们知道每个盒子对里有且仅有一个原子，因为我们观察到这个原子并将其发送到其中的一个盒子里。目前，借助适当的工具，我们已经可以观察到并处理单个原子和分子。例如，利用扫描隧道显微镜，我们可以拿起和放下单个原子。

要将一个原子在不扰动其波函数的条件下放到盒子里是一项非常富于技巧的技术，但它肯定是可行的。将原子的波函数进行分隔并置于事先准备好的区域的实际原子干涉实验也已非常成熟。实际上，计算物理设备中所捕捉的原子没必要通过我们这样的演示。明确指定了空间区域就足够了。我们之所以用盒子来代表每个区域，纯粹是想让它更像前面的扣碗游戏。因此接下来，我们只需考虑原子已经在那里，正等着我们选择用它做什么，而不是让它通过双缝打到检测屏上。

从这里开始，我们对盒子对实验的描述将不再提及波函数或波。我们只说你实际看到的是什么。我们采用量子理论中立的立场来描述观察。这样做要强调的是，量子之谜直接产生于实验观测。量子之谜的存在不依赖于量子理论！

“干涉实验”

你眼前是大量的一对对的盒子。(它们已经像前面描述的那样预先准备好，但示范量子之谜，你不需要知道是如何准备的。)将一对盒子放在记录屏的前面，同时打开每个盒子的狭缝，放出的原子打在记录屏上。让众多相对位置相同的盒子对重复这一过程，你会发现，原子簇拥在屏的某些位置，而另一些位置却空着，形成的图样与前面图7.2所示的狭缝实验结果相同。每个原子都遵循规则落在特定位置上而不散落到其他位置。

现在用一套新的盒子对重复此过程。这次每对盒子之间的间距不同于上一轮。你会发现原子集群的间距也不同。两个盒子之间的间距越大，则两群原子之间的距离就越小，如图7.5所示。每个原子均遵循一条由盒子对间距决定的规则。因此每个原子都“知道”其盒子对的间距。

93

图7.5 原子经过不同缝宽的双狭缝形成的干涉条纹

显然，我们刚才描述的实验是一种干涉实验，就像双缝实验，以后我们就称它为“干涉实验”。但我们并没有运用波的任何性质。每个原子都有来自盒子的一些东西，因为原子的落点取决于每对两个盒子的间距。这种干涉实验确认了这样一个事实：在成对的两个盒子里的每个原子都具有扩展性质。

如何解释整个原子出现在屏幕上，而它的某些部分却来自盒子对的每个盒子呢？说每个盒子里装着每个原子的一部分这说得通吗？在这种情况下，原子的一部分从盒子对的每个盒子逃出来，然后凝结在你看到的屏幕上的那个位置。这里合理周全的思路是行不通的。原因如下所述。

“哪个盒子”实验

94

现在我们换种方式做实验。我们不是同时打开两个盒子的狭缝，而是先打开一个盒子的狭缝，然后再打开另一个盒子的狭缝。打开盒子狭缝后，有时你会发现整个原子打在屏上。如果是这样，那么当你打开另一个盒子时，就不会再有东西出来。如果你打开一个盒子的狭缝后没有东西出现在屏上，那么可以肯定，当你打开第二个盒子的狭缝时，一定有原子打在屏上。一次一个不断地重复打开一组盒子对的盒子，你便能够确定哪个盒子里装着整个原子。你能证明原子是整个地待在一个盒子里的，盒子对的另一个盒子里什么都没有。由于原子是整个地待在一个盒子里的，与两盒子之间的距离无关，因此你会发现原子打在屏上呈均匀分布，如同前面图7.3所示的单狭缝实验情形。

有一种更直接确立每个原子是整个地待在一个盒子里的方法。我们只需简单地观察一下哪个盒子里装着原子便可。至于你怎么看，这无所谓。例如，你可以向一对盒子的其中一个发射一束适当的光束，看看有没有原子闪烁。前一半时间你会发现整个原子在盒子里装着，后一半时间盒子空了。如果你第一眼看去盒子中就没有原子，那它一定是在另一个盒子里。如果您发现一个盒子里有原子，那另一个盒子就一定是完全空的。任何形式的观察都不会发现那个空盒中有什么东西。这种“哪个盒子”实验，或称“查看盒子”的实验，所确定的是每个原子集中在一对盒子的其中一个之内，而不是分散在两个盒子内。

但在你观察之前，你可能已经做过干涉实验，建立起两个盒子里都有每个原子的部分东西的概念。因此你既可以选择证明每个原子全落在一个盒子里，也可以选择证明每个原子不是全在一个盒子里。您可以选择证明这两种相互矛盾的情形。

能够证明两种相互矛盾的结果令人费解。有些人想做进一步探讨，便问:“如果你用相同的原子做这两个实验会怎样呢?如果为了得到干涉图样，你同时打开盒子对，看看哪个盒子里有原子出来，又会怎样呢?”这种观察本质上就是一种查看盒子实验。只要你做了让你知道原子在哪个盒子中的事情，就已经破坏了原子所具有的遵循给出干涉图样规则的能力。

从寻找漏洞的角度看，逻辑学家可能会注意到干涉实验依赖于旁证。它用一个事实——干涉图样——来确立另一个事实——每个原子来自两个盒子。

95 这对任何干涉实验都是真实的。在找不到其他合理解释的情况下，物理学普遍的做法是将干涉认可为确立扩展波场的证据。正如在我们的法律制度下，旁证可以确立一种超越合理怀疑的结论。

导致逻辑上矛盾是一个不正确理论的必要条件。那么能够证明原子（和其他对象）会出现两种相互矛盾的东西是否就能说明量子理论失效了呢？不能。你不能用完全相同的事情来证明矛盾。你是用不同的原子做的两个实验。

量子之谜

对于你能证明两个相互矛盾东西之一的问题，这里有一种逻辑上可以想象的解释：您选择用来进行干涉实验的这些盒子对实际包含的对象是分布在两个盒子的，并不是整个地在一个盒子里。而那些您选择进行查看盒子实验的盒子对则是在一个盒子里实际包含了坍缩的对象。你怎么能再建立别的东西？

你拒绝这种解释。你拒绝它是因为你知道，对于给定的盒子对，你可以有两种选择。你可以自由选择做哪个实验。你有自由意志。至少你的选择不是由你身体之外的物理状态预先确定的，盒子对实验中的所谓“实际”指的就是这种自由选择意愿。

那么到底是你的自由选择决定了外部的物理状况呢？还是外部的物理状况预先决定了你的选择？无论哪种方式，我们都说不清楚。这就是悬而未决的量子之谜。

重要的是：我们之所以感受到这个谜团，是因为我们相信，我们原本可以做与我们实际做的不同的其他实验。这种对选择自由的否定要求我们的行为是按某种与我们身体之外的外部世界有关联的程序进行的。量子之谜源于我们对自由意志的自觉感知。这个将意识与物理世界连接起来的谜团显示出物理学遇到意识问题。

历史创造

至少在一定程度上，我们目前的行为显然决定了未来。但很明显，我们目前的行为不能决定过去。过去是“不可改变的历史事实”。但真是这样吗？

在一个盒子中找到原子，意味着这个原子在遇到半透明的镜子后通过特定的单一路径整个地跑到那个盒子里。选择干涉实验则将建立起不同的历史：原子的不同部分经半透明镜子的反射和透射后沿两条路径到了两个盒子里。 96

过去历史的创造要比目前情况的创造更有悖直觉。但不管怎样，这就是盒子对实验，或任一版本的双缝实验，所隐含的意义。量子理论可使观察创造与其相关的历史。（在薛定谔猫的故事里，我们将看到这种性质是如何戏剧性地演绎的。）

1984年，量子宇宙学家约翰·惠勒建议对量子理论的历史创造性质进行直接检验。他想做的就是将做哪种实验的选择推迟到对象在经半透明镜子时作出的“决定”——是走单一路径还是走两条路径——

之后。实际的盒子对－原子实验非常困难。有人用光子和镜透光路安排做过这类实验，很像图7.4所示。所获得的结果与通常的量子实验结果没有两样，这意味着有关的历史确实是由后来的实验选择所创建的。

对于人类，有意识地选择做哪种实验也许需要1秒。但在这1秒内，光子已经走过186000英里（1英里约1.61千米）。我们不可能建立一个如此巨大的设备，或让光子在一个盒子里来回反弹长达1秒。因此，在实际检验中，实验的“选择”是由随机数发生器驱动的快电子开关来做出的。最严格的实验直到2007年才得以进行，当时技术上已可产生可靠的单光子脉冲，足够快的电子器件也已面世。结果是量子理论的预言被证实：观察创建有关的历史。用惠勒的话说：“我们能看到一种对正常时序的奇怪反演……一种不可避免的效应——我们有能力说清光子已经过去的历史。”

量子谜团能经实验演示吗

在盒子对实验中，我们只描述你会真正看到的东西。我们始终没有提到量子理论。我们不妨将这种量子之谜与牛顿的决定论之谜作一对比。如果按逻辑上极端的结论（有时我们就是这么做的），牛顿决定论否认了自由意志的可能性。但这一谜团只能从决定论性质的牛顿理论产生。经典物理学预言，任何实验结果都不会挑战这样一种信念：我们的自由选择可以完全出自于我们的躯体。

另一方面，量子之谜则直接产生于实验。要忽略直接由实验观察引出的谜团要比忽略仅从理论产生的谜团困难得多。

如果说量子之谜独立于量子理论，那为什么我们又称它为“量子之谜”呢？这是由于理论中性的实验，如双缝实验，构成了量子理论的基础。量子理论提供了一种数学描述，它能正确预见实验结果，即我们选择进行的观察给出的结果。

量子理论描述

鉴于我们已经确立了量子之谜的实验基础，现在我们给出量子理论的解释。既然我们可以选择处在两种相互矛盾的情形之一状态下的原子进行观察，那么对于观察前的原子状态，量子理论是如何描述的呢？这一理论是用数学的术语来描述世界的。当一个原子处于两个相互矛盾的情形（也称“态”）下时，总的物理状态的波函数可写成这两个态的波函数的总和。用日常语言来表达这种数学概念就是：一个态的波函数为“整个原子处于上面的盒子”，另一个态的波函数为“整个原子处于下面的盒子”，未观测的原子的波函数为“整个原子处于上面的盒子”加“整个原子处于下面的盒子”。原子被称为这两个态的“叠加”。它同时处于这两个态。观察一个盒子后，这个和，或曰叠加，便随机坍缩到叠加态的其中一个态。但在我们观察之前，原子是同时处于两个盒子内。原子是在两个地方。

观察使波场，或称概率，坍缩到一个具体的态。但“观察”是由什么构成的呢？这个问题在量子理论的语境下是没法得到最终解释的。[98]是什么构成观察是有争议的。按照务实的哥本哈根学派对量子力学的解释（物理学的“正统”解释，详见第10章中更详细的讨论），宏观测量仪器对微观事件的任何记录都定义为一种观察。或者更严格地说，任何一种微观客体与宏观系统的相互作用均构成观察，否则干涉的示范性便根本不可能存在。并非所有的物理学家都接受这种出于实用目的的对观察的解释。我们暂且放下这个问题。但我们可以谈谈所有物理学家都会同意的不构成观察的那些东西。

当一个微观对象遇到第二个微观对象，第一个对象会“观察”第二个吗？不会。作为一个例子，我们来考虑同时存在于一对盒子里的原子。譬如说光子被发送通过（透明的）上面的盒子。如果原子实际上在该盒子中，则光子会偏转；如果原子在下面的盒子里，则光子会直接穿过上面的盒子。光子会“观察”原子是否在上面的盒子里吗？不会。光子只会进入一种与原子的叠加态。我们称这种态叫与原子的“纠缠态”。实际上，我们可以构建一种相当复杂的干涉实验，其中纠缠的光子-原子系统处于这样一种态：光子既受到原子的偏转，又不受原子的偏转。

当同时偏转和不偏转的光子随后遇到其他对象，随便什么宏观客体，譬如说盖革计数器之后，从实用角度看，不可能显示干涉图样。对此我们可以认为观察已作出，波函数已坍缩。只有看到盖革计数器是否被激发，我们才能肯定地说光子是否受到原子的散射，从而知道原子是否处于上面的盒子里。

我们已经强调了一种由量子理论中立的实验观察所产生的量子之谜。人们还可以看到由量子理论产生的其他不同的谜团。理论上，盒子对里的原子处于两个盒子内相同波场的叠加态。但一旦进行了观察，我们便发现原子全在一个盒子里。在量子理论——对大自然的最基本描述——仅给出概率的情形下，大自然究竟是如何决定一种特定的结果，一个特定的盒子的呢？

99

这无法解释。与观测相关联的是一种内在的随机性。在选择观察整个原子在一个盒子里时，我们不可能选择到底是哪个盒子会出现这种情形。类似地，选择干涉实验时，我们也不可能选择原子会出现在屏上的哪个区域。我们可以选择游戏，但不能选择特定的结果。波函数的坍缩具有随意性。（对量子力学的伪科学解释可以忽略随意性，这意味着你仅靠思想的选择就可以带来特定的期望结果。）

我们已显示了被观察所创建的对象的地位。观测创造假说也适用于所有其他性质。例如，许多原子都是具有南北极的小磁针。原子可以处于其北极同时指向上和下的叠加态。但一经观察，则其取向不是向上就是向下。

虽然我们只是讨论了原子，但量子理论可以适用于一切事情。后面我们会通过薛定谔猫的故事（猫同时处于生和死这两种相互矛盾的态）从逻辑上将这种推理应用于非真实但逻辑上与量子理论并行不悖的情形。有些东西同时处于两个相互排斥的态确实令人糊涂。在后面的章节里我们会直接列举一些这类事例，但不是全部！我们面临的是一些仍未解决、必定充满争议的量子之谜。但我们所描述的实验结果是无可争议的。

在下一章中，我们以一种较为轻松的方式来考虑这些同样的概念。

第 8 章
难言之隐

101　从一开始，[量子力学] 的解释就一直是冲突的根源……对于许多思想深邃的物理学家来说，它仍是一种“难言之隐”。

——J. M. 若什

诺贝尔物理学奖获得者史蒂文·温伯格在他的著作《终极理论之梦》中写道：“如果说，我们今天的物理学里有些东西有可能在终极理论里不变地保存下来，那就是量子力学。”对温伯格的这种对量子力学最终正确性的直觉我们深有同感。

约翰·贝尔，我们后面章节中的一位重要人物（如果诺贝尔奖可以追授的话，他最有可能被授予），认为“量子力学的描述将被取代……它本身携带有毁灭自身的种子”。贝尔的观点并非真正与温伯格的相悖。他对量子理论的关注不是要发现它的预言是否有错误，而是说它并不完备。他觉得，量子力学揭示了我们的世界观的不完备性，而这很可能“因此开辟一条令我们震惊的、富有想象力飞跃的看待事物的新途径”。[顺便说一下，贝尔曾说，是若什的一封信（见本章开篇引语）鼓舞了他去深入研究量子力学的基础。]

与贝尔一样，我们也认为有某种超越普通物理学的东西有待发现。并非所有的物理学家都会同意这一点。许多人，即便不是大多数，总想最大限度地减少量子之谜，将它变成我们应当习惯的东西。这个谜团实在是我们的“难言之隐”。

然而，这个谜团的存在并不是一个物理学问题。从这个词的原来意义上看，它属于形而上学问题。(《形而上学》是亚里士多德的一部著作的名称，在他的著作序列里排在探讨科学的《物理学》之后，主要研究更为普遍的哲学问题。) 而一旦涉及形而上学，那些对实验事实(这些事实本身是无可争议的)的一般理解感兴趣的非物理学家们便可以发表各自的意见，这些意见可以与物理学家的意见一样值得重视。 102

我们用一个故事来说明这一点。在这个故事里，一个正统思想的物理学家像一群理性且开明但从未接触过量子理论的人(以下称他们为格鲁伯人)演示量子力学的基本实验事实(我们在前面的章节中已介绍)。我们的物理学家演示的东西与访问纳根帕克的访客的经历是类似的。虽然在纳根帕克呈现的东西实际生活中并不可能存在，但访问者的困惑与格鲁伯人在演示(实际生活中可能的)中所感到的困惑是相同的。您对这种困惑会有同感。我们也一样。这就是量子之谜。

在演示之后，我们的物理学家对所看到的东西给出了标准的量子理论的解释。这是一种能基本满足学习量子物理课的学生的解释。他们关注的是计算，因为考试要比他们了解计算的意义更重要。而另一方面，格鲁伯人则对这一切可能意味着什么很关注。因此在讨论量子之谜时，我们希望你可以像格鲁伯人那样。我们可以做到。

我们的物理学家所使用的“仪器”是一幅有关实验室实际设置的示意画。但其演示的量子现象则是对小物件完全成立的。这些现象今天正在越来越大的物体上显示出来。中等大小的蛋白质，甚至病毒，都是目前实验的对象。量子理论的适用范围对对象的大小不设限制。展示这种量子现象的对象的大小似乎只受到技术和预算的制约。

我们的故事和谈到的用“对象”进行的实验完全可以作一般化理 103 解。这听起来很模糊。我们没有理由不认为对象可以是小的绿宝石。其实实验完全可以用“小的绿宝石”来做，只要它们被加工得如分子般大小。因此，在故事里我们用“绿宝石”来讨论。

我们的物理学家热烈欢迎格鲁伯人，对他们说：“我被要求向你们展示‘观察’的奇异性质，并用量子理论对你所看到的现象予以解释。有时候，我们物理学家并不愿意你们注意到这些陌生性质，因为这会使物理学显得很神秘。但我确信，你们都是很理性、豁达的人，对你们来说，这不是一个问题。我相信我可以告诉你真正了不起的东西。”

我们的物理学家做的第一个实验应该让你想起游客在纳根帕克提出的问题：“这对男女在哪间小屋？”他得到的恰当答案总是证明这对男女不是在这间小屋就是在另一间小屋。

我们的物理学家指着一组盒子，其中每个盒子均与另一个成对。她解释说，她的仪器会发射一颗宝石到每一对盒子里。“至于我的仪器是如何工作的，”她说，“对于我的示范来说完全无关紧要。”格鲁伯人同意了这一点。他们看着她将一对盒子安装在仪器的右端，然后将一颗小宝石放在左侧的料斗里，然后卸下这对盒子。她对每一对盒子均重复了这一过程，积累了几十对盒子。

与格鲁伯人不同，你已经了解了量子理论。因此我们知道，这位物理学家的仪器包括一组适当的镜子，用以将每颗“宝石”的波场平均分到每对盒子的两个盒子里。

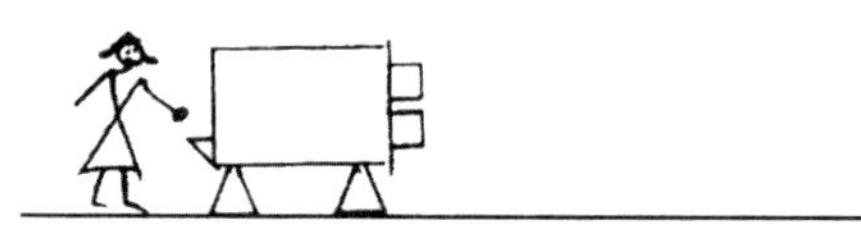

图8.1

“我的第一个实验，”我们的物理学家解释说，“将决定每对盒子的那一个盒子里有宝石。”她指着一对盒子，向一位急于寻求答案的格鲁伯人询问道：“请你打开每个盒子，看到哪个盒子里有宝石。”

104

年轻人打开第一个盒子后，宣布：“在这儿。”

“请确信另一个盒子完全是空的。”我们的物理学家要求道。

年轻人仔细检查了一遍另一个盒子，保证道：“完全空的，什么都没有。”

他检查完后，我们的物理学家又要求一位细心的年轻姑娘走上前来对另一对盒子重复刚才的查验过程，找出有宝石的盒子。打开第一个盒子后，她说道："这是空的，宝石肯定在另一个盒子里。"事实上，她确实发现宝石在那里。

物理学家又让其他人重复了这一过程。宝石出现在哪个盒子是随机的，有时在第一个盒子里，有时在第二个盒子里。她很快注意到格鲁伯人已有点心不在焉，开始窃窃私语。她无意中听到一位小伙子对他旁边的姑娘说："她想干什么？这种示范有什么意思？"

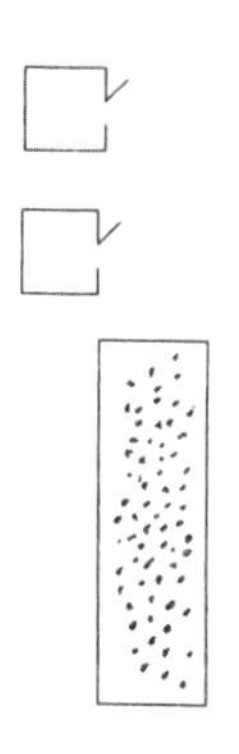

图8.2 依次打开盒子及屏上的结果

虽然这句话不是冲着她说的，但我们的物理学家还是回应道："对不起，我只是想让你们确信，当我们通过观察来找出哪一个盒子里有宝石时，我们已经证明了整个宝石只在一个盒子里，另一个盒子是空的。请多多包涵，因为我现在想告诉你们，我们是如何发现宝石在哪个盒子并不重要，这里还有另一种方式。"

她在一对盒子前竖起了一块带有黏性的屏幕，然后打开一个盒子。现在人们看不到快速移动的宝石了，但可以听到“啪”的一声，一颗宝石打在了屏幕上。“呵，宝石在第一个盒子里。”她说，“因此，我打开第二个盒子肯定没有宝石会打在屏幕上。”

“那是当然啦。”站在后面的格鲁伯人喃喃自语地评论道。

虽然想再次引起格鲁伯人的注意已经很困难，但物理学家还是用更多对的盒子重复了这一演示。如果她打开第一个盒子有宝石打在屏幕上，那么她打开第二个盒子时就不会出现宝石，反之亦然。渐渐地，屏幕上缀满了宝石，它们基本上是均匀分布在屏幕上。

“你能看出这是对宝石只在一个盒子里而另一个盒子空着的另一种演示吗？”她问道。

“当然能，难道这就是你所称的令人称奇的演示吗？”有人不满地回答道。“当然，你怎么看不重要。你的仪器不就是将一颗宝石打在一对盒子的其中一个里吗，还有什么呢？”几个人点头附和道。一个说话率直的女人也附和道：“他说的没错！”

“其实，”物理学家欲言又止地说道，“我希望能证明的了不起的事情，他刚才说的不完全正确。让我先看看另一个实验。”

物理学家要做的下面的实验会使你想到访客在纳根帕克提出的问题：“男人在哪间屋子里，女人在哪间屋子里？”而他得到的答案是：这对男女总是分处在两间屋子里。

格鲁伯人礼貌地安静下来等着观看新的实验。

物理学家在屏幕前放上一组新的盒子对，并几乎同时打开了一对盒子。“下面这个实验的不同之处在于，”她指出，“是我几乎同时间打开两个盒子。”“啪”的声音说明有宝石打在屏幕上。物理学家移去这对盒子，又仔细地将另一对盒子放置在同一位置上并再次同时打开两个盒子。又是“啪”的一声，宝石打在了屏幕上。

随着她打开更多的盒子对，宝石不断钉在屏幕上。这时一个身着红上衣的哥们讪讪地问道：“这个实验能证明的东西好像还不如前一个实验。既然现在你是同时打开两个盒子，那么我们就无法看清宝石是从哪个盒子里出来的。”

但在人们还没来得及仔细琢磨他的话，一位先前不说话的女士站起来说道：“屏幕上的宝石好像要形成一幅图案。”

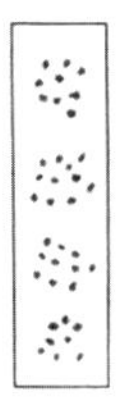

图8.3 同时打开盒子及屏上的结果

106

现在，人们开始仔细观察起来。随着越来越多的宝石打在屏幕上，图案也变得越发明显。宝石只钉在屏幕上的某些地方，在另一些地方则没有。每颗宝石好像遵循着一种规则：只允许出现在屏的某些地方，其他地方禁戒。

首先注意到这一图案的女士迷惑不解地问：“在你的第一个实验中，分别打开盒子时，宝石是均匀地分布在屏幕上的。难道在打开装有宝石的盒子后，再打开空盒子会影响前面宝石的落点？”

物理学家对有人提出这个问题感到高兴，她热切地回应道：“你说得好！打开一个空盒子并不能产生任何影响。我曾告诉过你，每一对盒子里只有一颗宝石，但要说这颗宝石是在其中的一个盒子里而另一个盒子空着是不对的。每颗宝石是同时在每对盒子的两个盒子里。”

有几个格鲁伯人的脸上浮现出疑惑的神情。物理学家继续说道：“我知道这很难让人相信，但我们有一个很有说服力的方法来证明这一点，只是这种方法挺费时间。”

格鲁伯人私底下交谈起来，神情变得放松。同时物理学家和她的研究生助手迅速准备了三组盒子对，每组包含十几个甚至更多对盒子。准备好之后，为了重新唤起格鲁伯人的注意，她重复了同时打开每对的两个盒子，但这次她将三组盒子对的每两个盒子间的距离按组别采用三个不同的间距。

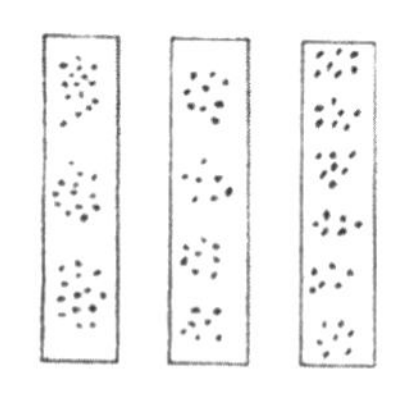

图8.4 同时打开不同间距的盒子及得到的结果

“请看好了，两个盒子的距离越远，它们出射的宝石在屏上形成的间隔就越接近。每颗宝石都服从这样的规则：每颗宝石被允许落在屏上的位置，取决于其所在盒子对的间距。因此每颗宝石‘知道’这个间距，因为每颗宝石是待在每对的两个盒子里的。”

“等等，小姐，”一位听者立即打断道，“你说宝石是同时在两个地方，在两个盒子里，这怎么听起来那么荒唐！……啊，呵呵，我很抱歉，小姐。”

107

“没问题，小伙子，”物理学家回应道，“你说得对。宝石就是同时在两个地方，它在这两个盒子里，要科学地看待问题就得接受这一点：大自然要告诉我们的东西未必一定符合我们的直觉，一颗宝石同时在两个盒子里，这事情可能听起来很傻，但实验观察结果让我们别无选择。”

图8.5 查尔斯·亚当斯绘。版权所有：Tee and Charles Addams Foundation

大伙儿陷入了沉思。但仅过了一分钟左右，穿红上衣的小伙子就再次问道：“我能不能换一种明显不同的说法？在你第一个实验中，你是一次打开一个盒子，我们看到每对盒子中总有一个是空的。但是，正如你刚才说的，在眼下实验的其他组盒子对里，宝石是分裂的，使得每个盒子里都有宝石的一部分。显然，这些盒子对是经过不同的准备的。”

物理学家两手叉着腰，听完这个想法后评论道：“这是一个合理的假设，但实际上所有的盒子对的准备工作是相同的。让我用一些待准备的盒子对来证明你所说的并不是问题所在。”

我们的物理学家要做的第三个实验会使你想到访客在纳根帕克提出的问题。他可以自由选择证明这对夫妻在一个小屋里，也可以选择证明他们分处两个屋子。他百思不得其解。

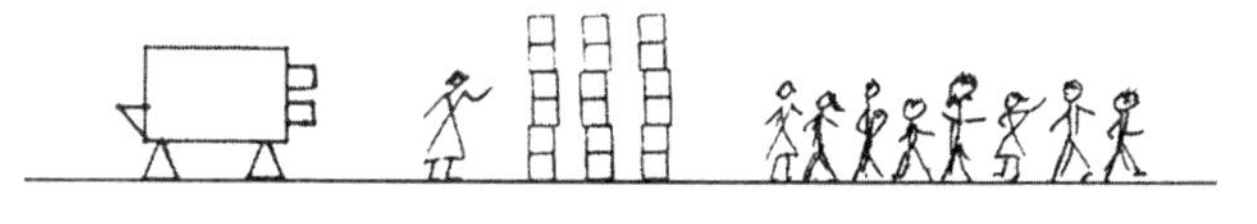

图8.6

经过短暂休息，在此期间我们的物理学家和她的助手又垒起几组盒子对，格鲁伯人重新集结过来。一位心怀疑惑的人开口道：“我们一直在讨论你所说的，但我们当中至少有些人还是感到困惑。他们认为，你开始时说演示表明每对盒子中有一个是空的，但你后来又说，两个盒子都不是空的，这是两种矛盾的情形，难道他们误会了你？”

108

“嗯，差不多吧。你想用这些组盒子对来证明它们究竟属于哪种情况？”

提问者愣了一下，犹豫不决，这时他旁边的一位女士自告奋勇道："OK，请向我们展示这些盒子对里每对盒子有一个是空的。"

物理学家重复了她的第一轮实验，依次打开每一个盒子，前后用了十几对。每次打开一对，总有一个有宝石，另一个是空的。她说道："我向你保证，不论你对空盒子怎么研究，里面绝对是空无一物。"

另一位指着另一组盒子对，问道："现在你能为我们展示这组盒子对没有哪一个盒子是空的吗？"

"当然可以。"物理学家说道。她同时打开每对盒子，前后打开了十几对，演示了一遍第二轮实验，结果表明每颗宝石必定占据每对盒子的每一个。

按照格鲁伯人的要求，我们的物理学家又演示了几次这两种看起来矛盾的情况。

109

这时人群中响起了一个沙哑的声音："你告诉我们的这些结果——我承认它们是真实的——没什么意义，它们在逻辑上不一致……抱歉，我无意打断您的实验。"

"没有，没有，没关系。"物理学家鼓励他道，"你提出了一个重要观点。"

因此他继续道："你说能证明每对的两个盒子至少包含宝石的某些东西，但你又显示每对盒子有一个完全是空的，这在逻辑上是不一致的。"

"你说得对，"物理学家回应道，"但前提是我们要用同一组盒子对来产生这两种结果才行。但我们实际演示用的是两组不同的盒子对，因此实验结果不存在逻辑上的矛盾。"

对此一位女士表示反对:“要不是你拿这组盒子来证明这件事,我们原本可以要求您证明相反的情形。”

“但是你没有,”我们的物理学家几乎随口就给出了答复,“对未做的实验所给出的预言是无法检验的,因此从逻辑上讲,我们没有必要考虑它们。”

“哦,不,你躲不过这个漏洞,”原先的反对者反驳道,“我们是有意识的人类,我们有自由意志,我们可以有其他选择。”

物理学家转过脸来:“意识和自由意志是真正的哲学问题,我承认量子力学提出了这些问题,但我们大多数人,大多数物理学家,宁愿避开这种讨论。”

先前的提问者不满意了:“OK,”他请求道,“但你同意在我们看之前,事实上每对盒子有一个有宝石或是空的吧?你们物理学家难道不相信物理上真实的世界?”

他认为他的问题很到位。至少他期望得到“是的,当然”这样的答案。

但我们的物理学家欲言又止,似乎想再次回避这个问题:“在你观察前存在什么,你所谓的‘物理现实世界’,都是另一类问题,大多数物理学家宁愿将它们留给哲学家去探讨。从实用目的上说,我们需要处理的是在我们实际操作之后我们所看到的那些东西。”

“但是你说的这些太过狂想!”提问者感叹道,“你是说,以前存在的那些都是因为我们观察了才产生的?”大多数人颇有同感地点点头,另一些人似乎百思不得其解。

“嗨,我答应向你们展示一些值得关注的东西,我已经做了，不是吗?”一些人点头表示同意，但更多的人皱着眉，她继续说道:“我们发现这个世界比我们想象的要奇怪，甚至比我们能够想象的还要奇怪，但事实就是这样的。”

“等一下!”先前沉默的女士坚定地表示，“你不能避谈你这些演示所提出的问题就脱身。问题肯定得有个说法吧。例如，宝石也许不是在这两个盒子里，而是每颗宝石都有一个无法检测的雷达在告诉它两个盒子之间的距离。”

“我们永远无法排除‘检测不到’的东西。”物理学家承认，“但是一种带有无法检验的结果的理论是不科学的，它超越了它能解释的范围。就像你提出的带有‘无法检测雷达’的理论一样，你也可以认为有一个不可见的雷达精灵在指挥每颗宝石。”物理学家意识到这种回答使得雷达理论的提出者感到不好意思，连忙道歉:“对不起，我只是打个比方，像您这样的推测对于发展可检验理论如何避免走偏还是非常有用的。”

“哦，没关系，我没有冒犯之意。”

“其实，我们已经有了一种能解释我所演示的一切的理论，”物理学家继续道，“而且其解释能力要比这大得多。这就是量子理论。它是所有物理学和化学乃至现代科学技术的基础。甚至像大爆炸理论也是以量子理论为基础的。”

“那你为什么不用它来解释你的实验演示呢?”一位手支着下巴的女士坐在那里提问道。

“我是可以呀，”物理学家回应道，“但我想强调一点:我所演示的令人称奇的事情，即宝石的物理条件取决于你对实验的自由选择，直接来自实验事实。这个谜团源自量子实验，而非仅仅是理论性的。现在你们已经看到了实验示范，下面让我告诉你们量子理论对所看到的现象的解释。”

“我的设备，”她接着说道，“将每颗宝石放入每对盒子，但不是将宝石放到一个盒子里。量子理论告诉我们，在你看之前，宝石同时处在我们称之为两个盒子的‘叠加态’中。是你获得的信息——宝石在某个盒子里——导致了它整个地处在该盒子中。你甚至没必要看到宝石，只要知晓有一个盒子是空的，即可获知宝石一定在另一个盒子里。只要能以任何方式获得知识，就足够了。”

格鲁伯人（一群理性、开明的人）礼貌地听着。但是物理学家所说的这一切他们并不能很快接受。

一名男士突然说道：“你是不是说，在我们看了并发现宝石在某个盒子里之前，它不在那儿，是我们的观察造成宝石在那儿。这怎么听上去很荒谬。”

“等一下，我想我明白了她说的意思，”坐在他旁边的女士插话道，“我读过关于量子力学的文章，我觉得她只是在谈宝石的波函数，也就是宝石在两个盒子中的概率。而实际的宝石，当然只能在其中某一个盒子里。”

“你的话前一半是对的，”物理学家带着鼓励的语气说道，“每个盒子里装的确实是宝石波函数的一半。波场就是发现宝石在一个盒子里的概率。但盒子里除了宝石的波函数，并没有‘实际的宝石’。波函数是物理上唯一能够描述的东西。因此，它是唯一的物理的东西。”

物理学家看到下面皱着的眉头开始舒展开来。她对他们的开明态度感到高兴，于是继续道，“我们来看看量子理论如何妥善地解释我们在同时打开盒子时所表现出来的图案的。那是因为每个盒子里的波函数组分都会在检测屏上扩展开来。”

她一边讲一边将两只手做波浪状移动：“波函数的两个部分即为从每个盒子出来到屏幕的波。在屏幕上的一些地方，来自一个盒子的波峰与来自另一个盒子的波峰同时到达，因此在这个地方，两个盒子的波函数在屏幕上是相加关系。

112

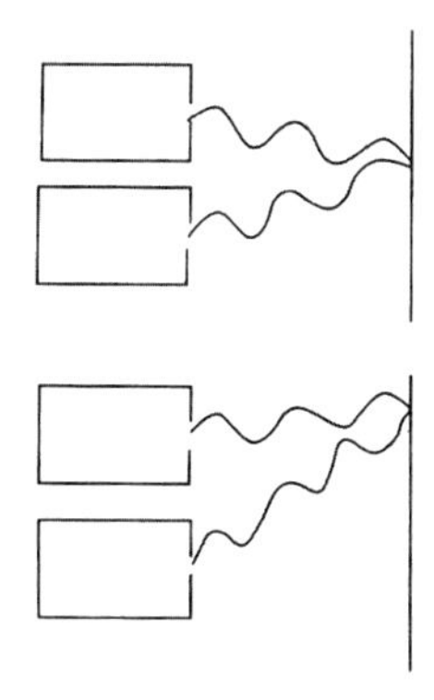

图8.7 两个盒子的波相互增强和抵消

这个地方的波场大，也就是找到宝石的概率大。而在屏幕上的其他地方，一个盒子的波峰与另一个盒子的波谷相遇，因此相互抵消。这是零波场的地方，在此找到宝石的概率为零。这就是每颗宝石所遵循的规则，它告诉宝石哪些地方可以着陆。波的这种相加和相减被称为‘干涉’，它解释了我们看到的所谓‘干涉条纹’。”

物理学家对自己表达清楚观点感到满意，她两手叉腰，微笑着站在那里。

一位看上去若有所思的女士慢慢地回应道：“我明白波是怎么回事，你称它们为波函数，可以形成波场条纹，就像我们平常看到的水波。但是概率只能是某种东西的概率。如果它不是宝石处于某处的概率，那作为概率的波场到底指什么呢？”

“宝石在某处的波函数给出你在此处发现宝石的可能性。”我们的物理学家强调道，“在你观察并发现它之前，那里没有实际的宝石。”

“我知道这种解释不容易被接受，”她同情地继续道，“让我换种方式来表达。考虑有这样一颗宝石，其波函数在两个盒子里相等。如果你看了其中一个盒子，发现宝石在那里，那么宝石在这个盒子里的概率就变成了1，在另一个盒子里的概率为0。我们说此时波场整个儿坍缩到一个盒子里。这种由你观察所致的集中了的波场就是你说的实际的宝石。但我们之所以能够看到干涉图样，就证明在你看之前单独一个盒子里没有实际的宝石。”

“等等！”一位男士一边摇头一边说，“你换句话说，那么我也换句话说：是不是量子理论认为，如果观察发现有东西在某个地方，那是我创建了它。这种说法怎么听就怎么荒谬！”

113

“你是说你感到‘震惊’是吧？”物理学家回应道，“尼尔斯·玻尔，量子理论的一位创始人，曾经说过，任何人不对量子力学感到震惊，那说明他还没搞懂。但迄今为止这一理论的预言还从来没有出错过。做出自洽的正确预言是科学理论应满足的唯一标准，这一点你同意吧？这是自伽利略以来科学所遵循的方法，它与是否符合我们的直觉不相干。”

这时，另一位格鲁伯人不再沉默：“你刚才是不是说，未观测的东西都只是概率，没有什么是真实的，直到我们看到它？你说的这些让我们感到像是生活在梦幻世界里。你是要将一些无聊的唯我论强加给我们。”

“是这样，”物理学家从容地回复道，“这里有一个度的问题。我们平常遇到的大的事情都是足够真实的。记住，你需要做干涉类型的实验才能实际证明观察所创造的东西，而这种做法对大的东西是不切实际的。我们的宝石非常非常小。因此，从实用的角度看，没必要予以关注。”

内心不安的听众默默地吸着烟，又一位听者犹豫地举起了手提问道：“如果小东西不是真实的，大东西怎么会是真实的？毕竟，大的东西都是由小东西堆积起来的。水分子是由一个氧原子和两个氢原子组成的，冰块不过是水分子的集合，冰川不过是一个大冰块。难道因为我们看了才创建的冰川？”

物理学家现在明显感到不舒服了。“好了，从某种意义上说……这个问题很复杂……但正像我说的，从实用目的的角度看，这真的不是问题，所以……”

这时，物理学家注意到有一位格鲁伯人面露友善，于是便以微笑示意他说两句。

为了缓和气氛，这位男士说道：“也许你要表达的是这样一种概念——‘我们创造我们自己的现实’。我有时觉得确实如此。”

“哦，我想就这种观点说一下，”物理学家点点头，“这种‘现实’与我们这里所说的有所不同。当我说‘我创造自己的现实’时，这里的“现实”指的是主观现实。我是说我愿为自己的个人看法和社会状况负责。至少对有些事情是这样。而我们这里所说的实在是一种客观存在，是物理上的实在。观察创造了客观情况，这对每个人都一样。你看了盒子后，宝石的波函数坍缩到某个盒子，换作其他人来看，结果也一样——即使我们可以证明在你看之前它并不是全在那儿。”

那个一直坐在那里闷声不响抽着烟的格鲁伯人现在发话了，而且声音有点大：“你谈论的这种实在创生概念让人听了简直要发疯！你的量子理论可以很管用，但它是荒谬的！你们这些物理学家这么干就没人阻止？”

“我想是的。”物理学家回答道。

“那你们是真够侥幸！”

“事实上，通常这也是我们的难言之隐。”

我们相信你肯定与格鲁伯人有同感。我们就是这么做的，至少当我们打开心扉试图了解到底发生了什么时是这样的。当你百思不得其解的时候，你最好是回去好好揣摩揣摩这些理论中立的严酷事实——我们的原型量子实验的盒子对版本。

当我们在第10章里读到哥本哈根学派的解释时，至少从务实的角度看，我们确信你会停止担忧并喜爱上量子力学。

第 9 章
全球经济的三分之一

115　量子理论的发展是“上个世纪最高的智慧成果”，加州技术研究所的物理学家约翰·普雷斯希尔认为。它是当今许多仪器——从激光器到磁共振成像仪——赖以发明的基本原理。这些仪器已被证明非常有用。许多科学家预言了基于量子世界真正奇特属性的革命性技术。

——《商业周刊》，2004年3月15日

在《量子之谜》课上（这是给非主修科学的学生开设的一门课，虽然一些物理专业的学生也总是来听），我们在深入探讨量子奥秘时，一位年轻女士举手提出一个问题：“量子力学有什么实际用途？”我（布鲁斯）沉默了至少10秒钟。在我这样的物理学家看来，我一直认为每个人都会意识到，量子力学在我们的技术发展中发挥着巨大作用。于是我撇开讲义，用余下的时间专门讲讲量子力学的实际应用。

本章较为简短，但偏离了本书的主线。本书的主题是展示那些揭示物理学遇到意识问题所带来的无可争议的量子事实。但这些量子事实同样是现代科学和当今技术的基础。我们在上一章点出意识和自由意志的问题之后，在再次深入讨论前，我们不妨先接触点与实际应用有关的坚实基础。

量子力学对于每一门自然科学都是必不可少的。当化学家更深入地处理经验法则时，他们采用的理论基础就是量子力学。为什么草是绿的，是什么使得太阳发光，以及质子内夸克的行为等，所有这些问题都必须由量子力学来回答。目前仍有待理解的黑洞或宇宙大爆炸的性质，也需要诉诸量子概念。有可能为这些事情提供线索的弦论更是完全从量子力学开始。 116

量子力学是最准确的科学理论。一个极大的考验是计算“电子的旋磁比”，其精度达到兆分之一（10^{-12}）。（旋磁比的概念不在这里讨论。）兆分之一的测量精度相当于要求测量从纽约的一个点到旧金山的一个点的距离其误差小于人的头发丝粗细。这种测量的完成为理论预言的准确性提供了充分的证据。

虽然量子力学在科学上十分有效，但它在实际应用中的重要性究竟如何呢？事实上，全球经济有三分之一与基于量子力学的产品有关。在此我们将描述4项基于量子方面的技术：激光器、晶体管、CCD（电荷耦合器件）、磁共振成像（MRI）技术。我们不打算深入细节，而只是说明量子现象是如何进入技术领域的，以及讲求实际的物理学家和工程师们是如何处理微观实体的矛盾属性的。

激光器

激光器有多种。有的长达好几米，重达数吨；有的长不到1毫米。

超市收银台用来扫描条形码的红色光束是由激光器发出的。激光器还可以读写DVD和激光打印机。强大的激光可以在混凝土预制板上打孔。激光器产生的光还可以通过光纤用于互联网通信。它们可为航海设定航向，引导“智能炸弹”。利用高度聚焦的激光，外科医生可以缝合脱落的视网膜。激光的新应用正不断出现在医药、通信、计算机、制造业、娱乐业、武器研发和基础科学等领域。

激光的物理学基础发端于1917年（在薛定谔提出以他名字命名[117]的方程的十年前）。当时爱因斯坦预言，处于激发态的原子能够在光子的撞击下引发全同光子的进一步辐射。大约四十年后，查尔斯·汤斯在寻求如何产生甚短波长微波的研究中找到了解释受激辐射现象的机制。受激辐射原理的第一个应用是用激发态氨分子来放大微波。

汤斯当然懂得受激辐射所涉及的物理过程适用于所有频率，特别是光的频率。他建议将因受激发射的辐射产生的光放大按首字母缩写为“激光”。（原初的微波器件则称为“脉泽”。）仅仅几年后，激光便通过向人造红宝石晶体照射强光（先将晶体中的铬原子激发到激发态，然后通过闪光激励使铬原子跃迁回基态同时辐射出同频光子）而得到证明。但当研究人员将这一令人惊讶的最新实验结果报告给著名的美国物理学期刊时，实际上却因被认为结果有错而遭到拒绝。但这一结果很快就被英国期刊《自然》接受得到发表。

激光器产生一种单一频率的窄光束，它被聚焦到一个很小的点上。在激光器内部，适当频率的光子打在处于激发态的原子上，引起在入射方向上辐射出与入射光子完全相同的第二个光子——克隆。原先我们有一个光子，现在我们有两个。如果我们让许多原子都处于激发态，那么这个过程就会持续引起连锁反应，产生许多相同的光子。

激光器设计者必须克服的一个问题是，用来打击原子使之单向通过激光材料的同类光子数很少。因此，光必须在一对镜面之间来回反射，反复通过激光材料方能提高打击激发态原子的效率。正如吉他的弦长是振动半波长的整数倍，激光反射镜之间的距离也必须是光的半波长的整数倍。两个反射镜中有一个是半透明的，以便让每次反弹产生的激光输出。

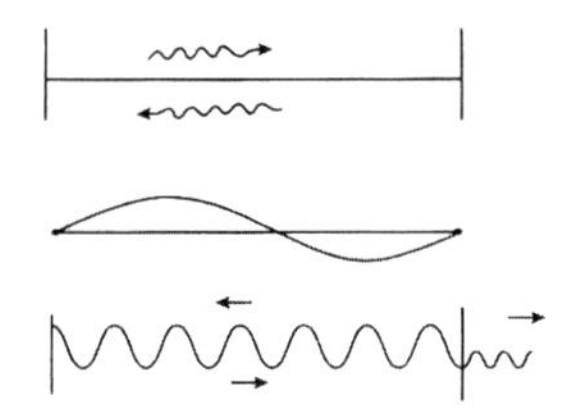

图9.1 上图：光波在两个镜面间来回反射。中图：吉他的共振弦。下图：在激光器两个反射镜之间共振的光波

注意，我们这里不讨论光是如何凝聚成光子流，每一个光子如何打击单个原子，以及光是如何在激光器的两个宏观镜面之间来回反射等问题。这些问题类似于我们前面讨论的原子既可以紧凑地集中在一个盒子里，也可以像波一样分处在两个盒子里。激光器的设计者必须考虑这两种矛盾但不同时出现的方式。 118

晶体管

晶体管无疑是20世纪最重要的发明。没有它就不可能有现代科技。晶体管控制电子流的流动。在20世纪50年代晶体管技术开发之前，这种作用是由真空管承担的。每个真空电子管有拳头般大小，发出的热量几乎和一个灯泡一样多，成本要几十元。

如今，在单个芯片上就集成了数十亿个晶体管，每个的成本不到一分钱的百万分之一，而且每个的大小只有百万分之一英寸。一台个人电脑里就有几十亿个晶体管。如果用真空管，一台与现代笔记本电脑功能相当的计算机不仅价格会贵得离谱，占地也十分庞大，而且其所需电力与一个城市相当。

晶体管无处不在：电脑、电视机、汽车、手机、微波炉、手表等，几乎所有电器中都有它的身影。现代生活之所以不断变化，正因为在单个芯片上可以集成的晶体管数量在迅速增加。1965年，世界上最大的半导体芯片制造商英特尔的联合创始人戈登·摩尔预计，单个芯片上的晶体管数量大概以每隔十八个月翻一番的速度增长。过去四十年来，“摩尔定律”屡试不爽。每块芯片上的晶体管数量从20世纪70年代的几千个发展到20世纪90年代的以百万计，而现在则以十亿计。

2009年，研究人员能够通过控制加载电压来改变单个苯分子的态，并由此控制流过它的电流。单个苯分子的表现就像一只宏观的晶体管。

晶体管的制作似乎已逼近基本的物理极限。摩尔定律的终结可能近在眼前，虽然这话人们以前经常说，但总是出错。通过下面讨论的量子计算机的可能性，我们可以看到，在单个芯片上能够实现的晶体管数量极限可能仍然超出了我们的估计。

晶体管是如何涉及量子现象的呢?大多数晶体管的基底材料是硅,[119] 每个硅原子有14个电子,其中有10个电子被母核紧紧约束住。其他4个是"价电子",它们将每个硅原子与其相邻的原子结合起来。价电子不受母核约束,每个的影响均扩展到整个硅晶体。每个价电子同时在晶体的每一处。

直接涉及晶体管电流的电子则属另一类。这些电子源于不同的原子,例如被掺杂到硅晶体中的磷。晶体管设计人员必须对这些游离的"传导电子"有非常好的控制,它们或者受到单个杂质原子的碰撞而变慢,或者被这种杂质原子俘获。它们必须被当作原子尺寸大小的凝聚的传导电子来考虑。

设计激光和晶体管的工程师和物理学家们是如何将这些光子和电子有时看成是比原子还要小的凝聚粒子,有时看成是扩展到宏观距离上的波的呢?他们养成了一种良性的精神分裂症。他们只需从实际目的出发,知道何时按这种方式考虑,何时按其他方式考虑就得了。

电荷耦合器件(CCD)

诺贝尔物理学奖通常授予远离任何实际应用的基础性发现。然而2009年,这一荣誉被授予两项重大技术成就——光纤和电荷耦合器件。它们每一项都对科学和我们的经济产生过重大影响。

CCD将入射光线转换成电信号，这项技术不仅深刻改变并大大扩展了个人摄影的范围，而且彻底改变了天文学，稳步提高了医学的诊断水平。如今一部典型的数码相机就是一块刻有数百万个CCD的半导体芯片。

光学的CCD是与光电元件集成在一起的。CCD的开发过程始于曾启发爱因斯坦在1905年提出光子假说的光电效应现象。在原始的光电效应过程中，光子将电子从金属表面打出到真空里，并在那里受到电场的控制。而在CCD中，光子则是将硅中的电子集群激发到可由电场驱动的态。

120

在金属电极附近，正电荷将电子集群吸引过来。随后，正电极关闭，邻近电极置为正电极吸引这群电子（见图9.2中的右边）。这个过程由时钟信号控制不断重复，将电子集群带到晶体管使之记录电荷。特定电子组群的到达时间给出特定光子在图像中的位置。

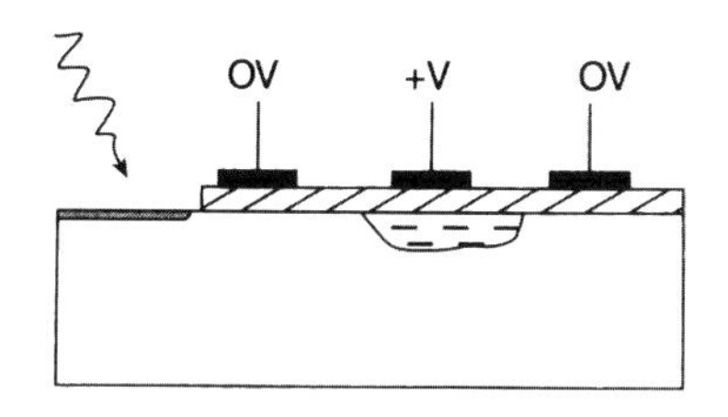

图9.2 CCD的示意图。左侧上方是光敏区，中间电极下方是一群被转移过来的电子

只要CCD的光敏感度远远大于照相胶片，CCD甚至可以探测到单个光子，因为受激电子的数量正比于入射光子数，这样就有可能获

得高精度的图像。此外，利用CCD技术，图像或其他数据可以以数字方式来处理或分析。

磁共振成像（MRI）

磁共振成像（MRI）技术可以产生非常清晰、详细的人体任何器官组织的图像。它已成为医学的最重要的诊断工具。目前，大多数磁共振成像机器庞大而昂贵，耗资超过100万美元，进行一次磁共振成像检查的费用超过1000美元。幸运的是，这种机器的尺寸和成本已开始下降，而诊断能力则不断提高。

磁共振图像能够确定给定元素（通常是氢）在待查身体区域的特定肌体中的分布。不同的组织——骨或肉，肿瘤组织或正常组织——显示为特定化学物质的不同浓度的成像。

磁共振成像的细节很复杂，但我们关心的唯一要点是物理学家和工程师们在发展磁共振成像技术时必须明确使用量子力学。其基本思路是原子核的磁共振。（磁共振成像最初的缩写形式为NMRI，但为了避免引起人们不必要的对核的焦虑，第一个字母N被去掉了。）

原子核是一种有南北极的小磁针。在磁场中，氢原子核（即质子）是“空间量子化的”。也就是说，它有两个态：一个态是其北极指向沿着磁场；另一个态是其北极指向与外磁场方向相反。在磁共振成像机器中，适当频率的电磁波将肌体特定部位的氢原子核成像到一种其北极同时指向上和下的量子叠加态。当这些核返回到较低能态时，

121

便辐射出电磁波，其辐射水平反映了这一特定区域中这类核的集中度。然后经过大量计算从这个数据生成图像。

使磁共振成像实用化的关键是计算能力的巨大增长，在一块芯片上能够集成的晶体管越来越多。在磁共振成像的基本概念提出的当时，其意义并不为人们所理解，一种可能就是因为所需的计算能力大得难以想象。因此，提出这一概念的文章最初投稿时被杂志社拒稿。

大多数磁共振成像机器需要用到重达几吨的超导磁体，其温度仅几开尔文绝对温度。在超导金属体内，电子凝聚成这样一种量子态：它们绑定成一个单位移动，每个电子同时弥散于大质量金属的各个地方。要从这种移动的绑定单位中移去一个电子需要相当大的能量量子。因此，一旦超导电子获得了初始推动后，就不需要电力来维持电子的电流和磁场。

通过将磁共振、超导和晶体管等量子现象聚合在一起，磁共振成像便有了可能。这些技术以及激光和CCD等技术，均荣获了诺贝尔物理学奖，最近的磁共振成像技术是在2004年获奖，CCD技术则于2009年获奖。

未来前景

量子点

量子现象对技术领域，甚至生物技术领域的介入正迅速扩大。

2003年，《科学》杂志将“量子点”的研究作为当年度十大科学突破之一。量子点（每个点由几百个或更少的原子组成）是利用单个原子的量子特性（例如一系列分立能级）人为制造的一种物质结构。量子点已经被用于揭示神经系统的运作，乳腺癌的超灵敏探测器，或加工成各种色素。当电极连接到量子点后，它们可被用来控制超快晶体管的电流流动或处理光信号。2009年，加拿大国家纳米技术研究所的研究人员制作了一种单原子量子点，这里一个点可以控制邻近点对的电子运动。由于这一过程可以在室温下进行，因此实际应用可能不会很遥远。2010年，有关量子点的研究表明，它们的使用可使太阳能电池的效率从目前的理论极限30%提高到超过60%。在未来我们期望能听到更多关于量子点研究的进步。 122

量子计算机

经典数字计算机的操作单元必须是两个态之一：“0”或“1”。而未来的量子计算机，其“未观测的”操作单元可以同时处于“0”和“1”的叠加态。这种状况很像我们描述的单个未观测的原子同时处于两个盒子里的叠加态。

与经典计算机中每个单元一次只能处理一个计算不同，量子计算机的叠加态允许每个单元同时处理许多计算。这种庞大的并行运算能力将使量子计算机能在几分钟内解决经典计算机需要花10亿年时间才能解决的某些问题。在早期，人们认为计算型量子计算机比传统计算机快得非常有限，但这些极限值正在不断延伸。特别是，量子计算机应该擅长进行大型数据库的搜索。

对商业应用的追求使得可喜的成果不断涌现。但你目前还不能很快买到一台量子笔记本电脑。量子计算机面临着严重的技术问题。正如一对盒子里的原子，量子计算机的逻辑单元的波函数是极其脆弱的。123 当对象相互作用时，它们的波函数成为“纠缠”态，纠缠是量子计算机运行的基础。计算机的逻辑单位必须与随机的热环境保持隔离，否则就会迅速破坏预期的纠缠。最近被开发出来的令人鼓舞的编码技术可使容忍这种干扰的能力提高100倍。IBM公司最近组建了一个庞大的研究组，开始执行一项为期五年的研究计划，以期重点攻克量子计算的难题。

用现代技术武装起来的工程师和物理学家可以处理日常工作中的量子力学，他们不需要面对量子奥秘所提出的问题。许多人甚至不了解这些问题。在教授量子力学的过程中，物理学家，包括我们自己，很少花时间（如果有的话）讲述这类高深莫测的方面。我们专注于学生的实际需要。但是我们能因这些难言之隐让人尴尬就避开这个谜团吗？在下一章里，哥本哈根学派对量子力学的解释将提出本学科处理量子之谜的标准方式（至少从实用上说）。

第 10 章
太棒了，神奇的哥本哈根

太棒了，神奇的哥本哈根……

尖刻苍老的大海女王，

我曾扬帆远航，

但今天我回来了。

歌唱吧，哥本哈根，太棒了，太棒了。

我的哥本哈根。

——弗兰克·莱塞《神奇的哥本哈根》

125

牛顿力学的含义是明确的：它描述了一个合理的世界，一个“发条宇宙”。经典物理学不需要解释。爱因斯坦的相对论肯定有违直觉，但我们也不需要对相对论进行“解释”。在学习一段时间相对论后，我们很快便接受运动时钟变慢等概念。量子理论断言，观察创造被观察的实在，这就很难接受——它需要解释。

学生进入物理学研究物理世界。牛津英语词典对“物理的”一词定义得很清楚：“有关材料的性质，与心理的、精神的或心灵的相对”（强调部分为作者所加）。2002年，《纽约时报》曾援引科学史家杰德·布赫瓦尔德的话：“物理学家……一直特别厌恶将哪怕是一丁点情感带入他们的专业工作中。”事实上，大多数物理学家都不想提及上章所述的难言之隐：物理学遇到的自觉的观察者。哥本哈根学派对量子力学的解释使得这种逃避成为可能。于是这种解释被尊为该领域的“正统”解释。

哥本哈根学派的解释

126　尼尔斯·玻尔很早就认识到，物理学遇到了观察者问题，而且这个问题没有得到解决：

> 事实上，作用量子的发现不仅向我们展示了经典物理学的自然极限，而且对是否客观存在独立于我们观察的现象这一古老的哲学问题提出了新的可能性，使我们面临一种迄今在自然科学中从未有过的境地。

薛定谔方程提出后不到一年，位于丹麦哥本哈根的玻尔研究所提出了所谓哥本哈根学派的解释。玻尔是这一解释的主要阐述者，另一位重要贡献者是他的年轻同事海森伯。原本并没有“官方的”哥本哈根解释，但各种版本的解释可谓殊途同归，都断定观察产生出被观察的性质。这里最棘手的字眼是“观察”。“观察”必须是一种有意识的观察吗？这取决于具体语境。（在我们具体谈到何谓有意识的观察时，我们再来讨论这个问题。）

哥本哈根学派通过将“观察”定义为微观客体（原子尺度的对象）与宏观客体（大尺度对象）之间的相互作用，从而拓宽了“观察产生被观察属性”这一断言的内涵。当照相胶片受到光子轰击从而记录下光子的落点，我们说胶片“观察”到光子。当盖革计数器随着电子进入放电管而产生计数读出，我们说计数器“观察”到电子。

因此，哥本哈根解释认为存在两个领域：由经典物理学支配测量仪器的宏观经典领域和由薛定谔方程支配原子以及其他小东西的微观量子领域。这种解释认为，由于我们永远无法直接与微观领域的量子客体打交道，因此我们不必担心它们有无物理实在性。它们作为能使我们的宏观仪器对其效应进行计量的一种“存在”，就足够了。毕竟，我们报告的只是经典意义上的仪器的行为。由于原子和盖革计数器之间的尺度差异是如此巨大，因此哥本哈根学派对微观领域和宏观领域采取区别对待。

127

图10.1 迈克尔·拉缪斯作品（1991年）。版权所有：American Institute of Physics

我们常常说到电子、原子和其他微观对象的行为，就好像我们直接观察到它们，就好像它们像小的绿宝石那样是一种实际存在。（例如，我们可能会说：“ α 粒子受到金原子核反弹。”）但实际上我们需要考虑的只是实验室仪器的响应。

1932年，即玻尔提出哥本哈根解释的短短几年后，约翰 · 冯 · 诺伊曼提出了一种严格的处理，它也被称为哥本哈根解释。诺伊曼认为，如果量子力学如所声称的那样是普遍适用的，那么它最终将不可避免地遇到意识问题。然而，冯 · 诺伊曼论证道，从任何实用角度看，我们可以经典地考虑宏观仪器。这种解释强调：玻尔的微观和宏观的分离只是一种绝好的近似。我们在第17章里再去详细讨论冯 · 诺伊曼的结论。它警告说，无论何时，只要我们提到“观察”，就总潜伏着意识问题。

希望避开哲学问题的大多数物理学家欣然接受了玻尔的哥本哈根解释。稍后我们将看到，物理学家偶尔也会偏离这种思辨的航道，但是一旦我们从事实际的物理研究或物理教学，便回到神奇的哥本哈根解释上来。

随着技术上不断突破经典和量子领域之间模糊不清的疆界，当今的物理学家对于原子的实在性表现出更多的不安。因此，我们将审慎研究哥本哈根解释，这也是前沿物理学家所默许的立场。128

怎样的哥本哈根解释才是可接受的

虽然我们在第8章中将物理学的难言之隐以故事的形式提了出来，但这种实验的真实版本在任何时候都可以进行。我们甚至可以用讲座示范的方式（用光子或电子）来显示这些矛盾的结果。

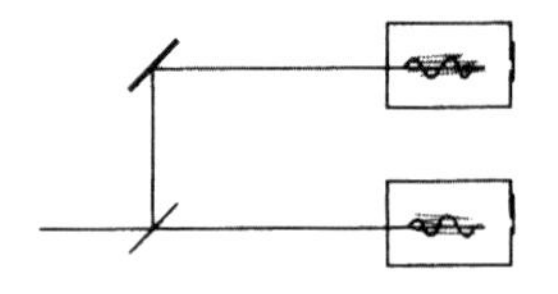

图10.2 盒子对里的原子的表现

在第8章的故事里，一个小物体送入一对完全分隔开的盒子。看过盒子后，你总能在一个盒子里找到整个对象，而另一个盒子为空。但根据量子理论，对象在被观察之前是同时处于两个地方的，并不是完全处于一个盒子里。这一点你可以通过选择干涉实验来验证。因此，借助于自由选择，你可以将两个矛盾的、尚不具备的实在性中的一个现实化。尽管当今技术仍将量子现象的显现限定在非常小的东西上，但量子理论适用于一切对象——从棒球到原子。哥本哈根解释必须将这种古怪性质阐述清楚。

哥本哈根解释的三大支柱

哥本哈根解释依赖于3个基本概念：波函数的概率解释、海森伯测不准原理和互补性。我们逐一予以讨论。

波函数的概率解释

我们一直沿用这样的思路：某个区域的波场（用专业语言来说，即波函数的绝对平方）是在该区域发现该对象的概率。波场的这种概率解释是哥本哈根解释的核心。

与经典物理学是严格确定论的这一点不同，量子力学表现出天然[129]的内在随机性。在原子水平上，上帝掷骰子，尽管爱因斯坦不认同这一点。（爱因斯坦一再强调，他认为量子理论的真正问题是“观察者创造实在”而非随机性。）大自然最终是概率的这一点不难接受，毕竟日常生活中发生的很多事情都具有随机性。但如果这就是整个故事，那么人们对“量子之谜”的关注就会少得多。而实际上，概率在量子力学里的意义要比随机性深刻得多。

扣碗游戏中的古典概率是一种主观概率（只是对你而言，测不准豌豆在哪个碗下）。而且不论是这个碗还是那个碗，总有一个碗下扣着真实的豌豆。量子概率则不然，它不是原子出现在那儿的概率，而是一种对你或其他任何人都一样的发现它的客观概率。在原子被观察到在那里之前，它并不是在那个地方。

由于在量子理论看来，原子除了原子波函数之外不存在任何其他属性，因此如果一个原子的波函数分处两个盒子中，那么这个原子本身就是同时处在两个盒子里。是随后对一个盒子的观察，才引起它完全处于（或不处于）该盒子里。

上面最后一段话很难被人接受。这就是为什么我们要不断重复这个问题的缘故。即使学生在学完量子力学课程后，当被问及波函数能告诉我们什么时，得到的往往是不正确的“它是对象在某一特定地点的概率”这样的回答。这个回答之所以是错误的，是因为波函数给出的是我们在某一特定地点发现对象的概率。在教授高等量子力学时（格里菲思的版本，见书末列出的“推荐阅读”），我们通过引述帕斯夸尔·约丹(Pascual Jordan,量子理论的奠基人之一)的论述来强调正确的观点:“观察不仅干扰被测对象,而且产生被测对象。”但我们对学生表示同情。不理解波函数的深层意义而仅仅掌握其计算很难说是足够的。

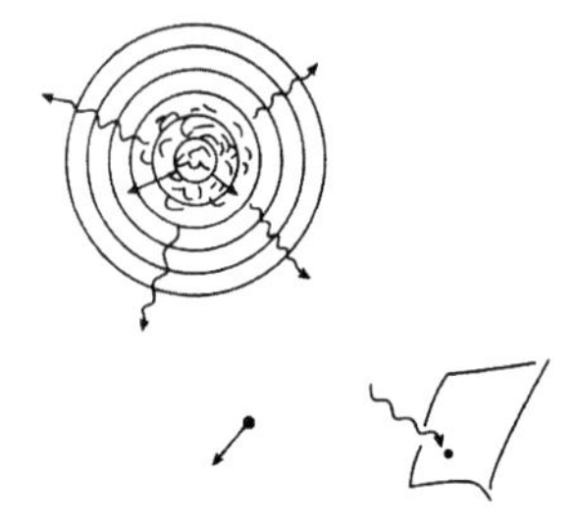

图10.3 被原子反弹的光子并不产生原子的位置,除非该光子被探测到

虽然我们一直在讲“观察”,但我们还没有真正谈到是什么构成了观察。这个问题自始至终都是一个有争议的问题,而且没有明确的案例可借鉴。

对于受到原子反弹的光子,我们可以明确回答:光子不观察原子。二者相遇后,光子和原子构成一种包括光子和原子的所有可能位置的叠加态。这个结论可以通过复杂的两体干涉实验来证实。在另一个极端,当我们听到盖革计数器与世界其余部分接触发出的记录光子的读数声时,对光子位置从而对原子的位置的观察便由此产生。 130

这是一种有争议的两可之间的情形。当然,严格地说,盖革计数器必须服从量子力学。如果能将计数器与世界其余部分隔离开来,那么它便只加入它所遇到的微观对象的叠加态。因此,这时不存在“观察”。但出于实际的原因,我们实质上不可能展现一个大的对象的叠加态，因为要将大的对象与世界的其余部分隔离开来本质上是不可能的。我们将在下一章深入讨论这个困难。

我们要小心“未观测到”意味着什么。考虑一对盒中的原子。当原子在特定盒子中的位置被观察到之前，原子不在特定的盒子里。然而，我们最初“观察”原子仅当我们抓住它并将它放进一对盒子之后。因此，原子在这对盒子里的位置才是我们观察到的实在。但是，对于非常大的盒子的极端情形，我们可以说，原子在其中基本上没有位置。它没有位置的属性。这对于对象的任何未观测到的属性都是成立的。

哥本哈根解释一般采用这样的观点：只有微观物体观察到的属性是存在的。约翰·惠勒将它简明地概括为：“一种微观属性仅当它是被观察到的属性时才是一种属性。”

如果我们按此得到其合乎逻辑的结论，那么这个结论便是：微观物体本身不是真实的东西。对此海森伯这么说道：

> 在有关原子事件的实验中，我们必须与这样一些东西和事实打交道，它们是一些表现得与日常生活中的现象一样真实的现象。**但原子或基本粒子本身不是真实的**；它们构成潜在的或可能的世界，而不是一种事物或事实。（重点为作者后加）

根据这种观点，原子尺度的物体只是以某种抽象的形式存在，而
131 非存在于物理世界中。如果事实果真如此的话，那么说它们不具“意

义”是过得去的。它们按量子理论所指出的方式影响我们的测量仪器，这就足够了。另一方面，从任何实用角度上说，大物体是真实的。当然，对它们的经典描述只是对正确的量子物理规律的一种近似。如果是这样的话，那么微观领域——未观测到的境界——在某种意义上则更真实。这正是柏拉图所设想的。

如果微观领域仅仅是由可能性构成，那么物理学如何解释那些构成大物体的小物体？关于这个问题的最有名的回答通常援引玻尔的大胆断言：

> 根本不存在量子世界。只存在一种抽象的量子描述。认为物理学的任务是要找出大自然如何运作的，这是错误的。物理学关注的是关于自然我们可以说的那些东西。

这个表述实际上可能是玻尔的同事们对他的思想的一个总结。但它与玻尔用更复杂的方式所表述的意思是吻合的。哥本哈根解释通过重新定义科学自古希腊以来的目标——解释现实世界——从而避开了物理学与有意识的观察者之间的关联。

爱因斯坦反对玻尔的这种失败主义的态度，说他从事物理学就是要去发现世界到底是怎么运行的，要学习“上帝的思想”。薛定谔则在最广泛的基础上拒绝了哥本哈根的解释：

> 玻尔的观点——时空描述（处于某处的对象在某个时间的行为）是不可能的——从一开始我就反对。物理学

> 并不只包括原子的研究，科学并不只包括物理学，生命并不只包括科学。原子研究的目的要适合我们的经验知识，这些知识涉及我们的其他思想。所有这些思想，就它所关注的外部世界而言，是活跃在空间和时间上的。如果它不能被嵌入空间和时间，那么在其整体目标上看它是失败的，我们不知道它的真实目的是什么。

那么玻尔真的要否定科学的目标是解释自然世界这一点吗？也许132不是。他曾经说："正确陈述的反面是不正确的陈述，但一个伟大真理的反面则可能是另一个伟大的真理。"玻尔的思想向来以难以驳倒而闻名。

海森伯的一个同事曾建议，波粒问题只是语义问题，可以通过称电子既不是波也不是粒子而是一种"波粒子（wavicles）"来解决。而坚持认为量子力学提出的哲学问题既包含大问题也包含小问题的海森伯则回答道：

> 不对，这个解决方案对我来说太简单了点。毕竟，我们处理的不是电子的一种特殊属性，而是所有物质和所有辐射所具有的属性。无论我们研究的是电子、光量子、苯分子或是石块，我们总是会遇到这两个特点——粒状的和波状的。

他告诉我们，原则上（在此对我们很重要），一切事情都是量子力学的并最终从属于这个谜团。这个断言将我们带到了哥本哈根解释的第二个支柱——测不准原理，海森伯正是因这一概念而闻名。

海森伯测不准原理

海森伯证明，任何反驳观察者创建实在的断言都将遭到挫折。下面是他举的例子：

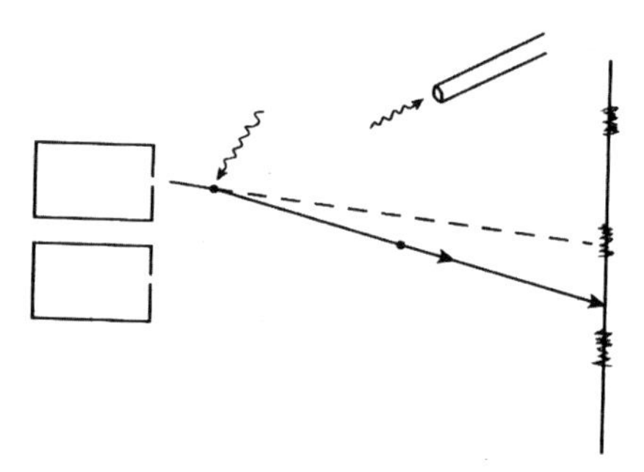

图10.4 海森伯显微镜

假如我们做干涉实验时，观察每个原子实际来自哪个盒子。看到原子来自一个盒子表明这个原子过去实际上就在这一个盒子里。如果随后它遵从干涉法则，这意味着它来自两个盒子，那么这将表明量子理论不一致，因此是错误的。为了证明这样的示范必然失败，海森伯提出了一种思想实验，现今称其为"海森伯显微镜"。

要看出原子来自哪个盒子，你可以用光照一下。我们通常能够看到某个物体，皆因该物体反射的光。为了尽可能不使原子偏离干涉条纹所允许的位置，与其碰撞应尽量轻柔，就是说需用尽可能弱的光，即单光子。

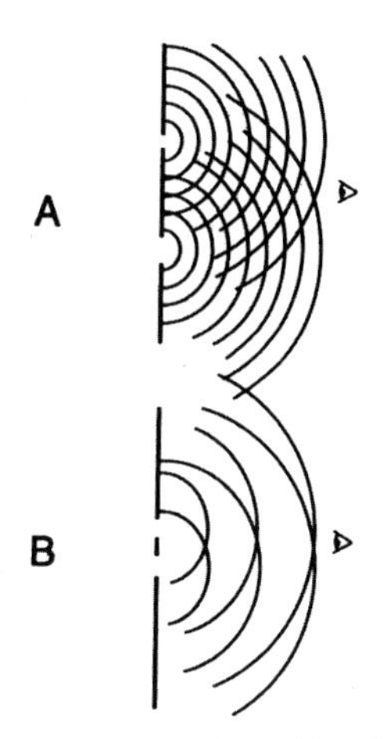

图10.5　A 图：两波源间距离大于它们所发出的波长；
B图：两波源间距离小于它们所发出的波长

一般情况下，如果两个波源之间距离小于它们发出的波长，那么它们之间的分离便不成立。图10.5说明了这一点。在图10.5A，波长（波峰之间的距离）小于波源的分离距离，因此对于观察的“眼睛”来说波峰显然来自两个不同的方向和不同的地点；而在图10.5B，波长大于波源的分离距离，因此观察的“眼睛”很难看出波峰是来自两个不同的方向和不同的地点。因此，要辨清原子来自哪个盒子，原子所反射的光的波长必须小于或短于盒子所分开的距离。

133

但短波长意味着每秒通过的波峰的数量多，波的频率高，而高频率的光子具有高的能量。它将给予原子重重的一击。海森伯很容易计算出光子的波长短到足以区分两个波源时会不会撞得原子失去干涉条纹（那样将导致某些原子落到干涉规则禁止的地方）。图10.4中的虚线显示的是如果不遭到光子打击时原子所采取的路径。

海森伯显微镜的故事说明，如果你看到每个原子从特定的一个盒子里出来，那你就不可能看到由两个盒子出来的每个原子所显示的干涉图样。因此在这种情况下，你不能反驳观察者创造实在的结论。海森伯来到玻尔那儿，自豪地向他讲述了这一发现。玻尔留下了深刻印象，但告诉这位年轻同事，他不完全正确。海森伯忘了，如果你知道光子反弹的角度，你其实可以计算出原子来自哪个盒子。但他的基本思路是对的。玻尔向他证明，将他分析中测量光子角度所需的显微镜镜头的大小包括进来，他可以重新取得他所得到的结果。对这一点没考虑周全让海森伯倍加尴尬。他报告道，用显微镜来确定光波的方向是他博士考试中未曾想到过的一个问题。134

随后，海森伯将他的显微镜故事推广到一般情形，成为"海森伯测不准原理"：您将物体的位置测量得越准确，那么你得到的它的速度就越不确定。反之亦然，你将对象的速度测量得越准确，你得到的它的位置就越不确定。

测不准原理也可以直接从薛定谔方程推导出来。事实上，对任何性质的观察都会造成"互补"物理量之间的不确定。例如，位置和速度（或动量）就是这样的一对互补物理量。能量和观测时间是另一对互补的物理量。底线是，对任何性质的观察对事情形成的扰动会大到足以使你无法反驳量子理论关于观察创造被观察的性质这一论断。

我们注意到，测不准原理必将引出关于自由意志的讨论。在经典物理学的世界观里，如果"全能眼"能知道宇宙中每个对象在某一时刻的位置和速度，那么整个未来就可以确定地预见。在某种程度上，我们就是这个物理宇宙的一部分，因此经典物理学法则剔除了自由意志。由于测不准原理否定了牛顿物理学的这种确定性，因此它已经进入了关于决定论和自由意志的哲学讨论。不确定性通过否认决定论为自由意志敞开了大门，但随机性、量子或其他一些东西则不是自由选择的。量子测不准关系无法建立自由意志。

互补性

虽然测不准原理表明，对任何对象的观察必定对对象产生干扰，其强度足以排除对量子理论的证伪。但这还不充分，我们还需要哥本哈根解释的第三根支柱：互补性。尽管它很难被接受。（真正困扰爱因斯坦的就是这个互补性，而不是他讥讽的掷骰子的随机性。）

考虑一组1000对盒子，每对包含以叠加态方式同时处于这两个盒子里的原子。查看每对的一个盒子。大约有一半的次数你会看到打开的盒子里有一个原子。根据测不准原理，观察原子相当于你用光子照射它，引起对它的扰动。因此，扔掉所有你看到里面有原子（故而扰动了它）的盒子对。而留下的约500对盒子，它们的原子没有受到物理扰动，没有光子从其上反弹，因为你看的盒子是完全空的。但对这些对盒子，你知道每个原子在哪个盒子里——你没看的那个盒子里。

135

尝试用这500对盒子进行干涉实验。产生的干涉条纹将证明，这些原子每一个都同时处于它所在的那对盒子的两个盒子里。但对这些对盒子，你已经确定每个原子全都在一个盒子里。因此出现的干涉图样有可能表明量子理论中存在不一致性。

事实上，这些所谓未受干扰的原子不会产生干涉图样。是什么原因造成这些未受干扰的原子采取不同的行为呢？毕竟，如果你在查看空盒子之前做干涉实验，同样是这些原子是会产生干涉图样的。

虽然这些原子未受到物理上的扰动，但你已经确定了每个原子在哪个盒子里。显然，你获得的知识足以将每个原子完全集中于一个盒子里。为了避免在此出现莫名其妙的神秘性，我们需要作些讨论。

我们在量子力学课上为物理系学生提供的讨论是，当我们查看一个盒子，发现里面没有原子，在这瞬间原子的波场坍缩到另一个盒子中。在扣碗游戏里，查看使原本每个扣碗下有豌豆的概率1/2坍缩到这样一种情形：发现碗下为空，其概率为0；碗下有豌豆，其概率为1。波场发生的事情同样如此。毕竟，波场也是概率。

这个解释有点饶舌。古典概率仅仅是从对个人知晓程度的衡量出发的。另一方面，量子概率——波场——则假设所有地方都有物理原子。仅仅获取信息是如何使原子集中在一个盒子里的呢？但是对物理系学生，我们很少强调这里的哲学难题，他们必须掌握的主要是计算。

玻尔意识到，为了让物理学家在进行物理研究时不陷入哲学思辨，他必须面对知识对物理现象的影响。为此，他提出了他的互补性原理：微观对象的两个方面——粒子性方面和波动性方面——是“互补”的。对微观客体的完整描述需要对这两个矛盾的方面都进行阐述。但我们在做出观察时，进行实验时，同一时间里只能考虑其中的一个方面。

这样，在考虑微观系统（譬如原子）时，就避免了表观上的矛盾，不触及其本身的存在性。我们在讨论中必须始终牢记，这种讨论至少是隐含了用于显示互补性的某一方面的宏观实验仪器。这样一切都妥当，因为我们最终报告的只能是这种仪器的经典行为。用玻尔的话来说就是：

> 决定性的关键是要认识到，对实验安排的描述和观测记录必须使用通俗易懂的语言，并对通常的物理术语进行适当提炼。这是一种简单的逻辑上的要求，因为“实验”一词只能意味着这样一种程序：通过它我们能够与我们所做的和我们所学的东西进行沟通。
>
> 在实际的实验安排上，这种要求的实现是通过刚体的使用（作为测量仪器）来保证的，这个刚体要足够重，使我们能够完全用经典物理学来描述其相对位置和速度。

换言之，虽然物理学家谈及原子和其他微观实体的时候，好像它们是实际的物理的东西，但微观客体只是我们用以描述测量仪器行为的概念。我们不必超越限度去描述处理微观世界的行为。

这一立场让人回忆起牛顿的“我不作假说”。他声称对重力的解释不必超越他用来预测行星的运动方程。当然，爱因斯坦用他的引力理论——广义相对论——通过超越牛顿方程给出了对空间和时间性质的更深入的理解。

这里有一种灵活的哥本哈根解释可以采用的相关性：不要去考虑你可能会做但实际上没有做的实验。毕竟，这只是一种看法：我们可以选择做一个实验而不是我们实际做的实验带来了量子测量问题——量子之谜。

一位杰出的物理学家强调了这一立场，他声称："未做的实验没有结果！"由于物理学只是关于实验结果的知识，我们甚至不需要考虑未做过的实验。你不能实际地显示一个逻辑上的矛盾。（盒子实验对这些原子的干扰足以排除用它们进行的干涉实验；同样，在干涉实验后，你不可能再用同样的这些原子来进行盒子实验。） 137

我们通常用可以做而实际上没做的实验假设来进行论证。这种假设被称为"反事实认定"。譬如我们相信，如果你没有吃午饭，你一定会饿。这个假设就是一种反事实认定。我们将某人投入监狱，因为他原本可以不去触犯法律。我们的生活和社会运转都是以这种哥本哈根学派所否定的反事实认定为前提的。某些偏好数学的物理学家们认为，量子力学只是迫使我们拒绝接受反事实认定。如果我们只是应用量子理论到微观对象上，而不关心自身受其不可否认的更广泛的影响，那么事情就没那么复杂。

从否定反事实认定这一点看，哥本哈根解释似乎否认存在自由意志。自由意志是一种错觉吗？我们不能证明我们不只是一台在一个完全确定性的世界里的自动机，这个世界阴谋欺骗我们相信我们做出的选择。但是，我们每个人（弗雷德和布鲁斯）都完全相信我们有自己的自由意志，尽管我们谁也不能绝对肯定，他的合著者是不是一个复杂的机器人。

对哥本哈根解释的接受和不安

哥本哈根解释，要求我们以务实的态度接受量子力学。（保险杠上的实用主义广告总结得好："如果它有效，它就是真的。"）在物理学家想避免触及哲学的那一刻，对我们大多数人来说，几乎任何时候我们都心照不宣地接受了哥本哈根解释。物理学家往往是实用主义者。

虽然严格说来，微观客体的属性只是出于对我们的宏观仪器行为的推断，然而，物理学家在谈及微观客体，将它们形象化，并用模型对其进行计算时，就好像它们是一种真实的存在。但面临矛盾时，我们又随时撤退到哥本哈根解释上：微观客体的量子理论应能够解释我们的宏观仪器的理智行为，但微观客体自身不需要"有意义"。

138

考虑一种心理学的类比（如玻尔所做的那样）。我们报告一个人的行为。肢体行为本身并没有任何矛盾。人的肢体运动之所以可以理解，是因为它们符合牛顿运动定律。然而，我们通常是用人的动机理论来解释人的行为。而这动机本身没必要，往往也确实没有做出解释。在与人打交道这方面，我们以务实的态度接受了这一立场。哥本哈根解释则要求我们在处理微观物理现象时接受这一立场。

如果你对哥本哈根关于观察者问题的解决方案感到不放心，这不奇怪。我们非常明白，任何试图搞懂、重视量子力学要告诉我们的那些东西的人，都会感到某种困惑。

尽管如此，但直到最近的大多数量子力学教材却暗示哥本哈根解释已经解决了所有问题。其中1980年版的教材还以一个笑话来驳斥这一谜团：一张鸭嘴兽的标题为“电子的经典模拟”的速写。它的创意是：一旦进入了微观世界，你不必对那些又是延展波又是浓缩粒子的对象感到震惊，就好比一位动物学家去澳大利亚看到那些既是哺乳动物又下蛋的鸭嘴兽，一点都不会感到惊奇一样。在这本书的序言中，另一位20世纪80年代的作者保证道“本书会让学生感到量子力学一点都不神秘”。他是通过从不展现量子力学的奥秘来做到这一点的。

这种态度可能受到默里·盖尔曼的评断的影响。在接受1969年度诺贝尔物理学奖的获奖致辞中，盖尔曼说道，玻尔让被洗脑的一代物理学家相信问题已经解决了。盖尔曼的关注在今天看来不是太紧要，因为最新的量子力学教材至少都会提示这些悬而未决的问题。

对于哥本哈根解释至关重要的是量子微观世界与经典宏观世界

图10.6 35个氙原子组成的“IBM”图案。承蒙IBM提供

的明确分离。这种分离依赖于原子与我们直接处理的宏观物体之间存在的尺度上的巨大差异。在玻尔时代，两者之间存在一条很宽的无人

139 地带。因此认为宏观领域服从经典物理学，微观领域服从量子物理学似乎是可以接受的。

但是当今的技术已经进入这条无人地带。利用适当的激光，我们用肉眼就可以看到单个原子，就像我们对着阳光可以看到灰尘微粒一样。利用扫描隧道显微镜，我们不仅可以看到单个原子，还可以将它们捡起来和放下。物理学家们通过定位35个氙原子已经拼写出公司的名称。

量子力学被越来越多地应用到越来越大的对象上。我们接下来要讨论的量子现象大都是最近展现的宏观实际可见的对象。宇宙学家写出整个宇宙的波函数来研究宇宙大爆炸。今天要想若无其事地接受这样一种观点——认为量子法则适用于物理上非真实的对象——正变得越来越困难。

然而，许多物理学家在被迫回应有关微观世界的奇异性质时可能会这么说："这只是自然的一种呈现方式，实在不会完全按照我们直觉所设想的样子存在。量子力学迫使我们放弃幼稚的实在论。"他们就这样放下了这个问题。每个人都愿意放弃幼稚的实在论，但很少有物理学家愿意放弃"科学实在论"。它定义为"关于科学知识的对象，它们的存在和独立行为的研究"。量子力学挑战的是科学实在论。

虽然很少有物理学家否认量子奇异性，但恐怕大部分人都认为，哥本哈根解释，或其现代版的扩展——"退相干"（第15章中讨论）——已经在关照这个问题。从实用角度看，这就够了。但更多的物理学家，特别是年轻的物理学家，正以越来越开放的心态来看待那些超越哥本哈根解释的思想。挑战哥本哈根解释的各种诠释正与日俱增。在第15章里我们将讨论其中的几种。意识本身（及其与量子力学的联系）等问题正受到越来越多的物理学家、哲学家和心理学家的关注。

哥本哈根解释最近被概括为“闭嘴，只管计算”这种认识过于简单化了，而且不尽公平。对大多数物理学家来说，大部分场合下这确实是正确的禁令。从实用角度看，哥本哈根解释确实是一种巧妙的量子力学处理方式。它确保了我们在实验室或在办公桌前可以放心地运用量子力学，而不必担心所谓“真正的”实在会如何。 140

但是，我们往往希望能够做得比仅仅是编制计算概率的算法更多。经典物理学提供的就不只是这些，它传授的世界观改变了我们的文化。当然，现在我们知道这种世界观在本质上是错误的。那么在未来我们能够有一种影响我们世界观的量子理论吗？

哥本哈根解释概要

¤ =持异议者

☆ =哥本哈根解释者

¤ 量子力学违反常识。那里面肯定有错！

☆　不对。它从来就没有预言错过。它十分有效。

¤　越是有效的东西，看起来越愚蠢！它在逻辑上说不通。

☆　哦，你知道，爱因斯坦试图证明这一点，但他放弃了。

¤　量子力学说，小东西都没有自己的属性。我所看到的东西其实是我的观察创造的。

☆　对。您的基本思路十分清楚。

¤　但如果小东西只有观察者创造的属性，它们就不具备物理上的实在性。它们只有在被观察时才是真实的。这不是胡扯吗！

☆　不要担心"实在"或有关"意义"的问题。小东西只是个模型。模型不必有意义。模型只要有用就行。大的东西都是真实的。所以一切并无不妥。

¤　但大的东西恰是一个个小东西——原子——的集合。要想说得通，量子力学就必须承认没有任何东西是实在的，直到它受到观察。[141]

☆　嗯，是这样，如果你坚持要这么说的话。不过这没关系。

¤　没关系？如果量子力学说我的猫和我的表都不是真实的，直到你看着它们，它们才存在。这不是说疯话吗？

☆　没有呀，一切都OK。你在大的东西上看到过有什么不对劲的地方吗？从来没有吧。从实际目的上看，大的东西总是有人看着。

¤　从实用上看，确实是这样。但是，这种观察者创造实在的意义是什么呢？

☆　科学不提供意义。科学只告诉我们会发生什么。它只预言我们会观察到的东西。

¤　但我想知道的不只是进行预测这么一点点。如果你说常识是错误的，那么我想知道什么是正确的。

☆　但我们都知道，量子力学是正确的。薛定谔方程会告诉我们将要发生的一切，可以观察到的一切。

¤　我想知道到底是怎么回事儿，我想知道整个故事！

☆　量子力学的描述就是整个故事。除此之外别无其他。

¤　扯淡！那里有一个真实的世界。我想知道关于自然的真理。

☆　科学不可能揭示超出观察的真实世界。别的都仅仅是些哲学理念。这是“真理”——如果你必须有一个的话。

¤　这是失败主义者的谬论！我永远也不会满足于这样一个肤浅

的答案。你所说的科学放弃了其基本的哲学目标，它的使命只是解释物理世界。

☆　好了好了，不扯闲篇了。请不要将我与哲学扯在一起。我还有科学工作要做。

¤　量子力学显然是荒谬的！我不认为它是最终答案。

☆　（她不再聆听。）

第 11 章
众说纷纭的薛定谔猫

整个系统（包含）等量的活猫和死猫。

——薛定谔

当我听到关于薛定谔的猫时，我忍不住要去取枪。

——史蒂芬·霍金

到1935年，量子理论的基本形式已经很明确。薛定谔方程成为新的普适运动方程。虽然它只要求运用于原子尺度上的对象，但量子理论被认为支配一切对象的行为。早期的所谓“经典”物理学成为对大的物体的一种便于应用的近似。

我们讲的这个薛定谔提出的故事是要表明，量子理论不仅奇怪，而且荒谬。然而，这一理论又是这么有效，以至于大多数物理学家忽略了这种荒谬性。然而在今天，薛定谔的这个故事产生了非同凡响的共鸣。

在下面的叙述中，当我们谈及“量子理论”时，我们指的都是哥本哈根解释，除非另有说明。在这方面，海森伯告诉我们，像原子这样的微观客体都不是“真实的”，它们只是“潜在的”。由原子构成的东西是什么样的？例如椅子是不是？尚未观察到的星系就不是真实的存在了?像这样的问题属于物理学的难言之隐，我们通常锁在衣柜里。

那么是不是量子理论就不适用于大的物体了呢?不是。量子理论是所有物理学的基础。我们需要用量子理论来处理那些大的物体(如激光、硅芯片或恒星)的底层基础。一切事物的工作机制最终都需要用量子力学来处理。但我们在大的物体上看不到量子的那些古怪性质。按照哥本哈根学派的观点，玻尔解释说，我们应该将量子理论运用到小的对象上，而用经典理论来处理大的物体。大多数物理学家务实地接受了这一原则，因此不再受到微观客体的"非实在性"的困扰。

然而，薛定谔却感到困扰：如果量子理论能够否认原子的实在性，那么从逻辑上说就必须否定由原子构成的事物的实在性。他确信，像这样的不理性的东西不可能成为大自然的普遍规律。我们可以想象一段备受困扰的薛定谔与务实的年轻同事之间的对话：

薛定谔：哥本哈根解释是虎头蛇尾。大自然想告诉我们一些东西，可哥本哈根告诉我们不要听。量子理论真荒谬!

同　事：但是先生，您的理论非常有效。从来没有预言错过。所以一切都正常。

薛定谔：这么说吧，我看了一下，发现在某个地方有个原子。按照量子理论，在我看之前，它不在那儿——在那个地方它根本不存在。它根本不存在于任何地方?

同　事：这是正确的。在您看它之前，它是一个波函数，只是概率。原子并不存在于任何特定的地方。

薛定谔：你是说是我的观察在我发现它的地方创建了原子?

同　事：嗯，是的，先生。您的理论就是这么说的。

薛定谔：这是愚蠢的唯我论。你这是在否认存在一个物理上真实的世界。我坐的这把椅子就是一把非常真实的椅子。

同　事：哦，那当然，薛定谔教授，您的椅子是真实的。只有小东西的属性是由观察创造的。

薛定谔：你说量子理论只适用于小的东西？

同　事：不，先生，您的公式适用于一切对象。但是，用大的东西来做干涉实验是不可能的。因此出于实用的考虑，我们没有理由担心大东西的实在性。

薛定谔：大的东西仅仅是原子的集合。如果原子的物理实在性不存在，它们的集合就不可能是真实的。如果量子理论说，真实世界是由我们看它而创建的，这种理论简直荒谬透顶！

145

运用逻辑上的归谬法，薛定谔讲了下面这个故事，用来说明量子理论导致一种荒谬的结论。是否接受他的这种说法取决于你自己。以后我们会给出一种对他的推理的标准解释。

盒子里的猫的故事

我们前面给出的盒子对的例子是介绍薛定谔论证的第一步。在那里，原子被半透明的镜子分裂成两部分波场，分别装入两个独立的盒子。根据量子理论，当你从一个盒子里发现整个原子之前，原子并不存在于特定的一个盒子里。原子同时处于两个盒子的叠加态。当你看过一个盒子后，这种超级叠加态波场便会坍缩到一个盒子里。您随便看，整个原子不是在这个盒子里，就是在那个盒子里。（具体在哪一个你无法选择！）如果你发现一个盒子是空的，那原子定会在另一个盒子里。然而，对于一组盒子对，在你看之前，它们可以产生干涉图案，说明原子同时在每个盒子里。

我们的薛定谔的猫的故事就从这里开始了。假设在我们发送原子之前，一对盒子里有一个不是空的，而是安装了一台盖革计数器，如果有原子进入这个盒子，它就“被触发”。而一旦被触发，盖革计数器便撬动杠杆拉开装有氰化氢的瓶子的瓶盖。这个盒子中还有一只猫。如果有毒氰化物溢出瓶子，猫便会死。盒子里的所有东西——原子、盖革计数器、氰化物和猫——都是孤立的和不可观测的。

需要立即说明的是，薛定谔从来没有考虑过要实际危害一只猫。这是一个思想实验。他称这台仪器是一个“地狱般的玩意儿”。

146 现在，薛定谔论证道，盖革计数器只是一堆普通原子，但经过复杂和精心的组织。严格地说，它同样受到支配组成它的原子的物理学定律的支配，即由量子力学支配。猫显然也是如此。

由于原子的波场在经过半透明镜子处被分裂成同样的两部分，其中的一半波场进入装有盖革计数器和猫的盒子，另一半到其他盒子里。只要系统没受到任何方式的观察，并保持与世界其他部分分离的状态，那么原子就处在一种叠加态，即同时处于装有盖革计数器的盒子和空盒子内。简言之，我们说原子同时处在两个盒子中。

未受观测的盖革计数器，如果有原子进入其盒子便被触发，因此也必然处于叠加态，即同时处于触发和非触发的叠加态。氰化物瓶上的软木塞同样也处于拉与不拉的叠加态，猫也必然处于死与活的叠加态。当然，这一点很难想象，也许无法想象。但这就是量子理论要告诉我们的东西的逻辑延伸。

在图11.1中，我们画出了尚未观测的猫的量子理论版本和薛定谔“地狱般玩意儿”里的其他东西。我们用两个盒子中原子波函数的波峰来代表这个原子。由于盖革计数器和猫的波函数显示起来太复杂，于是只好用同时画出盖革计数器触发和未触发（分别对应于杠杆向上抬起和水平位置）来表示。氰化物瓶盖软木塞的拉开与未拉开，猫同时处于死和活，均同此处理。

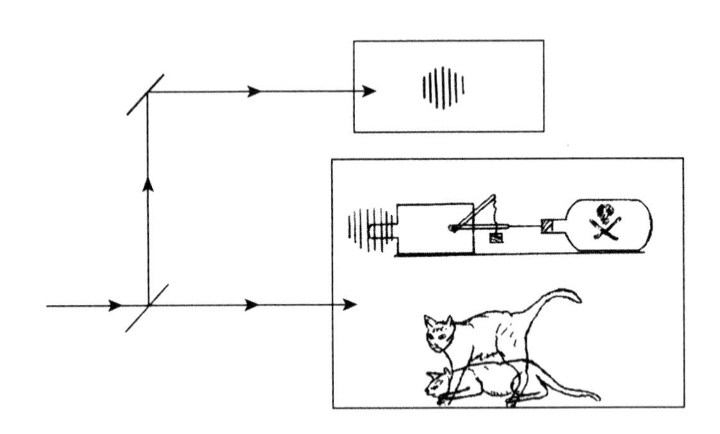

图11.1 薛定谔的猫

如果现在你向盒子里看一眼，想看看猫是死还是活，你会看到什么呢？前面说过，当原子以叠加态处在这对盒子里时，向任意一个盒子看一眼就会使整个原子坍缩到某个盒子。在眼下的情形里，这一看则使整个系统的波函数发生坍缩。

量子理论预言了一种自洽的情形。如果您发现猫死了，那必定盖革计数器受到触发，氰化物瓶子的软木塞被拉开，原子在装有猫的盒子里；如果您发现猫还活着，那说明盖革计数器没有被触发，氰化物瓶子的瓶盖没打开，原子在另一个盒子中。

但是，根据量子理论，在你看之前，原子不是处在这个或是那个盒子里，而是同时处于这两个盒子的叠加态。因此，猫作为一个不能超越物理规律的实体，在你看之前，猫同样是处在活和死的叠加态。这不是一只病猫，而是一只既完全健康同时又死翘翘了的猫。

虽然在你观察前猫的死活条件作为一种物理实在性还不存在，但盒子中的猫的存在却是实实在在的，因为有人看到是某个人将猫放进盒子里的。

既然你不经意地看一眼就使得猫的叠加态发生了坍缩，那如果你发现它死了，是不是就是你杀害了这只猫呢？不能这么说。假设你事先没有安排这种“地狱般的玩意儿”，你可以不选择让整个系统的波函数发生这样的坍缩。坍缩到活还是死的状态是随机的。

这里有些事情值得思考：假设在你观察前8小时猫被放置在盒子里，同时原子被发送到镜面系统。在这8小时内，该系统的演化未受到观测。如果您发现猫还活着，由于它已经8小时没进食，因此你发现这是一只饥饿的猫；如果您发现猫死了，经兽医检查确定猫是在8

小时前死的。这样，你的观察不仅创造了当前的实在性，而且还创造了与此实在性相关的历史。

您可能会认为这一切很荒谬。这正是薛定谔要的结果！ 他炮制这个猫的故事就是要证明，要想得到合乎逻辑的结论，量子理论就一定是荒谬的。因此他声称，量子理论作为一种对事实过程的描述是绝对不能接受的。

请注意，薛定谔的猫的故事带来的谜团不是量子理论中立的，而是一个说明我们能够自由选择，以证明一个对象或者整个地在一个盒子里，或者弥散在两个盒子里的谜团。薛定谔的这个故事显示了量子理论带来的谜团。量子理论将未观测到的物理世界描述成一种潜在的叠加态。这与我们有意识地观察所告诉我们的"物理世界是一个确定的状态"这一点是相冲突的。 148

当然，猫同时活着又是死的这种设想，在其他物理学家看来，像薛定谔一样，是荒谬的。但很少有人担心薛定谔的这种理论荒谬性示范的作用。这一理论实在是太有效了，以至于这种荒谬性不被认为是一个严峻的挑战。

不公正的偷窥

我们很快就要讨论仍由薛定谔的故事引起的争议。但首先，如果猫同时活着和死去，我们可以某种方式看到这种情形吗？不可能。虽然我们画了一幅活猫和死猫的叠加图，但你永远不会看到这样的猫。观察使得整个系统坍缩到要不就是活猫，要不就是死猫的状态。但我们只是偷窥一下会怎样呢？微小的偷窥也会造成整个猫的波函数坍缩？

考虑一种最小可能性的偷窥。譬如一个单光子受到猫的反弹透过微孔逸出盒子。从这个单光子那里你不可能了解到很多东西。但如果这个光子被捕获，告诉我们猫站立着呢，因此还活着，这一“看”就会使盒子的叠加态坍缩到猫活着的状态。所以量子理论告诉我们，任何一种看，提供的任何信息，都会使以前存在的状态发生坍缩。

假设我们看到这个光子通过盒子的小孔出来。然后我们知道了猫不是站着的。那么这一“看”就将盒子的状态坍缩到所有与这个观察一致的叠加态。这种叠加态既包括死猫（和触发盖革计数器）的状态，也包括猫活着但躺下的状态（未触发盖革计数器）。

且慢！为什么猫就不能观察一下氰化物瓶盖是否已拉开，由此反推到原子是否进入盒子了呢？猫就没有资格作为观察者并使波函数坍缩吗？还有，如果猫可以，那么蚊子可不可以？病毒呢？盖革计数器呢？我们这都绕到哪儿去了？我们相信，两只聪明的猫，与我们每个人生活在一起，是有意识的观测者。但我们凭什么如此确定？

149

严格地说，你能确信的是，你是波函数坍缩的观察者。我们其他人也许都处于受量子力学支配的叠加态，只有通过你对我们的观察，我们才坍缩到具体的实在状态。当然，由于我们中的其他人或多或少都像你一样在看和行动，因此你确信我们也有资格作为观察者。（在第15章里，我们将讨论量子力学的多世界解释，它表明，我们所有人都处于叠加态。)

虽然可以看作是量子理论的合乎逻辑的延伸，但独自在那里喋喋不休地表白我们是唯一的观察者只能让人感到是在犯傻。我们不妨换一种思路。有些人曾认真考虑过这样一种可能性，量子力学意味着，在自觉的观察者与物理世界之间存在着神秘的联系。尤金·维格纳，量子理论后续发展的推动者之一，一位诺贝尔物理学奖得主，提出了一个新版的猫的故事。他的版本要比薛定谔版本的故事更强烈地暗示自觉观察者与物理世界之间的联系。

维格纳不是用猫，而是让他的女友待在一个不可观测的房间里。这里没有氰化物。触发盖革计数器只需“点击”。女友如果听到一声点击，就在画板上画一个“×”。维格纳假定，女友作为观察者地位与他相同。因此他认为，当他打开门看到她的画板时，他没有坍缩他女友的叠加态波函数。她从来不处在叠加态。他认为，所有人都有作为观察者的地位。维格纳推测，坍缩发生在观察过程中的最后阶段：不知何故，女友的人类意识使物理系统的波函数发生了坍缩。但更进一步，他怀疑人类的意识是否真的能够“出手”——以某种难以解释的方式——来改变系统的物理状态。

在我们看来，这种意识的“出手”似乎不尽合理。最终维格纳也认为如此。但你无法另辟蹊径予以证明。我们所知道的是，在大分子和人类意识之间的某种尺度上，存在着这种观察和坍缩的神秘过程。我们至少可以相信，最后一步确实与意识有关。在后面的章节里，我们将探讨这方面的一些认真提出的问题。 150

对薛定谔故事的回应

我们已经进入情绪领域。大多数物理学家在他们的领域受到像意识这样的“软”课题时会感到不自在。一些物理学家声称，猫的故事完全是无稽之谈，甚至认为讨论这些东西是一种误导。理性的人们在不赞成可检验的问题时，他们的态度很含蓄：“我可能错了。”当驳斥看起来是不可能的事情时，人们往往对自己很有信心。我们给出这个例子的目的，就是要表明验证或驳斥薛定谔的猫的故事实际上是不可能的。有些物理学家在听到这个故事时甚至激怒了。史蒂芬·霍金就叫道：“拿我的枪来。”

我们在这里给出一些对薛定谔故事的或多或少称得上标准的回应。首先，给出一份“广而告之”的声明：我们的同情与薛定谔的关注同在。否则的话，我们也不会写这本书。尽管如此，我们还是要尽可能提出强有力的论据，说明薛定谔的猫的故事没切中主题，只会引起误导。在接下来的几个段落中，我们试着采取这一观点。

> 薛定谔的证据之所以无效，是因为它建立在这样一种假设基础之上：宏观物体可以不经观测地保持一种叠加态。从实用角度看，任何宏观对象都处于不断被“观察”的状态。大的物体不可能是孤立的，它始终与世界其他东西相联系。接触就是一种观察！
>
> 即使想象一只猫可以被隔离也是荒谬的。猫附近任何地方的每一个宏观对象都在有效地观察猫。光子被温暖的猫发射到盒壁上，这意味着盒子在观察猫。举一个极端的

例子：月亮！月球的引力拉高洋面，引起潮汐，这种引力也拉动猫。这种拉动对于一只站着的活猫与躺着的死猫是不同的。由于猫也反过来拉着月球，因此月球的路径会略有改变，其变化取决于猫的位置。尽管效应非常非常小，但我们很容易计算出，在百万分之一秒之内，猫的波函数就完全与月球的波函数，并由此与潮汐的乃至与世界的其他东西的波函数纠缠在一起了。这种纠缠是一种观察。它基本上不花时间就坍缩了猫的叠加态。

151

即使回头看薛定谔的故事最早阶段，你可以看到它是多么的毫无意义。当一个原子被发送到薛定谔的盒子里时，它的波函数变得与宏观的盖革计数器的极其复杂的波函数纠缠在一起。因此，原子是受到盖革计数器的“观察”的。由于像盖革计数器这样的大的东西不可能孤立于世界的其他东西，因此世界其他东西都在观察盖革计数器，从而观察原子。与世界的纠缠构成了观察，因此只要原子的波函数进入盒子对，并遇到盖革计数器，原子就必然坍缩到这个或是那个盒子。这之后，猫要么死了，要么活着。周而复始！

即使你在论证中考虑到意识因素（尽管毫无必要），大的东西也还是在不断被观察，因为差别只是在于现在大的东西是不断地与有意识的存在物相接触。

如果这种论证不能让你信服猫的故事没有意义，那么这里还有最后一招——按薛定谔说的，设法验证量子理论的问题：做实验！你总是得到量子理论所预期的结果，你会总是看到一个要么活着要么死了的猫。

此外，哥本哈根解释已明确指出，科学的作用仅仅是

> 预言观测结果，而不是讨论某种"终极实在"。我们需要的是预言会发生什么事。而在薛定谔的故事里，你会发现猫一半时间活着，另一半时间死亡。意识是无关紧要的。猫的故事提出了一个误导性的不成其为问题的问题。

现在，我们不再以回应薛定谔的论证的口气说话，而是回到我们自己的立场。通过隔离像猫那么大的对象来证明它处在叠加态在物理上是不可能的，这一点显然是正确的。薛定谔当然充分认识到这一困难。他认为，这样的实际问题偏题了。由于量子理论不承认大和小之间有边界，原则上任何对象都可以处在叠加态。因此他（还有爱因斯坦）在哥本哈根声称的科学的作用仅仅是预测实验结果，而不是去探索到底发生了什么这一问题上拒绝承认是失败主义者。

152

无论你赞成哪种说法，都会有专家赞同你的观点。

薛定谔的猫在今天

薛定谔讲述他的故事的七十年后，几乎每年都召开会议来讨论量子之谜，期间通常也包括对意识的讨论。物理专业期刊上关于猫的故事的文献逐渐在增加。举两个例子：一篇标题为"原子的'薛定谔猫'叠加态"的文章用微观系统展示了这样一种态。另一篇是"原子鼠探测量子猫的寿命"，这里的"鼠"是一个原子，"猫"是宏观谐振腔内的电磁场，虽然这些实验都是非常严肃、昂贵的物理项目，但标题却展现了物理学科是如何带着幽默感来处理量子力学的古怪特性的。

说到幽默，这里有一幅刊载于2000年第五期《今日物理》期刊上的卡通画（图11.2）。这份期刊是美国物理学会行销最为广泛的一份杂志。放在二十年前，这幅画没有可能出版。

虽然量子力学的神秘特征在物理课上仍然很难讨论，但学生的兴趣在增加。最畅销的量子力学教科书拿活猫做封面，拿死猫做封底——虽然内文中关于猫的讨论很少。（可能不是作者而是出版商选择的封面设计，但老师选择教材，我们相信这个典故的神秘性会吸引年轻教师。）

图11.2 阿隆·德雷克画的薛定谔的狗（2000年）。
版权所有：American Institute of Physics

若干年前，人们不会提出实验研究量子力学神秘特性的建议，即使提了也得不到资助。现在一切都大为改观，这方面研究得到了相当的重视。越来越大的物体被置于叠加态，被同时置于两地。奥地利物理学家安东·蔡林格已经用含有七十个碳原子的足球形大分子“巴基球"[1] 进行了这种实验。他现在正准备用中型蛋白和病毒来做同样的实验。在最近的一次会议上，有人问他："有什么限制吗？"他的回答是："只有预算。"

含有数十亿电子的真正的宏观叠加态已被证明其中的每个电子都同时在两个方向移动。玻色-爱因斯坦凝聚已制造出来，其中的几千个原子每个都延伸超过几个毫米。2003年，美国物理学会发了份新闻简报，通栏标题是"3600个原子同时在两个地方"。2007年，《物理评论快报》（物理学重要研究期刊）里一篇文章的第一句话就是："在人造纳米机电系统（NEMS）下观察量子力学行为的比赛使我们比以往任何时候都更加接近检验量子力学的基本原理。"用只在我们永远无法真正看到的小东西的水平上谈怪异来消除薛定谔的关注正变得越来越难。

也许最难接受的说法是你的观察不仅创造了目前的实在性，而且也创造过去的适当的实在性：当你的观察使猫坍缩到活或者死的状态，你也创造了历史——或者是饿了8小时的活猫，或是死了8小时的死猫。

量子宇宙学家约翰·惠勒提出的"延迟选择实验"（我们在第7章讨论过）最接近对量子理论的时间回溯特征的检验。它证实了量子理

---

1. Buckyballs，即笼型碳原子团簇C_{60}，亦称富勒烯。最早由英国苏塞克斯大学的哈罗德·克罗托（Harold W. Kroto）、美国莱斯大学的理查德·斯莫利（Richard E. Smalley）和罗伯特·柯尔（Robert F. Curl）于1985年率先发现。三人因此荣获了1996年度诺贝尔化学奖。C_{60}取名巴基球是为了纪念美国建筑师巴克明斯特·富勒（Buckminster Fuller）。发现者认为是巴克明斯特设计的圆穹屋顶给了他们启发，因此决定将这种新物质构型命名为巴克明斯特·富勒烯（烯的一种），简称富勒烯，俗称巴基球。——译者注

论的这样一种预言：观察创建有关的历史。

真遗憾，薛定谔没能看到大家对他的猫越来越大的兴趣。他认为，自然一直想告诉我们点什么，物理学家的目光应当超越对量子理论的实用主义态度。他同意约翰·惠勒的名言："在某处总有让人不可思议的事情在等待发生。"

第 12 章
寻求真实世界 EPR

155　我认为粒子必然是一个独立于测量的分立的实体。也就是说，电子即使没有被测量，它一样有自旋、位置等特性。我想即使我不看它，月亮也还是在那儿。

——爱因斯坦

薛定谔曾在大大小小各种场合严格运用量子理论来讲述他的猫的故事。他的目的是嘲笑理论所声称的“我们的观察创造了我们所经验的实在”这一观点。这种说法听起来似乎疯狂。你不妨想象一下，如果有人在法庭上试图说服陪审团，说他相信是他的所见实际创造了物理世界，陪审团多半会认为他是一个精神错乱者的指控。

当然，哥本哈根的解释更为微妙。它并不否认存在一个物理上真实的世界。它只是认为微观领域的客体在它们被观察到之前不具有实在性。月亮、椅子和猫都是真实的存在，其原因正在于这些宏观物体不可能是孤立的，并因此不断地得到观察。对于哥本哈根学派来说，这种解释应当足够充分了。但在爱因斯坦看来，这还不够充分。

在1927年的索尔维会议上，爱因斯坦——当时国际上最受人尊敬的科学家——对新出现的哥本哈根解释表示不能接受。他坚持认为，即使是微小的物体也具有独立的实在性，不论是否有人正在看它。除非量子理论能够给出更好的说明，否则，它只能是错的。对此，作为哥本哈根解释的主要构建者，玻尔起身进行了反驳。这以后，玻尔和爱因斯坦在他们的有生之年里作为友好的对手不止一次地为此进行过交锋。 156

回避海森伯

量子理论的原子既可以是延展的波也可以是凝聚的粒子。一方面，如果你观察一下，看到它从一个盒子里出来（或穿过单狭缝），则表明它原先是整个地以凝聚体形式待在那个盒子里。另一方面，你可以自由选择让原子参与干涉图样，表明它是一种延展的东西，而且不是整个地待在一个盒子里。您可以演示这两种相互矛盾的情况。海森伯的测不准原理为这种看似矛盾的理论免遭驳斥提供了保护。在这种情况下，任何对原子出自哪个盒子的观察都会对原子造成足够大的干扰，使它不再产生任何干涉图样。因此，你不能证明这里就存在逻辑上的矛盾。

为了证明量子理论的不自洽，因而是错误的，爱因斯坦试图证明，即使原子参与形成干涉图样，它实际上通过的也是单狭缝。为了证明这一点，他不得不绕开测不准原理。（具有讽刺意味的是，海森伯将测不准原理的最初想法归因于他与爱因斯坦的谈话。）以下是爱因斯坦在1927年的索尔维会议上对玻尔提出的挑战：

一次一个地向双狭缝光阑发送原子。光阑是可移动的，譬如说吊在一个轻质弹簧上。考虑最简单的情况：落在干涉条纹中央最大亮条纹的原子（图12.1上的A点）。如果该原子由穿过下狭缝而来，那么为了到达中央最大位置，它必定受到光阑向上的反射。按照反作用原理，原子会给光阑一个向下的反作用力。反之，如果原子通过上部的狭缝而来，光阑则受到一个向上的力。

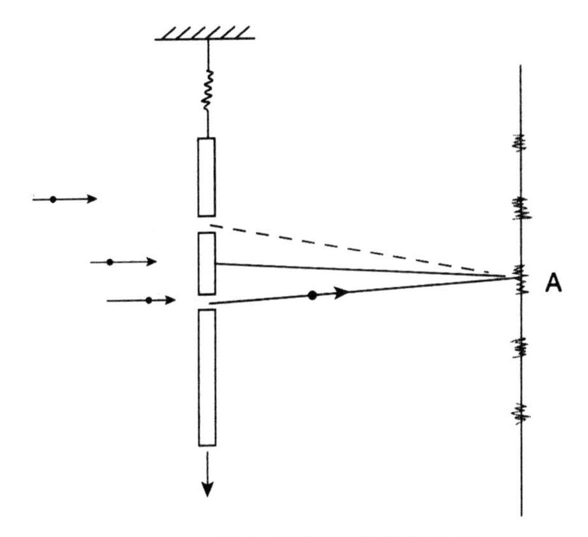

图12.1 原子同时通过可移动的双狭缝光阑射向屏幕

通过测量每个原子通过后光阑的运动，我们可以知道原子是从哪个狭缝通过光阑的。这种测量甚至可以在原子作为摄影胶片上的干涉图样的一部分被记录后进行。因此，既然我们可以知道每个原子是从哪个单狭缝而来，那么量子理论在说明干涉条纹时声称每个原子作为波需要同时通过两个狭缝的解释就是错的。

玻尔轻易地指出了爱因斯坦推理中的缺陷：爱因斯坦的演示要[157]管用，就必须同时知道两个光阑的初始位置及其可能的运动（动量）。而测不准原理限定了同时精确测定物体的位置和动量。通过简单的代数运算，玻尔能够证明，对于狭缝光阑，这种不确定性将大到足以使爱因斯坦的演示实验失败。

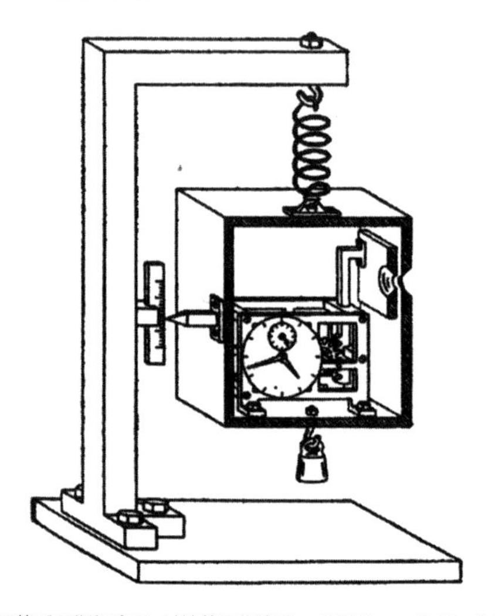

图12.2 玻尔画的爱因斯坦盒子-时钟的思想实验。承蒙Harper Collins许可复制

三年后，在另一次索尔维会议上，爱因斯坦又提出了一个巧妙的思想实验，声称它违反另一种版本的测不准原理。他可以确定光子离开盒子的时间和能量，而且这两个测量可以精确到任意高的水平。实验是这样的：光子在一个盒子里来回反弹。盒子里挂着一个时钟，它可以开门让光子离开，并精确记录下光子离开的时间。我们可以对光子离开前后的盒子称重，然后由$E=mc^2$便可确切知道系统的能量变化，从而得到光子的能量。能够确定能量和时间到任意精度，这显然违反测不准原理。

158　这个实验让玻尔颇感棘手，让他度过了一个不眠之夜。但第二天早晨，他对爱因斯坦说，你在其中忽略了你自己的广义相对论效应。要称量盒子，你必须允许它在地球的引力场中运动。根据广义相对论，这将改变时钟的读数，其改变量会大到使你对违反测不准原理的驳斥无效。多年以后，玻尔为爱因斯坦的盒中光子实验详细地画了一幅示意图（图12.2），用以重新审视自己的胜利。它表明，在任何量子实验中，我们必须考虑实际使用的宏观仪器。

图12.3　爱因斯坦和玻尔出席1930年在布鲁塞尔召开的索尔维会议。照片由保罗·厄伦菲斯特提供，现存于尼尔斯·玻尔档案馆

人们对玻尔反驳爱因斯坦思想实验的逻辑一直存有疑虑。在第10章中，我们曾引述玻尔的话："测量仪器（必须是）刚体，它足够重，

使我们能够完全用经典物理学来描述其相对位置和速度。"玻尔将量子力学的不确定性应用到宏观的狭缝光阑和他的光子-盒子仪器上，这是否与他对宏观测量仪器的"完全经典描述"的要求相一致呢？

玻尔至少是似乎同意，原则上，量子理论像适用于小客体一样适用于大的客体。只是出于实用的考虑，我们才用经典理论去描述大东西的行为。尽管如此，玻尔的论证使爱因斯坦确信，这个理论至少是[159]自洽的，它的预言可能总是正确的。谦卑的爱因斯坦从会议回到家以后，便集中精力于广义相对论——他的引力理论。或许玻尔是这样想的。

晴天霹雳

玻尔错了。爱因斯坦并没有放弃寻找量子理论缺陷的努力。四年后（1935年），由爱因斯坦和两位年轻的同事，鲍里斯·波多尔斯基和内森·罗森，合写的一篇文章被送达哥本哈根。玻尔的助手告诉说："这篇东西对我们不啻晴天霹雳。它对玻尔的影响是明显的……只要玻尔听到我有对爱因斯坦论证的报告，他便会放下其他的一切。"

这篇论文，现在常以"EPR"（爱因斯坦、波多尔斯基和罗森三位名字的首字母缩写）著称，没有声称量子理论是错的，而只是说它是不完备的。EPR认为，量子理论没有描述物理上真实的世界。它要求一种观察者创造的实在，仅仅是因为它不是故事的全部。

EPR表明，事实上，你可以从没有观察到对象的某种性质就知晓这种性质。因此这种性质，EPR论证道，不是观察者创造的。这种不由观察者创造的性质就是一种物理实在。如果量子理论没有包括这种物理实在，那它就是一种不完备的理论。这里有一个经典的比喻。它是激发爱因斯坦提出EPR论证的例证之一：

考虑两个相同的火车车厢（如图12.4）。二者连在一起但可以被强力弹簧推开。突然解锁后，它们以相同的速度沿相反的方向运动。站在图12.4左侧的是爱丽丝，她要比右侧的鲍勃更接近车厢的出发点。通过观测驶向她这边的车厢（车A）的位置，爱丽丝立刻知道驶向鲍勃那边的车厢（车B）的位置。由于爱丽丝对车B没有施加任何影响，因此车B的位置不是爱丽丝创造的。鲍勃也没有观察车B，故也不创造车B的位置。因此车B的位置不是观察者创造的。故它是一个物理的实在。（大约十年前，物理学家在讨论EPR实验时喜欢用“观察者A”和“观察者B”，今天则友好地约定用“爱丽丝”和“鲍勃”。）

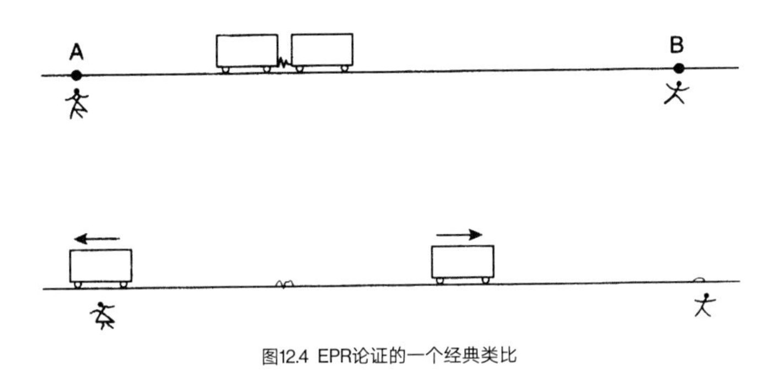

图12.4 EPR论证的一个经典类比

160 爱丽丝-鲍勃的故事得到的结论是如此显然，以至于让人觉得不值得言说。但如果我们用两个飞散的原子来取代车厢。量子理论将它们描述为传播的波包。它们在特定位置的存在不具有实在性，除非其中之一的位置被观察到。

不幸的是，将很容易理解的车厢比喻转换到量子局面下就出现了问题：测不准原理不允许足够准确地知道车的初始速度和位置。因此，下面我们跳过EPR给出的巧妙但难以可视化的数学技巧，来讨论由戴维·玻姆发明的偏振光子版本的EPR问题。偏振光子之所以值得探讨，还因为最终由EPR型实验显现的神秘的量子影响用光子来表现最简单。这些量子影响的实际演示是我们下一章的主题。但首先，我们需要看一看为什么爱因斯坦认为它们是"幽灵"。

在接下来的几页里，我们先回顾一下有关偏振光和偏振光子的物理知识，以便可以紧凑地给出深刻的EPR论证。即使你只是蜻蜓点水般地浏览一下这几页便跳到"EPR"那一节，你依然可以领略到爱因斯坦的论证的本质。

偏振光

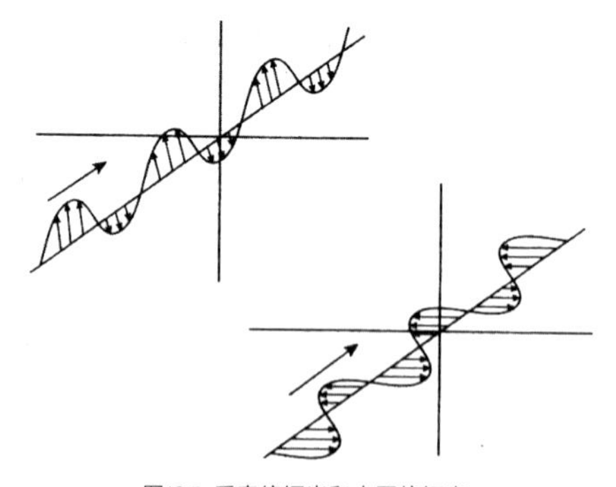

图12.5 垂直偏振光和水平偏振光

光是一种电（磁）场的波动。光波的电场方向垂直于光的传播方向。在图12.5的左上部，光进入纸面，其电场方向垂直向上。这种光称为“垂直偏振光”。图12.5的右下图显示的是水平偏振的光波。光的电场方向即是它的偏振方向。从现在开始，我们只是说“偏振”，而不再说“偏振方向”。

当然，还有就是，没有左右的水平和垂直方向以外，他们是互相垂直的特殊。这只是传统的“纵向”和“横向”发言。

来自太阳或灯泡的光——事实上，大部分种类的光——的偏振都是随机变化的。这种光称为“非偏振光”。某些材料只允许光沿相对于传播方向的某个特定方向的偏振通过。这种材料可制成所谓“偏振片”。譬如太阳镜就是这样一种偏振片，它可以阻碍大量的由路面或水面等水平面反射的水平偏振光通过，从而消除眩光。但是，我们这里要介绍的是一种不同类型的偏振片。

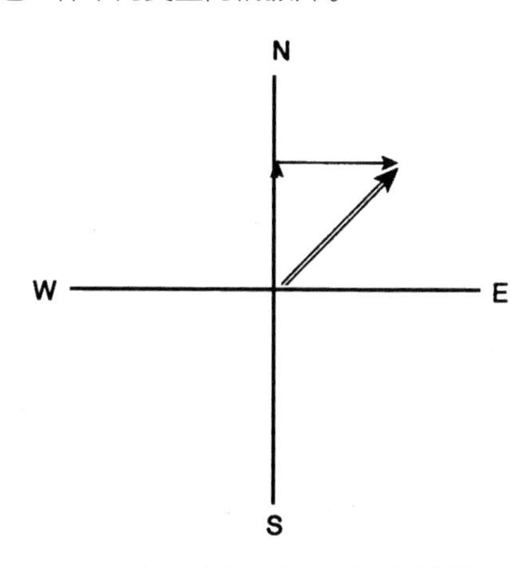

图12.6 光先向北再向东传播等效于向东北方向传播

精密实验中使用的偏振片是由两个棱镜组成的透明立方体。我们称这些立方体叫“起偏器”。[1] 这些起偏器分别沿两条不同的路径发送不同偏振的光。偏振方向平行于某个方向（该方向称为“偏振轴”）的光被发送到路径1，偏振方向垂直于偏振轴的光发送到路径2。

沿某个既非平行也非垂直于偏振轴的角度偏振的偏振光可以看成是由并行和垂直偏振成分组成的。（如图12.6所示，沿东北方向的偏振可以看成是由沿正北和正东两个方向的偏振组成的。）光的平行分量沿路径1行走，垂直分量沿路径2行走。偏振方向越接近平行，路径1上的光越强。

偏振光子

光是光子流。光子探测器可以计数单个光子。光子探测器的计数速率可以达到每秒百万个。顺便说一下，我们的眼睛甚至可以检测到每秒几个光子的暗淡的光。 162

偏振方向平行于偏振轴的光称为平行偏振光子流。沿路径1行走的每个光子被路径1上的光子探测器记录。同样，路径2上的探测器记录每一个偏振方向垂直于偏振轴的光子。普通光子，即非偏振光，有随机偏振。每个光子经过检偏器后，不是被路径1的探测器记录下，就是被路径2的探测器记录。在图12.7中，我们将一个光子显示为一个点，它的两个箭头方向表示偏振方向，检偏器用一个盒子来表示，

1. 例如，渥拉斯顿棱镜就是这样一起偏器。—— 译者注

D1和D2则表示光子探测器。

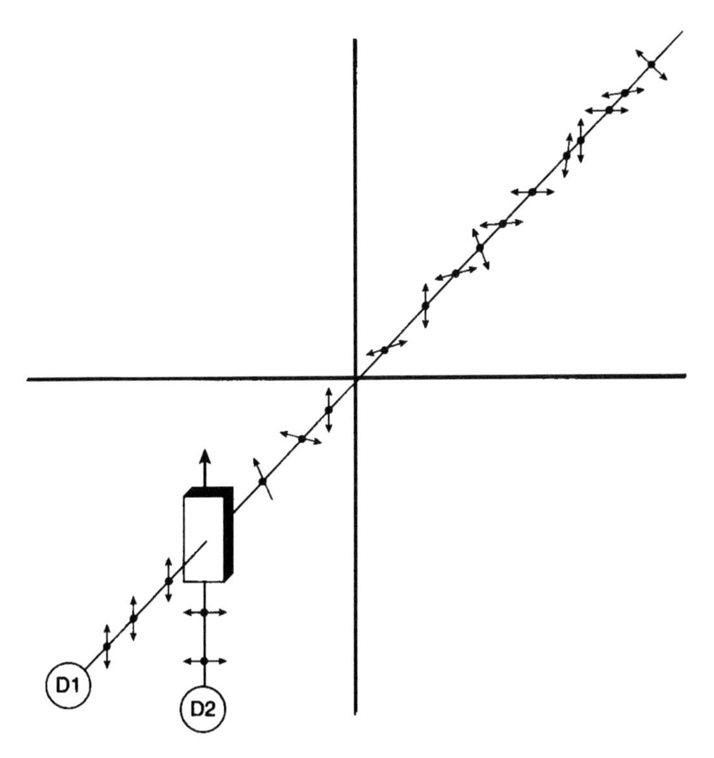

图12.7 由偏振片挑出的随机偏振光子

如果光子的偏振角度既不平行也不垂直于偏振轴怎么办？这种光子被路径1或路径2探测器记录下的可能性都存在。例如，如果光子的偏振方向与偏振轴成45度角，那么两探测器记录的概率相等。偏振方向越接近平行于偏振轴，则路径1探测器记录的可能性就越大。

163

注意，我们不是说那些角度既不平行也不垂直于偏振轴的光子要么走路径1，要么走路径2。实际上它是叠加态，同时有两个偏振方向，同时在两条路径上行走。例如，以45度角偏振的光子会等概率地通过这两条路径。

但是，我们从来没有看到过部分光子。探测器被触发和记录的都是整个光子，要不就保持沉默，说明没有光子过来。光子沿这两条路径行走类似于我们前面说的原子同时在两个盒子里。

我们可以证明，在两条路径上行走的光子可以通过干涉而处在叠加态。这种验证不需要借助于每条路径上的探测器，用镜子就可以。镜子可以直接让每条路径通过第二个偏振片，从而将光子的平行分量和垂直分量重组为原始光子。改变任意一条路径的长度，就可以改变光子的偏振方向。这种方法表明，在探测器观察前，每个光子有两条路径，处于两种偏振的叠加态。

在谈到光子探测器记录光子时，我们采取哥本哈根解释的立场。我们将宏观的光子探测器看作是观察者。当一个探测器记录下特定路径上的一个光子，即表明叠加态发生了坍缩。留下的就是探测器对光子的观察记录。

当然，爱因斯坦接受了实验结果，但他不接受这种叠加态的解释：光子在未被观察前没有特定的偏振方向。EPR认为，每个光子的偏振作为独立的物理实在均不依赖于对其观察。在我们开始讨论EPR的论证之前，我们必须搞清楚什么是“孪态”光子。

孪态光子

164

原子可以从激发态经过连续两次的快速量子跃迁返回到基态，同时释放出两个光子。由于空间取向没有特定方向，因此这些光子的偏振方向是随机的。

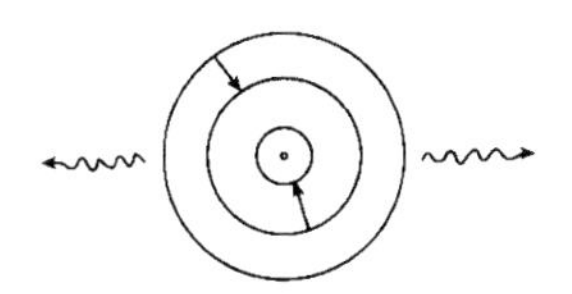

图12.8 双光子级联

但关键是存在这样一种情形：对于某些特殊的原子态，沿相反方向飞出的两个光子总是有彼此相同的偏振方向。这种光子称为"孪态光子"。例如，图12.8中飞向左边的光子被观察到有垂直偏振方向，则其飞向右边的孪态光子也将是垂直偏振的。

孪态光子总是表现出相同偏振方向的原因在此并不重要。（这是角动量守恒要求所致。对于孪态光子的释放，要求原子的初态和末态都有相同的角动量。）唯一重要的是，它们的偏振是始终相同这一点是经检验的真理。

为了证明这一点，我们回到爱丽丝和鲍勃的实验上来，不过现在用的是光子而不是车厢。实际过程是这样的：在图12.9中，在左边的爱丽丝和右边的鲍勃之间有一个孪态光子源。他们分别观察孪态光子的偏振方向相对于各自检偏器偏振轴的相同倾角，这里取垂直方向。路径1和路径2上的光子探测器随机记录下同时到达的孪态光子。这些光子的偏振取向随机地平行或垂直于各自的偏振轴。实验表明，每当爱丽丝观察到她的路径1探测器记录下一个光子，鲍勃总是能在他的路径1找到其孪态光子；每当爱丽丝观察到她的路径2探测器记录下一个光子，鲍勃也会在他的路径2上发现其孪态光子。

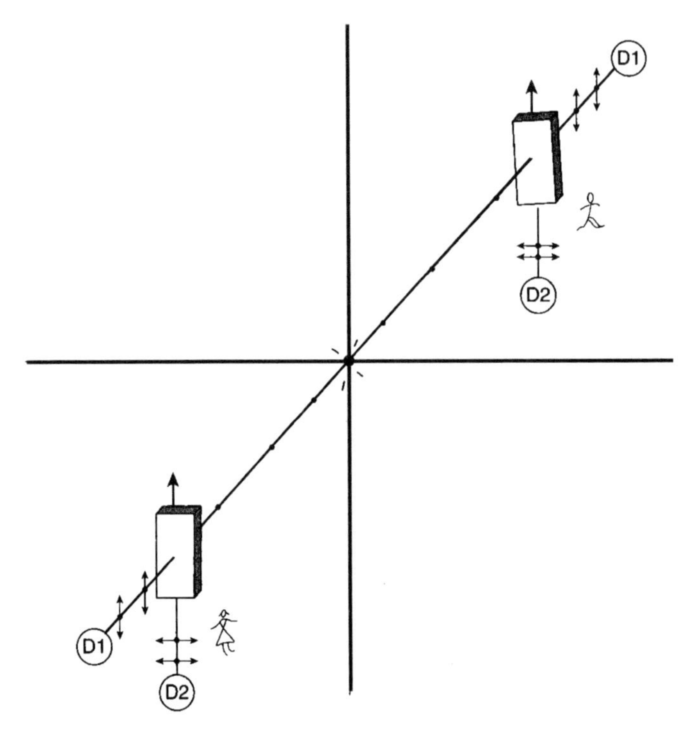

12.9 观察孪态光子的爱丽丝和鲍勃

在图12.9中，我们没给到达检偏器之前的光子安上箭头，因为孪态光子没有特定的偏振方向，只是两个光子之间有相同的偏振。但在图12.7中我们却给光子安了箭头，因为我们认为辐射这些光子的原子是作为宏观灯泡中灯丝的一部分来考虑的。这些原子，从它们发出的光子，受到宏观对象的"观察"。而这里的孪态光子则是由气体中的孤立原子发射的，因此没有与任何宏观对象有过接触。

由于光子是孪态的，因此它们总是表现出相同的偏振似乎并不奇怪。但其实很奇怪。让我们打个比喻：双胞胎男孩的眼睛有相同的颜色这不奇怪，因为同卵双胞胎出生时就具有相同的眼睛颜色。然而，考虑这对双胞胎的另一个性质：每天选择穿同样颜色的袜子。假设两人虽然相距遥远，但每当双胞胎中的一个选择绿色，另一个在那天也选择绿色，即使兄弟两人并不知晓对方选穿什么颜色的袜子。这是不是就很奇怪了？因为这对双胞胎不可能生来就会选择每日穿相同颜色的袜子。让我们回到我们的孪态光子。

假设爱丽丝虽然距鲍勃很远，但比鲍勃离光子源稍近。于是她会先检测到光子。至于她检测的是路径1还是路径2，则完全是随机的。但是，如果爱丽丝这边的光子是由路径1探测器记录，则其孪态光子总是由鲍勃那边的路径1探测器记录。

由于爱丽丝和鲍勃两边的光子是同时从光源发出，以光速沿相反方向飞行，它们分离的速度是2倍的光速。没有任何物理力可以连接这对孪态光子。因此爱丽丝较早检测到的光子的随机偏振在物理上不可能影响鲍勃这边的光子。那么，鲍勃这边的光子是如何瞬间获知爱丽丝那边的光子的随机偏振的呢？

要说孪态光子就有表现出相同偏振的怪癖，这不是事实。有人可能会认为，它们创造出来时便不仅有相同的偏振，而且还带有特定的偏振。毕竟，我们的双胞胎男孩不仅出生时就眼睛颜色相同，而且带有特定的眼睛颜色——蓝色。

奇怪的是量子理论对孪态光子表现出相同偏振的解释。根据量子理论，没有任何性质是物理上真实的，直到它被观察为止。由于孤立的发光原子是保持不变的，它没有记录，或被“观察”，因此它辐射的孪态光子有特定的偏振态。那么，特定的偏振并不是存在一种物理的实在。在爱丽丝观察到她这边光子的偏振之前，鲍勃那边的光子并没有偏振取向。但在爱丽丝这边观察的瞬间，鲍勃那边的光子不费任何物理力就获得了同样的偏振取向。你说怪不怪？

“上帝不掷骰子”，虽然爱因斯坦的这句话很容易理解，也最常为人们引述，但量子理论对物理实在的否定还是真切地困扰着爱因斯坦。他有一句不太容易被人理解的俏皮话（本章题词中引用的一句）：“我想即使我不看它，月球也还是在那儿。”这句话反映了他强烈的反对态度。虽然爱因斯坦一直为独立于观察者的实在世界争辩，但他对物理学的这场革命还是抱着开放的心态。他写道：

> 在物理学看来，这是基本的：我们认为存在一个独立于任何感知的真实世界——但这一点我们并不知道。（斜体是原话。）

EPR

对于哥本哈根不啻为“晴天霹雳”的EPR论文的标题为：“量子力学对物理实在的描述能算是完备的吗？”（历史学家们认为论文里

缺少“the”的部分是由波多尔斯基执笔的，因为他的母语波兰语里不包括冠词。）EPR论文中给出的是有关两个粒子的位置和动量的复杂组合。但我们用光子来讨论一种更为简单、更为现代的情形。

167 量子理论的孪态光子具有相同的偏振，但不包括将其具体的偏振作为物理上真实的性质看待。尽管如此，量子理论仍被称是一种完备的理论，一种能够描述所有物理性质的理论。

为了对这种完备性主张提出质疑，EPR必须讲清楚是什么构成了“物理上真实的”性质。定义实在性一直是——现在仍然是——一个争论不休的哲学问题。EPR为那种称得上是物理实在性的东西提供了最起码的条件。然后EPR争辩道，如果这种物理实在性是存在的，但却不能由量子理论来描述，那么这个理论就是不完备的。这里是EPR的定义：

> 如果不以任何方式干扰系统，我们可以肯定地预测……物理量的值，那么就一定存在一种与这个物理量相对应的物理实在的要素。

让我们换句话来表述上面同样的意思：如果一个对象的物理性质不被观察就可以知道，则该性质不可能借助观察被创造出来。如果这种性质不是通过观察创造出来的，那么它必然是在对其观察前就作为一种物理实在存在着。

量子理论不包含任何这种意义上的真实的物理性质。因此，EPR

只需展示一种这样的性质，它在被观察前就以真实的物理实在存在着，就可以证明量子理论是不完备的。

这种性质可以是一对孪态光子其中之一的特定偏振。EPR认为，这种特定的偏振作为一种实在，在其被观察前就存在。让我们再次严格重现这一论证，尽管我们是用孪态光子来讨论这一论证过程。

回到爱丽丝和鲍勃的实验上来。爱丽丝比鲍勃更接近孪态光子源。因此，她收到她这边的光子后，鲍勃才收到它的孪态光子。假设她观察到光子的偏振呈垂直方向，取道路径1，于是她立即知道它的孪态光子（尽管仍在前往鲍勃的路上）也是垂直偏振的。而且她还知道它取道也是鲍勃那边的路径1。

事实上，鲍勃可以设置一对盒子来捕获光子，一个盒子放在路径1上，另一个放在路径2上。在他这边的光子被捕获后，爱丽丝打电话给鲍勃，肯定地告诉他在哪个盒子里他会发现他的光子。

168

爱丽丝对她的光子的观察不可能对鲍勃的光子有任何物理作用。鲍勃这边的光子以光速从光子源飞向鲍勃。由于没有什么东西能比光速跑得更快，因此在鲍勃的光子被捕获之前，爱丽丝不可能传送任何信息给鲍勃。她不可能观察到它。当爱丽丝观察到她这边的光子时，鲍勃那边的光子甚至没有到鲍勃身边。因此鲍勃也无法观察到它。

无论是爱丽丝还是鲍勃，没有任何人，观察过鲍勃这边光子的偏振。然而，爱丽丝却肯定地知道这种未观测的偏振态。

就是这样！爱丽丝无需观察就肯定知道鲍勃那边光子的偏振。这一事实满足EPR关于鲍勃光子的偏振是一种物理实在的判据。由于量子理论不包括物理实在性，因此EPR声称这一理论是不完备的。EPR论文满怀信心地得出结论说，一种完备的理论是可能的。这样一种完备的理论有可能给出一个合理的世界图像，一个独立于对其观察的世界。

玻尔对 EPR 的回应

当玻尔收到EPR的论文时，哥本哈根解释已经发展了近十年，玻尔当时尚未意识到EPR所反对的量子理论的潜在影响。他没有意识到，该理论包含着，在没有任何物理干扰的情形下，观察本身能在瞬间影响遥远之外的物理系统。

玻尔意识到爱因斯坦的这个“晴天霹雳”是一个严重挑战。他持续工作了几周来准备回应。几个月后，他发表了一篇标题与EPR完全相同的论文：“量子力学对物理实在的描述能算是完备的吗？”（他甚至连“the”都去掉了。）EPR对论文标题的回答是“否”，而玻尔则坚定地回答：“是。”这篇文章主要是从哲学上对EPR的科学关注作出响应。玻尔用他称之为“我们对物理实在的态度的重大修正”来回击EPR。

169 下面这一段选自玻尔对EPR的长篇回应。它包含了他的复杂论证的要点：

> 爱因斯坦、波多尔斯基和罗森提出的物理实在的标准，在表达“不以任何方式干扰系统”这句话的意思时包含着一种含糊不清。当然，在像刚才考虑的情形中，在测量过程的最后关键阶段，调查中不存在系统的机械干扰问题。但即使在这个阶段，本质上也还存在*对有关系统未来行为预测可能类型的定义的条件的影响问题*。由于这些条件构成了描述能恰当称为“物理实在”的现象的固有要素，因此我们可以看到，作者所提到的论据并不能证明他们的“量子力学描述基本上是不完备的”这一结论。（斜体为原文如此。）

在他对EPR的反驳中，玻尔没有挑剔EPR论证的逻辑。他不接受他们的出发点，即他们认定的那些被用来确认物理实在的条件。

EPR的实在性条件心照不宣地假设为，如果两个对象彼此之间不施加任何物理力，那么在一个对象上发生的事情不可能以任何方式“干扰”到另一个对象。让我们具体化到爱丽丝和鲍勃的孪态光子情形：爱丽丝对她的光子的观察不可能对以光速飞向鲍勃的光子施加任何物理力。因此，根据EPR的判据，她不可能对这个光子有任何影响。

玻尔同意，爱丽丝的观察对鲍勃的光子不存在任何“机械的”干扰。（玻尔的“机械”里包括所有的物理力。）不过，他仍坚持认为，即使没有物理上的干扰，爱丽丝的远程观测也会瞬间“影响”到鲍勃的光子所发生的行为。根据玻尔的理解，这种影响已构成干扰，但它不遵从EPR的实在性条件。只有在爱丽丝观察了她的光子（譬如说，呈垂直偏振）后，鲍勃的光子的偏振才是垂直的。

170 爱丽丝的观察是如何影响到鲍勃的光子的呢？是什么能够隔着遥远的距离，甚至远到星系之外，瞬间引起此间所发生的事情呢？严格地说，我们不应该说她的观察“影响到”鲍勃的光子或“引起”其行为，因为这里没有任何物理力参与其中。我们用玻尔提出的神秘的术语来表达：爱丽丝“影响了”鲍勃的光子的行为。

虽然爱丽丝瞬间影响到鲍勃的光子，但她无法以超过光速的速度将此信息传递给鲍勃。鲍勃总是看到一系列随机的光子偏振。只有当爱丽丝和鲍勃走到一起，并比较其结果，他们才看到，每当她看到一个光子的偏振是垂直的，他的也是；每当她看到一个光子的偏振呈水平态，他的也一样。

尽管存在这种“非物理”的影响，但为了捍卫量子理论，玻尔后来重新定义了科学的目标。这个新目标不是要解释大自然，而只是要描述我们可以说的大自然。在他与爱因斯坦的早期辩论中，玻尔为量子理论辩护的理由是，任何观察给你的研究造成的物理干扰大到足以阻止你对量子理论的任何驳斥。这被称为“物理扰动学说”。而爱丽丝的观察只改变对鲍勃光子的可以说的东西，因此玻尔对EPR的回应被称为“语义*扰动*学说”。

所有这些听起来是不是令人糊涂？你说准了！ 不论是EPR的论证还是玻尔的回应，没有一种是可以准确地陈述而又让人听起来不感到糊涂或不感到神秘的。

爱因斯坦拒绝了玻尔的回应。他坚持认为存在一种真实的外部世界。科学的目标必须是解释自然，而不只是告诉我们关于自然什么东西可以说。爱因斯坦认为，光子之所以显示出特定的偏振，是因为光子实际上就具有那种偏振特性。他坚持认为，对象有不依赖于对其观察的物理性质。如果量子理论不包括这样的性质（后来被称为“隐变量”），那么这种理论就是不完备的。爱因斯坦讥讽玻尔的远程“影响”为“巫术力量”和“幽灵作用”。他不能接受这样的事情作为世界运行方式的一部分。他说：“上帝不可捉摸，但他并无恶意。”

我们应该清楚，玻尔和爱因斯坦都同意EPR实验的实际结果——我们所描述的爱丽丝和鲍勃对孪态光子的观察。他们只是以不同方式来解释这些结果，这就是为什么没有人实际去做EPR实验。所有的物理学家都知道结果会是什么。爱因斯坦-玻尔的论战被认为“只是哲学上的”。 171

爱因斯坦对量子理论始终存疑。玻尔则是最坚定的捍卫者。平心而论，人们一直搞不清为什么爱因斯坦和玻尔会有如此强烈的哲学立场。回想一下，差不多二十年前，物理学界拒绝了年轻的爱因斯坦提出将光视为光子的量子建议，称它为“鲁莽”。相比之下，年轻的玻尔提出量子效应后却立即给他带来好评。他们早年在量子理论方面的职业经历对他们终身对待这一理论的态度到底有多大影响呢？

爱因斯坦认为，物理学家会拒绝玻尔批驳EPR的观点。但他错了。量子理论的效用太棒了。它为物理学和其实际应用的快速发展提供了基础。忙碌的物理学家们顾不上这些哲学问题。即使是在EPR论文发表（1935年）的三十年后，这个问题基本上仍是无人问津。其引用率平均每年只有一次。由于贝尔定理（我们在下一章论述），这种情形才有了改变。在2002年到2006年间，EPR被引用超过200次，而且还在逐年增加。如今，EPR可能是20世纪上半叶的论文里被引用次数最多的物理学文章。

在EPR发表后的二十年里，爱因斯坦的信念从未动摇过：一定有比量子理论更完备的理论存在。他敦促他的同事们不要放弃对“旧理论”的秘密的探究。但他可能已经灰心。在给同事的信中，他写道：“我有了其他想法，上帝也许是恶意的。”

受EPR的启发，以研究困扰爱因斯坦的“幽灵作用”的实际存在的实验现在已经建立起来。这种作用现在被称为“纠缠”。工业实验室将纠缠作为研究量子计算机的基础。不过，它们仍然很怪异。它们是我们下一章的主题。

第 13 章
幽灵作用——贝尔定理

……你不可能摇动一枝花

而不扰动一颗星。

——弗朗西斯·汤普森

物理学家很少注意到EPR或玻尔的回应。量子力学是否完备不重要，它只要有用就成。它也确实从未做出过错误的预言，而且实用结果非常丰富。谁还关心原子在没有被观测到之前是否是一种“物理实在”！被工作搞得团团转的物理学家们哪有时间去关心一个无法回答的“纯哲学问题”。 173

EPR提出不久，物理学家的注意力便都转向了第二次世界大战上，发展雷达、近炸引信和原子弹，忙得不亦乐乎。接下来是政治上和社会上“泾渭分明”的20世纪50年代。当时在物理学界，遵从传统的习惯思维是，一个还未获得终身教职的教师如果敢严重质疑量子力学的正统解释，就可能危及其职业生涯。即使在今天，最好的做法仍是一面探索量子力学的意义，一面努力从事主流物理学的“日常工作”。然而，自从约翰·贝尔证明了下述定理，物理学家，特别是年轻的物理学家，对量子力学要告诉我们的东西表现得越来越感兴趣。

贝尔定理被称为“20世纪后半叶最深刻的科学发现”。它使得量子力学的奇异性质不断地刺激着物理学的神经。贝尔定理和它所激发起的实验回答了所谓实验室里的“纯哲学问题”。现在我们知道，爱因斯坦的“幽灵作用”确实是存在的。即使是银河系边缘的事件也会即刻影响到你的花园边发生的事情。我们要强调的是，这种影响在任何正常的复杂局面下是检测不到的。

174

然而现如今，这种所谓的“EPR-贝尔效应”，或称之为“纠缠”的效应，因其具有使计算机大大提高计算能力的潜力而受到工业实验室的重视。它们已经为保密通信提供了最安全的加密技术。贝尔定理再次复活了人们对量子力学基础的兴趣，并戏剧性地显示出物理学与意识问题的交错关系。

约翰·斯图尔特·贝尔

约翰 · 贝尔于1928年出生在贝尔法斯特。尽管家中没有一个人曾经接受过甚至中学的教育，但他母亲还是用过上好日子作为激励来督促他学习——你“可以在一周的所有日子里天天穿上星期天礼服”。她的儿子成了一个热心上进的学生。贝尔后来自己评估道，“不一定是最聪明的，但位居前三四位”。对知识的渴望使得贝尔将大量时间花在了图书馆，而不是和其他男孩一起玩耍。他知道，“你越爱社交，你的社交圈也就越大。”

在早年，哲学吸引过贝尔。但他发现，哲学家们总是相互抵牾，于是他转向了物理学。在这个领域，“你可以合理地得出结论”。贝尔就读于皇后大学在本地的分校。在量子力学课上，他最感兴趣的就是它的哲学特性。在他看来，这门课过于强调理论的实际应用问题了。

图13.1 约翰·贝尔。版权所有：Renate Bertlmann (1980年)。承蒙Springer Verlag出版公司许可复制

然而，他在一生的大部分时间里做的还是工程师的工作——为位于日内瓦的欧洲核子研究中心（CERN）设计粒子加速器。但他也在理论物理学领域做出了重要贡献。他的妻子是资深物理学家玛

丽·罗斯。虽然两人的工作各自独立，但贝尔在编撰他的论文集时曾写道："我处处看到她的影子。"

在欧洲核子研究中心，贝尔的工作主要集中在主流物理学方面，他觉得自己领一份薪水，就应该做好交代的工作，他的工作得到了同事们的赞许。多年来，他一直克制着自己在量子力学奇异性质方面的兴趣，直到1964年，他终于有机会利用休假来探讨这些想法。贝尔这么说道："离开那些认识我的人给了我更多的自由，由此我花了些时间来探讨这些量子问题。"这一探讨的重大成果就是我们现在所称的"贝尔定理"。

175

1989年，在去西西里岛埃利切出席有关贝尔这一工作的一个小型会议的路上，我（布鲁斯）曾与约翰·贝尔共坐一辆出租车并进行了交谈。在这次会议上，贝尔用他那机智的谈锋和爱尔兰口音，坚定地强调了深入理解未解决的量子之谜的重要性。他在黑板上用大写的粗体字母写下了他的著名缩写词：FAPP——"for all practical purposes（就任何实际用途而言）"并警告不要落入了FAPP陷阱：接受一个仅出于实际考虑的谜底。当时作为系主任，我可以邀请贝尔作为访问学者到我们加州大学圣克鲁斯分校的物理系工作一段时间，他当时欣然接受。但谁承想第二年约翰·贝尔突然去世了。

176

贝尔的动机

我们知道，EPR是将量子理论的所有预言作为正确结果接受的。这篇文章对量子理论的完备性提出了挑战。它声称，量子理论的观察所创造的实在来源于“隐变量”，即它不包含对象的物理实在的性质。EPR的论证始于“明显的”隐含假设：只有物理的力能够影响到物体的行为。由于没有任何物理效应可以比光速更快，因此我们可以分开两个物体，使一个的行为在小于光速在二者间传递所需的时间内不能够影响到另一个。因此EPR对实在的论证中蕴含着可分性假设。

为了反驳EPR，玻尔否认可分性。他声称，发生在一个对象上的作用确实可以同时“影响到”另一个对象的行为，即使二者间没有物理上力的联系。爱因斯坦讥讽玻尔的这种“影响”为“幽灵作用”。

三十年来，没有任何实验结果可以对爱因斯坦的物理上真实的隐变量作用与玻尔的同时“影响”之间的区别作出判定。不仅如此，物理学家们默认了这样一条数学定理：对于包含隐变量的理论来说，要重现量子理论的预言结果是不可能的，这条定理削弱了爱因斯坦关于隐变量的论证。

贝尔在休假时思索了这些争论，他想到了一个不遵从隐变量定理的反例。他发现，十二年前，戴维·玻姆曾发展出一套既含隐变量又可再现量子力学预言的理论。贝尔说：“我看到这种不可能性被破除了。”

发现了隐变量定理的错误后，贝尔考虑到：既然隐变量的存在是可能的，那么它们真的就存在吗？具有这种真实的、独立于观察的性质的世界与量子理论所描述的世界到底有什么不同？贝尔想弄明白，量子计算物理学家所做的工作实际上意味着什么。他写道：“你会骑自行车但不必知道它的工作原理……我们通常做理论物理工作时也同样。但我想找出一套能够阐明我们到底为什么这样做的指令。”

177 **贝尔定理**

由于EPR的论证并没有对量子理论的预言提出质疑，因此EPR无法通过实验挑战来反驳量子理论。但贝尔挑战了这一理论。他导出了一个实验上可检验的预言结果，这个结果在任何包含不可观测实体和可分性的真实世界里都必然是真的。量子理论则否认这种实体和可分性的存在。贝尔的可检验预言是一个他创造出用来在实验中受打击的“稻草人”。如果贝尔的稻草人能够在实验中存活下来，那么量子理论就将是错的。

贝尔定理可以简单地阐述为：假设我们的世界具有不由对其观察而产生的物理上的真实属性，同时我们进一步假设物体可以相互分离，使得在一个物体上发生的事情不能同时影响到其他物体。（为简单起见，我们称这两个假设分别为“实在性”和“可分性”。）仅从这两个前提条件——二者均为经典物理学认可但被量子理论否认——贝尔推断道，某些可观察量不可能大于另一些可观察量。贝尔定理的这个实验上可验证的结论称为“贝尔不等式”，它在任何具有实在性和可分性的世界里都是真实的。

如果贝尔不等式在某种情况下被证明是错的，那么从逻辑上说，这两个前提条件（实在性和可分性）必定有一个甚至两个都是假的。因此，如果在我们的现实世界里，贝尔不等式存在反例，那么我们的现实世界就不可能存在既具有实在性又具有可分性的对象。(贝尔期望,这个不平等如量子理论所预言的那样不成立。)

在检验贝尔不等式时,最常见的可观察量是孪态光子在不同偏振面角度的起偏器下显示出不同的偏振率。但就眼下来说,我们把问题提得更普遍些。

以上所述相当抽象。哲学家和神秘主义者对实在性和可分性(或其反面,“普遍连通性”)谈了几千年。量子力学又将这些问题摆在我们面前。贝尔定理则认为这二者是可以检验的。

在我们称之为“合理”的世界中,物体具有物理上真实的属性(这些属性不仅仅是它们被观察因而产生)。此外,在这个合理的世界中,物体是可分的。也就是说,它们只能借助于物理力而彼此作用,这种作用的传递速度不可能超过光速(而不是通过“幽灵作用”以无限快的方式传递)。在这个意义上说,经典物理学所描述的牛顿世界是合理的,而量子物理学所描述的世界则并非如此。贝尔定理允许我们进行某种检验,来看看是不是那种不合理也许只是量子理论对我们这个世界的描述所致,我们的现实世界其实是合理的。 178

我们不必留下什么悬念。当实验完成后,贝尔不等式遭到破坏。实在性和可分性假设在我们的现实世界里产生了错误的预言。贝尔的稻草人被撞倒,正像贝尔预料的那样。因此,我们的世界不是既有实在性又满足可分性。在这个意义上说,我们这个世界是“不合理”的世界。

我们立刻意识到不理解世界缺乏“实在性”可能意味着什么。甚至“实在”本身可能意味着什么。事实上，实在性是否确实是贝尔定理所需的前提也存在争议。然而我们现在没必要处理这个问题。对于我们要推导的贝尔不等式，我们假设存在一个简单的现实世界。然后，在我们讨论了贝尔不等式在我们的真实世界里遭到破坏的后果后，我们再来定义大多数物理学家所默认的那种“实在性”。它会留下一个奇怪的网络相连的世界。

贝尔不等式的推导

我们用类似于孪态光子的对象来推导贝尔不等式。我们把这个对象称为“虚光子(foton)”。孪态虚光子的每个态都有一个物理上真实的偏振角，我们称它为“偏振”。此外，孪态的两个虚光子可以分开，这样发生在一个虚光子上的事情就不会同时影响到另一个。这种虚光子显然不是量子理论里的光子，它不具有那样的实在性和可分性。

能引起我们现实世界中盖革计数器计数的光子是否也像虚光子一样不具有量子理论所否定的实在性和可分性呢？这需要由实际光子进行的实验来决定。

为使事情具体化，我们给出一种具体的力学图像。然而，除了每个虚光子的偏振的实在性和两个虚光子之间的可分性之外，我们所用的逻辑绝不取决于这个力学模型的任何方面。贝尔的数学处理是完全通用的。它甚至不具体针对光子。

179

如果你略去这里的对贝尔不等式的图示性推导，仅接受其结果，这对你理解本书的其余部分不会有太大妨碍。作为初步的快速阅读，你甚至略去下面的模型及其实验描述，直接过渡到“明显荒谬的故事”和图13.6。

显式模型

在图13.2至图13.5中，我们给出一种具体的力学图像。为了将每个虚光子的假想偏振态以图形方式显示出来，我们将虚光子看作一根根火柴棒，火柴棒转过的角度就是它的偏振方向。虚光子想象成的火柴棒显然不只有偏振属性。但那些其他属性，如棒的长度或宽度，与我们的推导无关。我们关心的只是虚光子的物理上真实的偏振特性。这便是我们的实在性假设。其偏振方向决定了虚光子遇到“检偏器”后的路径。

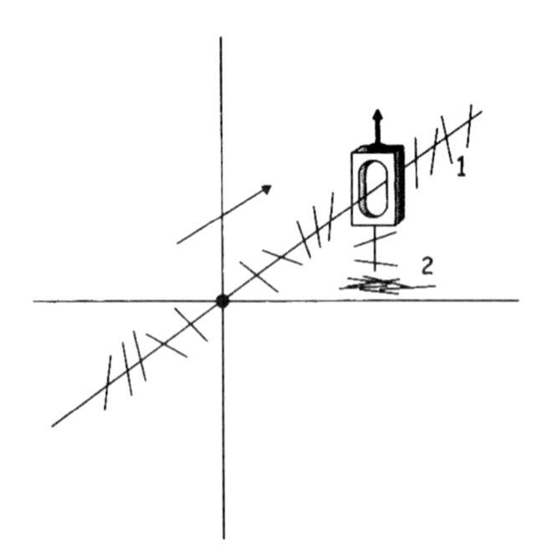

图13.2 由火柴棒光子和椭圆形偏振片构成的模型

这个力学模型里的“检偏器”是这样一种装置：它的椭圆的长轴

方向即为“检偏方向”。一个偏振方向接近检偏方向的虚光子将通过检偏器取道路径1，而那些其偏振方向明显与检偏方向不同的虚光子将受到检偏器的阻碍而取道路径2。

这种力学模型原则上能够（尽管不是必需的）正确解释实际偏振光的一切行为。除了实在性和可分性，我们的推理逻辑不依赖于这些虚光子任何其他特性。

180

下面我们将描述4种爱丽丝－鲍勃思想实验。这些实验很像第12章中所描述的EPR实验。（事实上，有关贝尔定理的实验有时就笼统地称为EPR实验。）但是二者之间有一个很大的区别：在EPR的情形下，爱因斯坦的“隐变量”和玻尔的“影响”导致相同的预期实验结果。玻尔和爱因斯坦之间的分歧只是解释上的差异。而在我们的模型下，即在实际的贝尔定理实验中，爱因斯坦的“隐变量”和玻尔的“影响”的结果是不同的。

在这4个爱丽丝－鲍勃实验的每一个实验中，位于爱丽丝和鲍勃之间的光源同时向相反方向发射出偏振方向相同但取向随机的孪态虚光子。由于孪态虚光子以光速相互飞离，因此在它们飞向各自检偏器的这段时间里不存在任何物理效应可以从一个实验者传到另一个实验者那里。因此，一个虚光子在到达检偏器时所发生的事情不可能影响其孪态虚光子在遇到另一个检偏器时的结果。这便是我们的可分性假设。

正如在EPR实验情形下一样，爱丽丝和鲍勃可以通过同时到达的时间来确认到达的是否是孪态虚光子，并且用探测器记录下每个虚光子的路径是取道路径1还是路径2。

实验1

在第1个实验中，正如原来的EPR实验，爱丽丝和鲍勃的检偏器的检偏方向均取垂直方向。设在路径1上的探测器每记录下一个虚光子，他们便记录一个“1”，设在路径2上的探测器每记录下一个虚光子，他们便记录一个“2”。

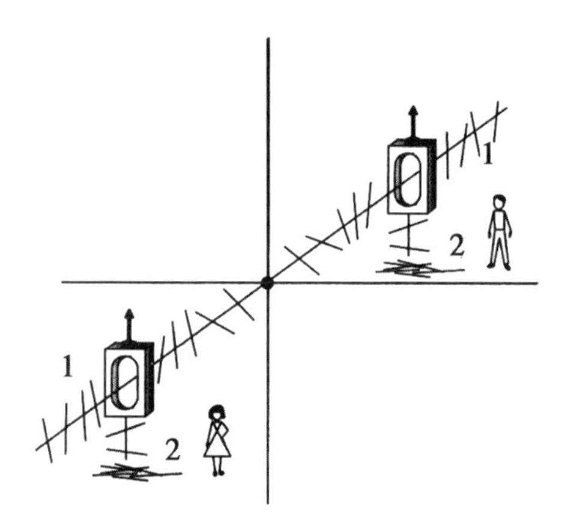

1 2 1 1 2 1 2 … 2 1 1 1 2 2 1 2

1 2 1 1 2 1 2 … 2 1 1 1 2 2 1 2

图13.3 实验1：两个检偏器同向，爱丽丝和鲍勃记下的数据相同

记下大量虚光子后，爱丽丝和鲍勃走到一起来比较他们的记录结

果。他们发现，他们所记的数据相同。飞向鲍勃的虚光子在遇到检偏器后的路径与飞向爱丽丝的孪态虚光子在遇到检偏器后所取的路径相同，这证实，同时抵达的虚光子的确是一对孪态虚光子。

爱丽丝和鲍勃预料到这个完美的匹配。一对孪态虚光子确实有相同的偏振方向。(另一方面，在量子理论中，光子的偏振是观察者产生的，因此两个光子偏振之间的这种匹配必须这样才能解释：对彼处的孪态光子的观察会同时对此处的光子施加“影响”。)

181

实验 2

实验内容同实验1，只是现在爱丽丝将她的检偏器转过一个小角度，我们记为θ。而鲍勃仍保持其检偏器的检偏器方向垂直向上。

两位实验者再次采得同类型数据。虚光子的偏振器方向不受爱丽丝选取新的检偏器方向的影响。因此，一些原本在爱丽丝不旋转检偏器时取道路径1的虚光子现在取道路径2，反之亦然，即原本取道路径2的虚光子现在取道路径1。按照我们的可分性假设，飞向鲍勃的虚光子不受爱丽丝转动检偏器的影响，或者说不受它们的孪态虚光子在遇到爱丽丝的检偏器时到底走哪条路径的影响。

采完数据后，爱丽丝和鲍勃又碰头对比数据，这次他们发现，有些数据不是一一对应了。例如，飞向爱丽丝这边的一些虚光子，原本在爱丽丝不旋转检偏器时取道路径1的现在取道了路径2，但它们飞向鲍勃这边的孪态虚光子还是取道路径1。对于θ较小的情形，错配所占的比例也较小。比方说，爱丽丝改变角度造成改变路径的虚光子的比例是5%，那么引起的错配率也是5%。

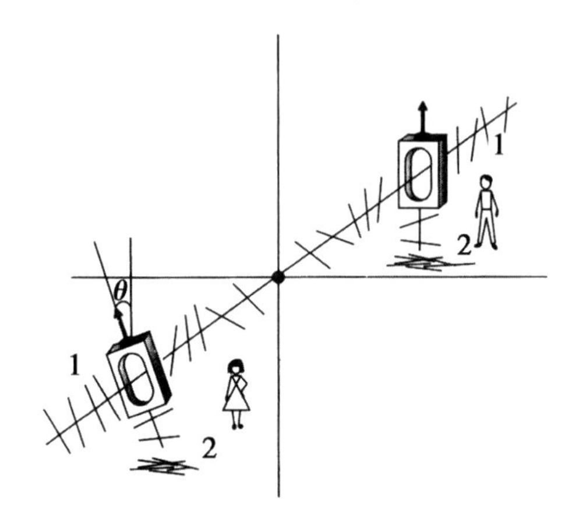

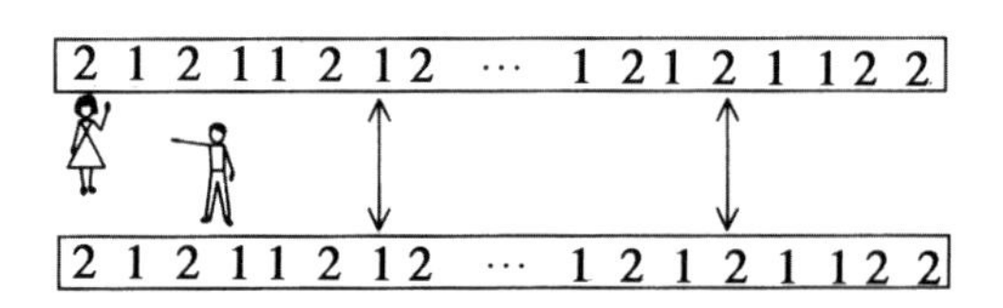

图13.4 实验2：爱丽丝的检偏器转过一个角度，引起不匹配

实验 3

与实验2相同，只是现在是鲍勃将检偏器转过θ角，而爱丽丝这边的检偏器回到原先的垂直位置。因为情形是对称的，因此错配率仍为5%，假设虚光子对的数量足够大，统计误差可以忽略不计。

182

实验 4

这次爱丽丝和鲍勃两人都将检偏器转过θ角。如果他们转过的是同一方向，那么结果将与没有转动时相同，因为他们的检偏器仍保持方向一致。所以他们是沿相反方向转过角。

爱丽丝将检偏器转过θ角，飞向她这边的虚光子的行为同实验2。就是说，会有5%的虚光子出现改道。根据对称性，鲍勃的检偏器同样转过θ角，他这边的虚光子也有5%发生改道。

由于爱丽丝和鲍勃两次都有5%的虚光子改变了其行为，而且每一次改变都表现为数据比较时的不匹配，因此我们可以预料现在这种不匹配率高达10%。在大的统计样本下我们没有办法得到更高的错配率了。

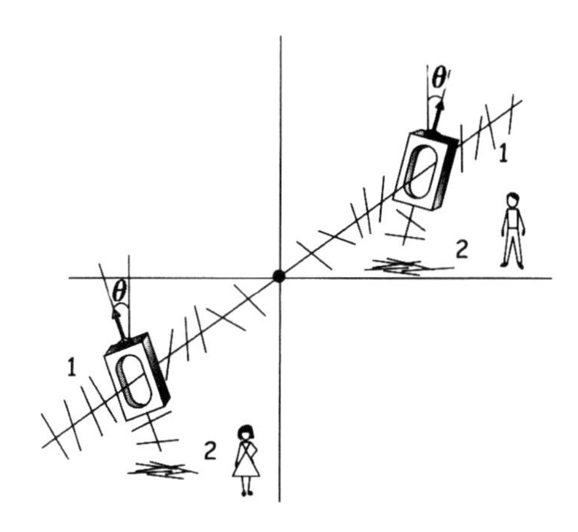

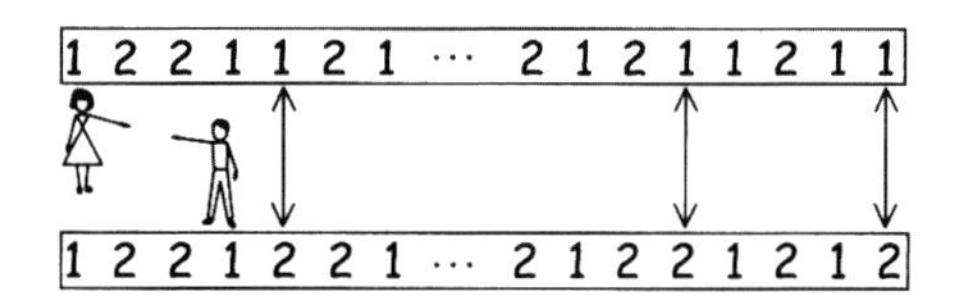

图13.5　实验4：爱丽丝和鲍勃的偏振片都转过θ角，但转动的方向相反，这同样导致不匹配

但我们可以得到一个较小的错配率。下面给出方法：对于某些孪态虚光子对，有可能存在这样的情形，就是爱丽丝和鲍勃转过的角度都使得虚光子改道了。因此这种孪态对的两个虚光子的行为（取道）是相同的，这种孪态虚光子对就不会被当作不匹配数据记录下来。 183

作为这种双重变化行为的一个例子，我们来考虑这样一种情形：在爱丽丝和鲍勃的检偏器的偏振轴方向都保持垂直时，几乎垂直的两个孪态虚光子都取道路径1。现在如果爱丽丝和鲍勃各自沿相反方向转动检偏器，正如在实验4中情形一样，此时这两个虚光子都将取道路径2。因此，这种双重变化不会作为不匹配被记录。

由于这种双重变化，当爱丽丝和鲍勃比较实验4的数据流时，失配率可能会小于爱丽丝单独转动检偏器造成的5%与鲍勃单独转动检偏器造成的5%的简单和。就是说，在实验4中，他们看到的错配率很可能低于10%。统计样本再大也不会使错配率大于这个值。

这就是我们要得出的贝尔不等式：

两个检偏器同时沿相反方向转过θ角造成的错配率，
等于或小于两个检偏器单独转过θ角所造成的错配率之和。

由于空间性质在所有方向上是相同的，沿相反方向分别转过θ角的两个检偏器之间的夹角为2θ，因此如果我们在第一次实验中仅将一个检偏器转过θ角，在第二次实验中仅将该检偏器转过2θ角，那么我们同样可以证明贝尔不等式。因此，贝尔不等式可以表述为：转过

2θ角造成的失配率不可能大于转过θ角所造成的失配率的2倍。

这里我们给出一个明显不真实的故事，目的是要强调在对贝尔不等式的推导中，用到的假设只有实在性和可分性这两种性质。现在我们不用虚光子和椭圆检偏器作为道具，而是将每个虚光子看成是由一位“虚光子司机”驾驶，检偏器则改为一个带箭头“指向”的交通信号灯。虚光子司机带着旅行图，指示他按照交通信号驾驭“虚光子”沿路径1还是路径2行走。隐变量现在便成了旅行图上印着的物理上真实的指令。它的孪态虚光子则由另一位姐姐根据她所携带的旅行图上的同样的交通标志驾驶行进，而无需注意到她的兄弟的行为。这个模型可以得出相同的贝尔不等式，所需的条件仅是实在性和可分性假设。

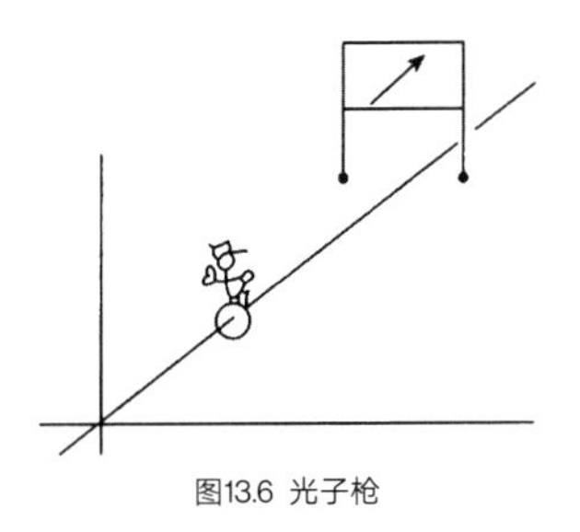

图13.6 光子枪

184 假设实际的实验数据不遵从我们刚才推导的贝尔不等式，也就是说，假设在用真实的孪态光子进行的实验室实验中，因两个检偏器转动造成的错配率大于单个检偏器转动带来的错配率的2倍。由于贝尔不等式（认为这里错配率不应该更大）仅依据实在性和可分性假设来推断，因此这种违反意味着这两个假设中至少有一个在现实世界中是错的。这将意味着，我们的现实世界要不就缺乏实在性，要不就不具有可分性，或者是两者皆不具备。我们将会看到，在任何情形下（例如实际孪态光子情形），只要出现这种冲突，就意味着对于可能存在光子相互作用的任何事情都存在不具备实在性或可分性的问题。原则上，任何东西都如此。（我们用形容词“现实的”而不用棘手的“真实的”来指称我们生活于其中的世界和我们所打交道的光子。）

如果贝尔不等式不被破坏，那么量子理论——它料定贝尔不等式应当不成立——就将被证明是错误的。但对于实在性或可分性，什么也不会被证明。不正确的假设可能会导致某些正确的预测结果。事实上，在某些情况下，贝尔不等式确实是成立的。但只要它在任意一种情形下被证明不成立，就足以说明我们的现实世界不可能同时具有实在性和可分性。

实验检验

1965年，当贝尔发表他的定理时，在物理学家看来，质疑量子理论，甚至怀疑哥本哈根解释能解决所有哲学问题，不啻为异端邪说。然而，作为20世纪60年代末哥伦比亚大学物理系的一个研究生，约翰·克劳泽（John Clauser）却对此很感兴趣。

克劳泽毕业后来到伯克利，与查尔斯·汤斯（Charles Townes）合作从事射电天文学领域的博士后工作。但他提出了想对贝尔不等式进行实验检验的想法。汤斯很支持，不仅没让他研究天文学，甚至继续为他提供资助。克劳泽借来了设备，和一位研究生一起，对经过不同相对夹角的两个检偏器后的孪态光子的“错配率”进行了测量。本质上说，他们做的就是爱丽丝-鲍勃实验。他们发现，贝尔不等式不成立。这种破坏正是量子理论所预料到的。

185 为了避免通常的错误陈述，我们要强调，遭到破坏的是贝尔不等式。而贝尔定理，即从实在性和可分性假设给出的对贝尔不等式的推导，是一个数学证明，不受实验检验的制约。

量子理论预言的究竟是什么

量子理论所预言的贝尔不等式不成立的实际值需要通过相当复杂的计算才能给出，这个值不是我们讨论所特别关心的。然而，对于那些想深入探索这一问题的读者来说，我们可以在此多谈一点，因此下面的段落对于一般读者完全可以跳过。

将光视为电场，通过半经典的计算，我们就可以得到正确的错配率答案，尽管这样做不可能涉及建立贝尔不等式的意义所需的光子间关联。这里我们必须提及（不做太多的解释）如下事实：（1）如果爱丽丝记下的是通过（譬如说）垂直检偏器的实际光子，那么该光子的孪态光子通过的鲍勃检偏器的偏振轴也是垂直的；（2）无法通过鲍勃的检偏器的光强（或光子数）占比，即错配率，正比于电场的垂直于检偏器偏振轴方向上分量的平方；（3）这个比值正比于鲍勃检偏器的偏振轴与爱丽丝检偏器偏振轴之间夹角θ的正弦的平方（马吕斯定律）。因此实际观察到的错配率，即量子理论给出的值，是与$\sin^2(\theta)$成正比；（4）由此我们推导的贝尔不等式可以写成：$2\sin^2(\theta) \geqslant \sin^2(2\theta)$。对于$\theta$=22.5°，2$\theta$=45°的情形，我们得到0.3≥0.5。显然这是错的。因此我们看到，在现实世界中，贝尔不等式可以遭到强烈破坏。我们再次重申：读者可以跳过本段。

实验结果的底线

克劳泽的实验排除了所谓“定域实在性”或称为“定域隐变量”。实验表明，我们这个世界的性质，要么只存在观察产生的实在性，要么存在一种普通的物理力所不能分解的连通性，或两者皆备。

克劳泽写道：“我自己的……试图推翻量子力学的妄想被实验数 186 据击得粉碎。”相反，他的实验证实了量子理论对贝尔不等式不成立的预言。在他的实验中，量子理论经受了几十年来最严重的挑战。

我们永远不能断定任何科学理论总是正确的。总有一天，一个更好的理论会取代量子理论。但我们现在知道，任何此类更好的理论也必须能够描述一个不同时具有实在性和可分性的世界。在克劳泽的结果出来之前，我们并不知道这一点。

但克劳泽很不幸。在20世纪70年代初，在很多地方，人们并未将对量子力学基础进行调查看作是正统的物理学研究。因此当他四处谋职时（包括到加州大学圣克鲁斯分校我们系来谋空缺），他的工作总是受到蔑视。“他除了检验量子理论还做过什么？这些东西我们都知道是正确的！”这是对克劳泽的成就的典型误解。克劳泽得到了物理学方面的工作，但不是那种让他可以对他发起的研究进行广泛深入调查的工作。

十年后，在法国，阿兰·阿斯珀克特（Alain Aspect）升级了克劳泽对贝尔不等式的检验。随着极快速度的电子学技术进入实用阶段，他可以确保检测某个光子与检测其孪态光子之间的时间间隔小于光将一个探测器的信号传递到另一个探测器所需的时间。由于没有任何物理力的传递速度可以快过光速，因此，对一个光子的观察带来的物理效应不可能影响到其孪态光子的行为。这一点弥补了克劳泽实验的漏洞，先前的实验中电子学不是足够快。

阿斯珀克特报告说，当他告诉贝尔他的计划时，贝尔问的第一个问题是："你有终身教职？"虽然探讨量子力学的基础人们较十年前容易接受了，但将它作为一个人的职业生涯去追求仍是需要十分谨慎的事情。阿斯珀克特的最终结果不仅补上了克劳泽实验中的漏洞，而且给出的结果十分确定：正如量子理论所预言的那样，贝尔不等式不成立。如果约翰·贝尔没有过世，那么贝尔、克劳泽和阿斯珀克特很可能共同荣获诺贝尔奖。

阿斯珀克特的结果将不会是故事的结束。用贝尔的话说：

> 这是一个非常重要的实验，也许它标志着人们应当停下来思考一段时间，但我确实希望这不是结束。我认为对量子力学意味着什么这个问题必将继续探讨下去，事实上也确实在继续，不论我们是否赞同，它都是值得的，因为很多人都对这个问题向何处发展非常着迷和困扰。

187

在他预言的二十年后，今天我们对量子力学意义的探讨证实了贝尔的洞察力。

违反贝尔不等式把我们带到了何处

实在性第一

“实在性”一词一直是我们对物理真实性质的存在与否并非源自我们的观察这一判断的概括。量子理论不包括这样的实在性。至少是从公元前400年的柏拉图时代开始，物理实在的性质就一直争论不休，直到今天它依然如此。特别是，贝尔定理是否真的蕴含了实在性的问题还是有争议的。(由于实在性不是贝尔定理的一个前提，因此前述实验结果只是否定了我们这个真实世界的可分性，并没有否定实在性和可分性可以并存的问题。)

(本段属技术性讨论，可以跳过。贝尔的数学推导中包含了一个希腊字母λ，它代表那些有可能影响到爱丽丝这端但不影响鲍勃那端的过去存在过的一切，反之亦然。如果λ包含入射光子的实际偏振性质，那么具体对象属性的实在性就将是贝尔定理成立的前提。然而，如果λ是指观测的所有可能的方面，比方说，包括偏振片的各个方面，但光子的偏振不是当作个别属性来看待，那么实在性作为适用于特定对象的假设就是可否定的。在我们的贝尔不等式图示性推导中，观察对象——爱丽丝和鲍勃观察到的虚光子的偏振角——就有一种简单的实在性。)

为了继续实在性的论证，现在让我们假设一种完全的可分性，即不论爱丽丝做什么（包括超光速“影响”）都不可能对鲍勃的检偏器的结果产生任何影响。我们也接受按EPR精神给出的物理实在的定义：如果对象的属性可以在不对它进行观察就确知，那么这种性质就不是由观察产生的。因此，它便作为一种物理实在而存在。

188 这种物理实在的定义带有哲学意味。其实任何其他东西的定义也有这种属性。然而，这种定义却被大多数物理学家（也可能是大多数人）不加言明地接受下来。

这里的逻辑是：①假设可分性成立，且假设爱丽丝和鲍勃的实验1在现实世界里有确定的结果，那么EPR类型的实在性就能得以确立。②爱丽丝和鲍勃的实验2、实验3和实验4的现实世界版表明，可分性和实在性不可能在现实世界中同时存在。不过按照①，如果有了可分性，就必然有实在性；而由②知，二者不可能兼得。因此，我们只能剔除我们的现实世界中的可分性。

可分性

“可分性”一词是我们对能够分离客体使得在其中一个对象上发生的事情绝不会影响到另一个对象的行为这样一种性质的概括。如果没有可分性，那么在一个地方发生的事情就可以瞬间影响到远处物体的行为，尽管它们之间甚至不存在任何物理力的联系。玻尔将量子理论的这种奇怪的预测结果看作是“影响力”来接受，但在爱因斯坦看来，这种无需实际物理力的作用而发生的结果是一种“幽灵作用”。

我们的现实世界不具有可分性这一点现在已经被普遍接受了，虽然这显得神秘。原则上，任何带有相互作用的客体永远是纠缠在一起的，因此，发生在一个物体上的事情一定会影响到另一个。目前的实验已经表明，这种影响的范围已超出一百多千米。量子理论则将这种连通性延伸到整个宇宙。量子计算机的设计者们已通过原型量子计算机将几乎是宏观的逻辑单元连接起来来展示这些影响。

至少在原则上，量子连通性已越出微观扩展到了宏观。任何两个物体——例如，孪态光子——之间缺乏可分性便确立了一般意义上的可分性缺失。为此我们来考虑薛定谔的“地狱陷阱”。它是这样一种构造：一个孪态光子射入一只装着猫的箱子，如果该光子显示的是垂直偏振，便会触发箱内氰化物的释放；如果该光子显示的是水平偏振，则不会触发释放氰化物。这样，猫的命运便由对该光子的远程孪态光子的偏振态的观测决定。当然，由于远处的这个光子的偏振是随机的，因此猫的命运也是随机的。这里不存在远程控制。

189

我们之所以用孪态光子来讨论，是因为这种情形容易描述，且便于实验检验。我们将这一概念扩展到薛定谔猫的情形，也是因为这种情形容易描述，尽管基本上不可能证明。但是原则上，任何两个曾经相互作用的对象之间是永远纠缠在一起的。其中之一的行为会瞬间影响到另一个以及一切与它有纠缠的对象的行为。由于真正的宏观物体几乎不可能是孤立的，因此它们很快就会与其环境中的一切事物形成纠缠。这种复杂的纠缠效应一般是检测不到的。不过原则上存在一种普遍的连通性，其意义我们还没有充分理解。我们的确可以“见微知著”。

无限快的量子纠缠是否与狭义相对论相冲突呢?后者认为没有任何物理效应可以比光速更快。狭义相对论是许多物理的基础,对相对论的每一种检验均准确地与理论的预言一致。然而,相对论的一些基本假设可能会受到可分性缺失的挑战。例如,最近《科学美国人》上就有一篇文章,题目是"量子对狭义相对论的威胁"。但不管怎样,信息、消息或因果关系都不可能从一个观察者到另一个观察者传递得比光速还快。鲍勃只是记录下"1"和"2"的随机序列。只有当他与爱丽丝进行数据比较时,他们才可以看到所谓的EPR-贝尔相关性。

在讨论EPR(或实验1)时,我们曾说爱丽丝先观察到光子的偏振态并且影响到鲍勃的光子。我们曾被问道:"如果爱丽丝和鲍勃同时观察会怎么样?"根据狭义相对论,对于那些相对于爱丽丝和鲍勃运动的观察者来说,有可能是鲍勃而非爱丽丝先观察到光子的偏振态。量子理论只是说,如果两名观察者的偏振片取向一致,他们将看到相同的偏振态,而在两偏振片之间有一定夹角的情形下观察到他们之间数据的相关性。

归纳与自由意志

190 量子连通迫使我们去研究那些在过去看来似乎是超出了物理学领域的问题。贝尔定理比经典物理学里的任何其他问题都更明确地依赖于归纳推理,甚至是"自由意志"的有效性。

归纳推理的典型例子是:"因为所有我们看到的乌鸦都是黑的,

因此我们相信所有的乌鸦都是黑色的。”这种假设认为，我们选择看不同的乌鸦，我们也会发现它们是黑色的。严格说来，每一个没看着的乌鸦未必就不是绿色的。归纳推理假设了我们选择去看的乌鸦代表着所有的乌鸦。它假定我们是在任何可选的乌鸦中任选其一来看的。因此归纳与自由意志是密切相关的。

这种从具体个例推出一般性结论的归纳推理在逻辑上有一个问题：接受其有效性的唯一理由是它在过去（在特定情形下）的屡试不爽。但归纳推理就是这个样子！人们早就认识到，归纳推理有效性的唯一论据就是假设了待确立的结论，而这从逻辑上说是无效的。然而，所有的科学都是建立在归纳基础上的。我们是从具体的例子来制定一般规则的。我们也在我们的生活和社会活动中运用归纳推理。（例如，如果我没有吃午饭，我就会感到饿。或者如果他没有扣动扳机，他就不会被送进监狱。我们认可这样的陈述有效，是因为它们在过去一直是有效的。）

当我们假设用以进行下列二者择一实验——观察箱内情形，或者做干涉实验——的一组特定的箱子对代表着所有这些箱子对时，归纳推理便进入了我们的鞋子对实验。我们假设我们可以选择两种相互矛盾的情况来证明。这时迷局出现了——因为我们假设了我们可以选择去做我们并没有做的事情。我们假设了我们有自由意志，就是说，我们的选择不是由每组箱子对的“实际”情形预先确定的。

不论是在我们的爱丽丝-鲍勃的故事里，还是在实际的孪态光子实验里，归纳假设都意味着被观察到的具有特定偏振角的光子代表了实验中的所有光子。例如，我们隐含地假设了爱丽丝和鲍勃（或克劳泽或阿斯珀克特）可以自由选择用他们在实验2里用过的光子来进行实验4。如果他们这样做了，他们会看到同样的贝尔不等式被破坏的结果。我们假设了我们拥有的不是一个有阴谋的世界，一个自由选择进行贝尔定理实验总是与特定光子相关联的世界。实验者的自由意志的作用通常被忽略，因为它的存在是显而易见的。然而，这却是任何科学研究——从特定实验结果寻求一般性解释——中一个根本性的、尽管无法证明的假设。（我们注意到，我们只能由我们体验的自由状态的意识经历去把握这种自由意志。）

191

人们可以通过下述做法来逃避量子谜团：认为甚至对那些事实上没做的实验进行考虑都是没意义的，同时宣称我们可以做这些实验的这种感知也是毫无意义的。这种对自由意志的否定不在下述概念范围内：我们所选择要做的事情是由我们大脑的电化学过程决定的。逃避量子谜团所需的这种否定意味着存在一个完全确定的和预先设定的世界，一个在其中我们想象的自由选择被编程为与外部物理状况同步的世界。如果这是真的，那么讨论我们可以选择做什么将是毫无意义的。这种回避量子之谜的立场是对"反事实的定义"的否定。

贝尔承认，这种逻辑上的可能性是存在的，但他几乎将它看作是一项裁决：

> （即使偏振片角度的选定）是用瑞士的国家彩票机来进行，或由精心设计的计算机程序，或由明显具有自由意

> 志的物理学家，或由所有这些因素的某种组合来进行，我们都不可能信心满满地说，（这些角度）没有显著受到那些影响到测量结果的相同因素的影响。但是这种安排量子力学关联的方式将比因果链传递得比光速还快更令人难以置信。世界的表观分离的各部分之间可能是串通一气纠缠在一起的，我们表现出的自由意志也将与它们纠缠在一起。

贝尔宣告了爱因斯坦的终结吗

在贝尔报告他的定理之前，爱因斯坦和玻尔都去世了。当然，玻尔已经预言，实验结果将确认量子理论的正确性。目前尚不清楚的是，[192] 如果爱因斯坦看到过贝尔的证明，他是否还坚持他生前所做出的预言。他说他相信量子理论的预言将永远是正确的。但如果所预测的结果正是对他曾讥讽为“幽灵作用”的东西的实际示范，他会有什么样的感觉呢？他还会坚持认为分居两地的对象不可能以超光速的连通速度相互影响吗？

贝尔、克劳泽和阿斯珀克特证明了，在EPR问题的论证上，玻尔是对的，爱因斯坦错了。但有一点爱因斯坦是正确的：有些东西令人困扰。正是爱因斯坦将量子理论的极其奇怪的特点暴露在人们面前。也正是爱因斯坦的反对激发出贝尔的工作，并仍然在当今与量子力学强加于我们的奇怪的世界观取得一致的各种尝试中发挥着作用。

正如贝尔所说：

在与玻尔的争论中，爱因斯坦在所有细节上错了。玻尔对量子力学的实际操作的理解远好于爱因斯坦。不过，在物理学哲学方面，在关于所有事实的本质方面，以及我们正在做的和应该做的等方面，爱因斯坦绝对令人钦佩……毫无疑问，在我看来，一个人应如何思考物理学问题，他是典范。

第14章 实验形而上学

所有人都认为，所谓智慧就是关于事物第一原因和原理的探讨。 193

——亚里士多德《形而上学》

《形而上学》(字面意思是“物理学之后”)是公元1世纪编辑的一本亚里士多德的哲学著作的标题。在亚里士多德的全部著作中，它排在《物理学》之后。如果亚里士多德活在今天，他一定会通过试图理解量子力学所告诉我们的知识来探索关于世界的“第一原因”。

本章取名“实验形而上学”，其灵感来自最近的一本在这个标题下讨论通过实验室实验探索量子力学基础的文集。这本书的第一章(由约翰·克劳泽执笔)取了个极富煽动性的标题“小石块的德布罗意波干涉与活病毒”，其内容描述的是克劳泽建议的实验。

由于原子活动的微观领域与人类活动的宏观领域相差太多个量级，因此有些人认为量子力学对我们人类尺度上的自然观的启示甚少，“那有什么关系吗？”但这不是爱因斯坦、玻尔、薛定谔、海森伯和量子理论的其他创建人的态度。然而，在随后几年中，由于量子之谜迟迟不能得到解决，而这个理论在所有实际用途上又表现得如此良好，早期的担忧便慢慢地减弱了。事情就这样发生了改变。今天，很多人有同感，我们根本不明白所发生的事情。至少是在发生了什么事情的问题上还有很多分歧，这些分歧几乎与所发生的事情同样多。

194

贝尔定理和它孕育的实验是可靠的。它们不止是确认了量子理论怪异的预测结果。实验表明，不存在什么未来的理论可以将我们的现实世界解释成一种"合理的"世界。未来任何正确的理论都必须能够说明这样一种世界：描述对象不具有与对其"观察"相分离的独立属性。原则上，这种判断适用于所有对象。那是不是也包括我们自身呢？

从经典物理学的观点来看，有些人认为，我们是由生物学和化学因此最终还是由确定性物理学支配的对象。然而，从贝尔定理的角度看，人的基本要素，例如自由选择性，被视为基础物理学研究的对象。

在经典物理学里，实验者的选择自由是隐含的，即没有一项经典物理实验，在其中自由选择——人的因素——会成为问题。虽然要做一项关键在于包含自由选择的量子实验可能永远是一种不切实际的设想，但下面的讨论还是接近实际的。

在本章的余下部分里，我们将接触到若干项实验，并提出一些神秘的、能将奇特的微观世界与我们经验的"合理的"宏观世界更紧密地联系起来的实验。

宏观结果

到目前为止，在我们的叙述中，对象或是分身两地，或是与其他对象纠缠。这些对象是光子、电子或原子，它们足够小，以至于在物理上可以看成与宏观环境隔离开来。近年来，量子现象已经扩展到更大的对象上，甚至更重要的是扩展到与宏观环境有实质性接触的那些对象上。在本书付梓之时，肯定还会有我们未曾包括进来的戏剧性现象出现。

下面是一个由准宏观对象表现出的"分身两地"的早期例子。1997年，麻省理工学院的研究人员把-丛数百万钠原子置于低温条件下，形成一种称为玻色—爱因斯坦凝聚体的量子态。然后，他们将这个单丛"分身两地"地分开比人的头发丝直径稍大的距离。这是一个很小的分离，但却是一种宏观可见的分离。整个凝聚体处于两个地方。它的每个原子都位于两处。为了证明这个丛——几乎是宏观的对象——同时处于两个地方，他们进行了人们在演示叠加态时惯常所做的实验。他们将丛由两地聚拢来，重叠，由此产生出干涉条纹。 195

2009年，加州大学圣巴巴拉分校的物理学家演示了由两个大到肉眼足以分辨的物体之间形成的量子纠缠。图14.1是由金属铝与固体基底相接触制成的电子电路芯片。最大白框的每条边长是6毫米，四分之一英寸。灰色背景上的最小白色方块是超导回路，电流可以流过每个方块。指向芯片的微波脉冲使流过的两个电流发生纠缠。在经典物理里，两个回路里的电流方向应该是完全相互独立的。但在纠缠的微波脉冲过后，电流流向相反，这只能由这些肉眼可见对象的量子纠缠来解释。像这样的电路纠缠很可能是量子计算机的基础。

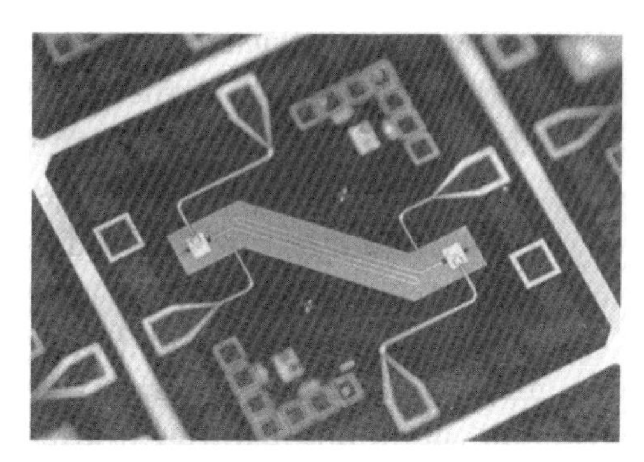

图14.1 灰色背景上的小白色方块是两个宏观纠缠物体

2008年，美国国家科学与技术研究所的科学家展示了第一个可以合理地称之为"量子计算机"的芯片上的设备。它看起来甚至有点196 像早期的计算机电路。在这里，俘获离子和相关电路可以执行至少160种不同的计算机操作，虽然精度只有94%。从实用角度看，精度尚需大大提高，实用的量子计算机必须能够通过量子纠缠——爱因斯坦的"幽灵作用"——链接很多这样的设备。2009年，《世界物理》将这一量子成就选为"年度突破"。

2010年3月，《自然新闻》上发表了一篇题为《科学家对量子力学的超级扩张：史上线度最大的对象进入量子态》的文章。这个对象是一个金属叶片，长度只有千分之一毫米，但在阳光下肉眼可见，就像一个个微小的尘埃微粒。小的悬臂被冷却到非常低的温度，直到它达到量子力学所允许的基本不动的状态，即基本静止的状态。然后将它"激发"到静态的叠加，同时又处在振动状态。叶片在动同时又不在动。（就像薛定谔的猫同时处在或死或活的状态！）比这种存在准宏观叠加态令人印象更为深刻的是这里叶片并没有物理隔离。它的基座固态连接到硅块，后者与实验仪器相连，并最终与世界的其他部分相联系。“隔离”特定的振动已经足够，没必要隔离物理对象。以前我们经常认为，与宏观环境的任何接触都会使奇异的叠加态迅速崩溃。但现在，对象行为大到无法隔离的模式的纠缠看起来更可行。加州大学圣巴巴拉分校的科学家们的这一壮举被《科学》评为2010年度的“年度突破”，尽管当时这一年还没过去！ 对我们来说这个喜讯来得有点晚，使得相应的图片无法包括在本书内，但你可以到http://www.nature.com/news/2010/100317/full/news.2010.130.html上去浏览。

2011年，《自然》的一篇文章报道了5个不同实验室的科学家经过合作努力取得的大的有机分子的干涉图样。最大的分子含有430个原子。这个新纪录将单个对象同时置于两个地方。此外，该分子有几百摄氏度的内部温度，这表明，位置波函数不一定要通过与内部热运动的耦合来实现退相干。这一结果比以往更合理地明白显示出生物系统的量子现象。作者没有忽略这一工作的哲学意义，他们将这种分子称为“迄今为止实现的最胖的薛定谔猫”。

宏观方案

关于纠缠的或是将本质上宏观的物体同时置于两地的研究建议，可谓比比皆是。在某些情况下，建议者心中设想得更出格，如考虑对引力波进行灵敏检测。而通常的目的多是为了在比以往更惊人的水平上展示量子理论的奇异性。

197

2003年，牛津大学和加州大学圣巴巴拉分校的科学家们发表了一篇题为“镜子的量子叠加”的文章，声称如标题所暗示的实验结果——镜子的量子叠加态——“正借助于最先进的技术组合变得伸手可及”。他们谈及的这面镜子非常微小，但肉眼可见。它安在干涉仪一臂的纤细终端。量子叠加态可显示为下述情形：当镜子进入叠加态，然后返回其初态时，干涉条纹消失并再现。2006年，实验测试表明，采用当今技术，早先建议的预期结果是可以取得的，虽然很不容易捕捉到。

2008年，位于莱布尼茨和波茨坦两地的马克斯·普朗克研究所从事引力物理研究的物理学家通过计算认为，两面“更大的宏观镜子”之间的纠缠将在未来十年内实现。他们所说的这两面镜子，每一面均置于干涉仪的一条垂直臂上，用来探测引力辐射。根据广义相对论的预言，应当存在这种辐射，但至今仍有待观察。为了观察建议方案所设想的量子现象，这种引力波干涉仪已投入运行，它所使用的镜子的重量从几克到40千克不等。

2008年，在物理学界具有广泛影响力的《物理评论焦点》（*Physical Review Focus*，由美国物理学会主办）刊登了一篇题为《薛定谔的鼓》的文章，这个典故，自然还是指薛定谔的猫。这里的“猫”是指一个本质上属宏观物体的1平方毫米大小的氮化硅膜，它可以像鼓一样自由振动，条件是冷却到非常低的量子态。来自几个研究机构的研究人员正在讨论这种鼓。特别有趣的是，一对这样的膜会发生纠缠，即对其中一个的观察会瞬间影响到另一个——尽管二者之间没有其他任何物理上的力将其连接在一起。

生物学中的量子现象？

本节标题中的问号反映了我们作为物理学家的偏见：与温热、潮湿的生态环境相接触，会毁坏量子叠加态或纠缠态。与这种顾虑相反，生物系统独特的一面也许可以与机体的其他部分充分地退相关。这种退耦的一个例证已在前述的小叶片上得到证明。叶片必须处于极低的温度下，方可使振动的原子不打扰叠加态，这是多原子对象显现量子效应所需的一个必要条件。低温将排除任何生物过程。但可以想象，那样便有可能从热运动退耦。一种经典比喻是温暖的小提琴琴弦能够振动成千上万的周期。因此，人们很难相信在温暖潮湿的生态环境下会有量子纠缠。但它难道会比量子之谜本身更有悖常理吗？

用生物有机体，而非仅在生物学过程中，来表现拟议的量子现象，会引出诸多哲学问题。2009年，德国伽兴的马克斯·普朗克研究所和意大利巴塞罗那的科学技术研究所的科学家们提出，将活性生物体置于量子叠加态，即同时处于两个地方。他们试图用光学方法使流感病毒悬浮于空中，然后对它施加光脉冲使之进入叠加态，随后通过反射光来检测这种叠加态。他们通过分析认为，他们的建议甚至可应用于更大的生物体，特别是像节肢动物或称“缓步类动物”，它们可以在这些实验中所需的低温和真空条件下存活。他们认为他们的工作“是从实验上解决诸如生命和意识在量子力学中的作用等基本问题的一个起点”。

用量子相干性来解释光合作用的显著效率并非一个新概念。但在2010年，多伦多大学的化学家们提供了藻类利用量子相干性来获取阳光的实验证据。在光合作用过程中，特殊的蛋白质通过吸收入射199光子将电子激发到较高能态，由此开始一系列的电子向“光合系统”的传输——电子的能量开始创造碳水化合物。从经典物理的角度看，电子通过随机跃迁的方式能找到各自向光合系统传输的路径。但这种机制所显示出的高效率表明，电子的概率波能够同时取样许多路径并坍缩到最佳路径。为了显示这一点，研究人员先用一个激光脉冲将蛋白质激发到高能态，然后用第二个激光脉冲来搜寻电子的去处。

2009年，日内瓦大学和布里斯托尔大学的研究人员发现，有可能用人眼作为探测器来观测确立违反贝尔不等式的量子实验。由于人眼无法可靠地检测到单个光子，因此需要通过受激辐射的方法将孪态光子克隆倍增。这里强调的不只是两个微观系统之间可以形成纠缠，而是一个微观对象与宏观的人体系统之间可以形成纠缠。这种情形是可能的，甚至在有光子损失到周围环境的情形下也是可能的，只是这时纠缠可能变得消解。

美国《国家科学院文集》在2009年发表了一篇题为《生理学的一些量子怪异》的文章。文章指出，“大多数当代分子生物科学家看待量子力学就像自然神论者看待他们的神一样，它只是设定了起作用的阶段，然后便由经典可理解的、基本确定性的图像接管。”随后文章对最近的十几项否定主流观点的研究进行了评述。这些研究论文报告了在生物系统（主要是光合作用和视觉系统）中量子相干效应（即叠加和纠缠）的证据。

有关生物系统——人脑——怪异量子现象的另外两项建议分别

由罗杰 · 彭罗斯和亨利 · 斯塔普提出，我们在第17章再予以论述。这两项建议均着重于意识问题。

超越传统智慧

相互作用的两个对象形成纠缠态。在这之后，无论在其中一个上发生什么事，都会瞬间影响到另一个，不论它们相距有多远。这在微观粒子对上，甚至准宏观器件上，已得到广泛证实。当一个纠缠对象还与其他对象发生新的纠缠时，纠缠变得复杂起来。从使用角度看，在与宏观物体发生相互作用后，任何纠缠都将彻底消退。然而，从某种意义上说，因为世上一切事情都存在至少是间接的相互作用，因此原则上说，世间一切是普遍连通的。可以说，你与你遇到的任何东西存在着量子力学的纠缠，邂逅的次数越多，纠缠得就越厉害。当然，这种延伸大大超出了任何可证实的范围，因此也就不具有任何意义。复杂的纠缠本质上变成没有纠缠。 200

然而最近的研究表明，纠缠持续的时间要比传统计算给出的更持久。作为一个例子，我们来看看鸟类用作指南针的磁性敏感分子。在这类分子中，电子维持纠缠的时间比预期的高出10~100倍。当今关于量子效应持续时间的观点可能过于悲观了。量子效应的理论极限不断被打破的历史表明，开放的胸怀很重要。

例如，量子信息理论家塞思 · 劳埃德在2008年发现，甚至在纠缠退相干之后，仍存在“量子红利”。据称，这种意想不到的效应有可能使我们能够让观察对象在孪态光子的照射下得到更准确的观察。我们可以存储每对光子中的一个，将它与反射的孪态光子进行比较，同时屏蔽掉杂散光子，这些杂散光子不会有孪态光子被存储。这在下述情形下可能非常有用：由于反射光子与反射体对象的相互作用，它们与自己的孪态光子的纠缠可能发生退相关。劳埃德发现，令他吃惊的是，“要想使量子照明得到充分增强，就必须销毁所有的纠缠”。其他物理学家对此曾持怀疑态度，但在他们核对了劳埃德的计算之后，质疑才告消除。

如果一个在叠加态里没有具体位置的对象遇到一个宏观对象，这时其叠加波函数便坍缩到一个确定的位置。同样，当一个光子遇到一个垂直的检偏器后再被盖革计数器记录，那么盖革计数器是记录还是不记录该光子，就表示该光子是垂直偏振还是水平偏振。这就是哥本哈根学派的解释，这确实是真的，即便从实用的角度看。

201

我们怎么知道它确实是真实的呢？在人实际观察之前，我们怎么能确定盖革计数器没进入同时处于记录和不记录的叠加态呢？这是一个愚蠢的问题，但它不是一个由实验确立的答案就可以回答的问题。

与此相关的问题有：我们如何能绝对相信，在实际版的贝尔定理实验中，爱丽丝对她的偏振片角度的自由选择真的独立于鲍勃对他的偏振片角度的自由选择？贝尔定理和确立贝尔不等式破坏的实验的关键均取决于这一假设。

在实际的实验室实验中，爱丽丝和鲍勃分开的距离仅数米。要绝对确定在物理上不可能存在爱丽丝这端的偏振片角度选择对鲍勃那端选择的影响，那么时间上两种选择的先后间隔就要比光从爱丽丝传到鲍勃处（几米距离）所需的时间更短。这个时间间隔只能在零点几微秒的尺度上。

人类不可能做出这么快速的选择。在实际的实验中，是由快电子学设备来替“爱丽丝”和“鲍勃”进行选择。那我们能够绝对肯定这种由电子学机箱做出的选择就一定是相互独立的吗？我们不能完全排除这些设备过去的历史带来的某种影响，因为这些影响可能与这里的两项决定有关联。尽管这种可能性极小，也很难相信，但这些实验所需的解释本身就很难让人相信。

我们通常认定这类选择是独立进行的，是因为我们自身的选择意识是自由的。我们认为自己的同胞——爱丽丝和鲍勃——当然也拥有这种自由意志。因此，在理想的情况下，我们总希望EPR-贝尔实验由人而不是由电子设备来进行，即由人来选择偏振片角度。但是，我们必须绝对确信，在爱丽丝作出选择所需的几秒钟的时间内，她没有办法将她的选择传递给鲍勃。在一个理想的实验中，我们最好是确立爱丽丝选择要观察的东西不可能影响到鲍勃选择要观察的东西。

为了切断作为光子探测器的人类观察者之间的任何交流，安东尼·莱格特（2003年诺贝尔物理学奖获得者）建议，观察者可以用传输时间在1秒以上的远距离光源（或任何物理相互作用）来分开。满足条件的这个距离是186 000英里（1英里≈1.61千米）。这是很长一段距离，但要小于地球到月亮的25万英里。我们可以在空间上将两人分开这一段距离来进行贝尔定理的验证实验。“这种实验也许某天 202

能进行，在我看来这是毫无疑问的。”安东 · 蔡林格如此说道，在他的实验室里，巴基球就曾分身两处。

我们对非物质的“影响”不容易接受。对“观察”创造实在的观点也不易接受。当然，对历史创造亦如此。实验形而上学可能在某一天会超越今天的量子理论的解释，但蔡林格警告我们：“这个新理论将会更陌生……那些现在攻击量子力学的人到时候还不得不寻求它的帮助。”我们前面引述过约翰 · 贝尔告诉我们的话：对此我们很可能会感到“惊讶”。

第 15 章
如何持续——量子之谜的解释

你知道这里有些事情要发生，但你不知道它是什么。

——鲍勃·迪伦 203

这是一个惊人的事实：几乎所有的量子力学解释……都在一定程度上依赖于意识的存在。这种意识是“观察者”……展现一种古典般的世界所必需的。

——罗杰·彭罗斯

物理学家与意识

当今很多物理学家变得愿意面对量子之谜，一些人正艰难地尝试说明量子力学有可能告诉我们的东西。当今有几种解释是与哥本哈根解释相对立的。在我们描述这些解释之前，我们先来看看物理学家是如何接近量子之谜的。

直到去世，玻尔和爱因斯坦也没有在量子理论的问题上取得一致意见。在玻尔看来，具有哥本哈根解释的理论是物理学适当的基础。而爱因斯坦则拒绝哥本哈根的物理实在由“观察”创建的概念。不过他同意，哥本哈根解释的目的是为了让物理学移向无需处理与意识关系的基点。大多数物理学家（包括我们自己）都同意意识本身不在物理学科的研究范围之内，不是物理系学生要学的东西。

204　这不是说物理学家们不喜欢研究范围广泛。实际正相反。例如，著名的捕食者－猎物关系（隔离于小岛上的狐狸和兔子之间的数量关系）的数学处理就发表于《当代物理评论》。在华尔街，物理学家设计出套利模型（因此被称为“金融工程师”）。我自己（布鲁斯）就曾交叉到生物学分析动物是如何检测到地球磁场的。这些事情都被愉快地接受为物理学科的一部分，但意识研究不同于此。物理学研究的是那些能够用有明确定义和可检验的模型进行成功处理的自然现象。

例如，物理学能研究原子和简单分子。另一方面，化学则研究所有类型的分子，大部分这类分子的电子分布非常复杂，很难有明确的界定。物理学家研究一个生物系统的现成特征，而复杂有机体的功能则属于生物学研究领域。

那些不能用明确定义和可检验模型进行成功处理的事情很快就被判断出不属于物理学研究范畴。在我们于第16章专门讨论意识问题时，我们也不提供这样的模型。因为这种模型目前根本就没有。在这类模型出现之前，意识问题不可能成为物理学的研究对象。

这些理由用来说明意识问题不是物理系学生要学的内容已经足够，但它难以解释我们在讨论物理学领域遭遇意识问题时所唤起的那种情感。最近，我（弗雷德）给我们物理系的学生做了场报告，介绍我出席普林斯顿大学为纪念量子宇宙学家约翰·惠勒九十华诞而举行的会议上的报告。有好几个关于宇宙学和量子力学基础的报告都提到意识问题。当我在我们系里介绍本次会议内容以及我们对此问题的关切时，我受到了系里两名年长老师的质疑："你们是要把物理学拉回到黑暗时代！""把你的时间花在做好物理研究上，而不是这些废话上！"但听众里的物理系研究生则似乎对此很感兴趣。

经典物理学以其机械世界观习惯于否认任何超越严格机械论的东西的存在。量子物理学对这种否定态度予以否定。它暗示，有些东西超出了我们通常的物理学所考虑的范畴，也超出了我们通常意义上的"物理世界"。但这就是它的特点！ 我们应该意识到，在处理量子力学的奥秘时，我们正走在陡坡的边缘。

最近有部电影，名字很奇怪，叫《好一个 # $* ！我们知道吗！？》[205]（它的非正式名称是《嘟嘟嘟嘟吵死啦》），《时代》杂志将其形容为"一部怪诞的、融科学纪实、由一群博士组成的希腊合唱队展现的心灵启示和谈论量子物理学的神秘主义的大杂烩"。这部电影借助特效用宏观物体来表现量子现象。例如，它用篮球的位置来极其夸张地表现量子的不确定性。作为一种教学式夸张这很容易理解。电影在表现量子力学遇到意识领域的情形方面也是栩栩如生。但是，电影在后面居然安排了一场"量子思想"导致一位女士扔掉抗抑郁药物，穿越35000岁的"亚特兰蒂斯"神的"量子隧道"并喋喋不休的场景。

一些人在离开剧场后脑子里会剩下什么呢？如果是物理学家把时间花在处理影片描述的"心灵启示"上面，我们感到尴尬。如果观众认为影片中物理学家表达的这些神秘的思想远不只代表了物理学界的最精微的那部分思想，那么他们是被误导了。电影滑向了深渊。

我们提供的消除这种对量子力学影响的耸人听闻和误导性处理的解毒剂，就是让物理学科对于量子之谜的讨论变得更加开放，特别是在概念基础性的物理课程教学上。对该领域的难言之隐捂着盖着，只会导致伪科学的传播。

为什么需要解释

如果一位值得信赖的朋友告诉你一些似乎可笑的事情，你会尝试着揣摩他或她可能的真实意思。值得信赖的物理学演示就告诉了我们某些看似荒谬的东西。因此，我们试图解释这些结果可能的真正意思。虽然学界对实验结果已达成共识，但对其含义却没有达成共识。目前存在着很多相互冲突的解释。它们中的每一个都显示出量子的古怪特性。哥本哈根解释为物理学家提供了一种忽略这种怪异性的方法，至少从实用角度来说是这样，这种方法在物理学研究中非常好用。可以说，绝大多数物理学家都接受了这种方法，但它在大自然告诉我们的东西方面还是值得探讨的。

206 正如约翰·贝尔说的（只是有点夸张）：

> 难道知道什么后面跟着会是什么不好吗，即使不必是出于实用目的的考虑？例如，假设量子力学被发现与精确表述相矛盾。假设当我们试图给出这种超越实用目的的表述时，我们发现一个坚定不移的手指硬是指向主体之外，指向观察

者的头脑，指向印度教经文，指向上帝，甚至只有引力可以排除在外，那怎么办呢？这岂不是非常非常有趣吗？

超越实用目的来解释量子理论的尝试在当今呈增长势头，这是一个有争议的领域，虽然只有很少一部分物理学家涉足其中。目前提出的每一种解释在揭示量子力学对我们的世界的描述方面看起来均不相同。有时，不同的解释似乎是在用不同的术语叙述同一件事情。或者两种解释甚至可能相互矛盾。这就是现状。既然科学理论必须是可检验的，那么解释就不是必需的。所有的“解释”都假设了相同的实验事实。

大多数解释都缺省地接受了量子力学最终遇到有意识地观察这一问题。然而，它们通常开始前就推定，物理学家应当处理的是一个独立于人类观察者的物理世界。

例如，默里·盖尔曼对量子物理学的通俗处理即由下述判断开始：“宇宙大概不会关心某个不起眼的星球演化出的人类是否研究其历史。宇宙遵从物理学的量子力学法则与物理学家的观察无关。”在谈到经典物理学时，盖尔曼虽未明言但也预设了物理学定律独立于人类观察者的明确前提。

每一种解释都提出了一种奇怪的世界观。否则这些理论怎么可能持续？在理论中立的实验事实面前，我们看到了量子力学的怪诞性质。对这些事实的解释，如果要想超越“闭嘴，只管计算”就必然是怪诞的。

我们将要讨论的这些解释虽然在数学的和逻辑的分析上已很成熟，但我们只对它们进行一些非技术性的描述。我们主要对其中占当207 今主流的有别于哥本哈根解释的三种主要形式（退相干理论、多世界理论和玻姆理论）给予详细描述。对这些理论的深入了解对于本书的后续阅读并不重要。我们只想展示出，面对量子实验事实，不同的分析视角可能意味着什么。我们不仅注意到每种解释在物理上都不可避免地会遇到意识问题，而且也会谈到每种解释是如何绕开物理与意识的严峻关系的。（这里要对那些偏爱我们被忽略掉的解释的人士说声抱歉。）

当今具有争议的十一大解释

哥本哈根解释

哥本哈根解释作为物理学的“正统”解释，是物理学家（包括我们自己）教授和运用量子理论的主要形式。由于在第10章里我们已经对此予以了全面阐述，因此在这里我们就不多谈了。按照标准的哥本哈根解释，观察创造微观世界的物理实在；从实用角度看，“观察者”可以是一部宏观的测量设备，例如盖革计数器。

哥本哈根解释告诉我们，如果以务实的态度在微观世界上运用量子物理学，对宏观世界运用经典物理学，那么就必然会出现量子之谜。既然我们永远也不可能“直接”看到微观世界，因此我们可以不理会它的怪异性质，从而忽略掉物理学遭遇意识的问题。但由于在今天这种量子怪异性在越来越大的对象上表现出来，因此忽略这种性质已变得比以往更困难，并导致其他解释激增。

极端哥本哈根解释

奥格·玻尔（尼尔斯·玻尔的儿子，也是一位诺贝尔物理学奖得主）和奥勒·乌尔夫贝克认为，哥本哈根解释远远不够彻底。标准的哥本哈根解释允许物理学忽略其与意识的关系，条件是将观察者创建实在的观点局限于微观世界。而奥格·玻尔和乌尔夫贝克明确否认微观世界的存在。这种观点认为，根本就没有原子。

奥格·玻尔和乌尔夫贝克试图将他们的观点推广到一般情形，并且借助于盖革计数器的受击次数与一块铀的相关变化进行了讨论。我们通常认为，铀原子核随机放出 α 粒子（氦原子核）并衰变成钍原子核。根据标准哥本哈根的解释，从实用上看，α 粒子的扩展波函数是盖革计数器在观察它的位置上坍缩的结果。 208

奥格·玻尔和乌尔夫贝克认为这种出于实用目的的解决途径是不可接受的。他们不畏指责，声称原子尺度的对象是根本不存在的。在变化的铀片和盖革计数器之间的空间里没有什么在移动。意识体验到的计数器的点击声是“纯属偶然”的事件，只不过这些事件将远处没有 α 粒子居间的铀材料的变化关联起来。

按照他们的说法：

来自经典物理学的粒子作为空间物体的概念应淘

> 汰……纯属偶然的点击声不再被看作是由粒子进入计数器产生的，这一点在量子力学里已成定局……时空下宏观事件的下行通道，在标准的量子力学里它一直延伸到粒子区域，不过是从点击声开始。

因此，化学家、生物学家和工程师们在谈到光子、电子、原子和分子时，他们只是在处理没有物理实在的模型。并没有什么光子通过灯泡与你的眼睛之间的空间，也没有什么空气分子的反弹推动着水上航行的帆船的船帆。

退相干和退相干历史解释

若干年前，物理学家用“坍缩”一词来描述一个叠加态波函数变成一个观察到的物理实在的观察过程。而今天，物理学家可能用的不是“坍缩”而是“退相关”。它指的是研究过程中微观对象的波函数与宏观环境相互作用产生我们实际观察到的结果。这也就是哥本哈根用 209 不加解释的波函数“坍缩”所要说明的东西。可以将退相关看成是哥本哈根解释的扩展。

让我们来考察盒子对的例子。考虑一个原子的波函数同时在两个盒子中的情形。现在，我们通过透明窗口发送一个光子到其中的一个盒子。如果原子在该盒子中，光子会被原子反弹到一个新的方向；如果原子在另一个盒子里，则光子会方向不变地径直穿过盒子。由于原子实际上是同时在两个盒子中，因此光子做了两件事。原子的波函数变得与光子的波函数纠缠在一起。每个光子随机打乱了每个原子在两个盒子中部分波函数之间的相位关系。这样，每对盒子里的部分波函数在屏幕上的不同地方相消，因此不会出现干涉图样。

因此，那些波函数与光子的波函数形成纠缠的原子不可能参与干涉形成图样。这些原子的相位是杂乱的，或叫“退相干的”。原子以基本均匀的方式分布在各处。因为没有出现干涉图样，因此我们没有证据表明原子同时在这两个盒子里。

其实，如果这里的光子不与其他对象相互作用，那么用一组盒子对和光子构成的机巧的两体干涉实验将能够证明，每一个原子确实同时在这两个盒子里，每个光子被一个原子双双反弹并且穿过一个空盒子。

然而，假设光子穿过我们的盒子然后又遇到宏观环境。假设存在热随意性，那么从实用角度看，我们很快便可以算出，这之后的干涉实验是不可能的。也就是说，在这之后是无法显示量子之谜的。对这些原子波函数做平均，我们得到一个类似于每个原子实际整个地存在于一对盒子的这个或那个盒子里的古典概率的方程。对大到分子的对象的退相关率的实验检验表明，实验结果精确证实了退相干理论的计算结果。

由于不存在观察者，因此意识或其他等问题便无需提及。有些人认为，这就解决了观察者的问题。但另一些人则在这场争论中看到了一个基本的非推理所得的结论。这些类似古典的概率仍然是观察所得到的概率。它们不是实际存在东西的真正的古典概率。因此退相关仅 210

仅是出于实用而给出的量子之谜的一种解决方案。退相干解释的主要研究者W.H.楚雷克承认，意识问题最终还是会遇到：

> 这个问题（独特实在的看法）的彻底回答无疑将涉及“意识”模型，因为我们真正要问的东西关系到我们（观察者）对任何其他替代物的“我们是有意识的”印象。

退相干概念的延伸——“退相关历史”——大胆地将量子理论应用于整个宇宙的开始到结束。早期宇宙中没有观察者，在任何时候也都不存在外部观察者，宇宙包括一切。由于我们不能处理无限复杂的宇宙，因此我们只能处理宇宙的某些方面，其余的皆做平均处理。

对于这种机制如何生效，这里给出一种非常粗略的概念。考虑一个原子正穿过由轻得多的原子构成的稀薄气体进入一对盒子。原子一路上受到轻轻碰撞，并不强烈偏离它的两条路径。但每条路径上的部分波函数经过每次反弹的小小变化，相互间已失去相位关系，以至于从实际效用来看不可能再形成干涉图像。对这类大量可能的历史（每一可能的反弹序列）进行平均，我们即得到两条细粒行踪的历史，每一条对应一个盒子里的原子。现在我们可以说这两个历史中只有一个是真实的历史，其他仅仅是可能的历史。

在他们发展这种解释的过程中，盖尔曼和詹姆斯·哈特尔讨论了信息收集和利用系统（IGUS）的演变。据推测，IGUS最终成为至少有自由意志错觉意识的观察者。

多世界解释

多世界解释从字面上接受量子理论。哥本哈根解释认为，观察神秘地将原子波函数坍缩到一个盒子里，将薛定谔的猫坍缩到要么活要么死的状态。而多世界解释恰对坍缩说"不"。量子理论认为，猫同时处于活和死的状态。多世界解释认为这只说对了一半。薛定谔的猫在一个世界里是活的，而在另一个世界里是死的。[211]

休·埃弗雷特在20世纪50年代想出了这种多世界概念，他让宇宙学家来处理整个宇宙的波函数。由于波函数坍缩不需要借助"观察者"，因此多世界解释通过将意识看作是由量子力学描述的物理宇宙的一部分这种似乎明智的策略预设解决了量子之谜。

在多世界解释下，你是宇宙波函数的一部分。考虑我们的盒子对，看一个盒子，你便与原子的叠加态纠缠在一起了。你进入了一种既看见原子叠加态也看到另一个盒子为空的一种叠加态。现在有两个你，分别处在两个平行世界里。其中一个你的意识并不知道另一个"你"。这另一个"你"不是在看盒子，而是在做干涉实验。我们的实际经验一点儿也不与这种奇特的观点相冲突。

为了在这种图像里加入更多的观察者，让我们回到薛定谔的猫那里。爱丽丝查看盒子而鲍勃在远处。在前一个世界里，爱丽丝被称为爱丽丝1，她看到的是一只活猫。在另一个世界，爱丽丝2看到的是死猫。鲍勃也在两个世界里，鲍勃1和鲍勃2基本上相同。如果鲍勃1遇见了爱丽丝1，他会帮助她给饥饿的猫喂食。鲍勃2则帮助爱丽丝2将死猫埋葬。作为宏观客体的爱丽丝2和鲍勃1活在不同的世界里，无论从实际的那个方面讲，二者从来没有遇到过对方。

在贝尔定理及其实验后，我们知道我们的实际世界或许不可能有实在，当然也不可能有可分性。在多世界解释中，就没有可分性。在爱丽丝发现猫活着的那个世界里，鲍勃立即成为在猫活着的世界里的人。显然不存在一个单一的实在，这似乎等于没有实在。

多世界解释激起强烈的感情。一位学者认为这是“挥霍”，并称这种解释的倡导者为“吸着烟枪，开着凯迪拉克跑车，如千万富翁般武装起来的研究分析师”（当时埃弗雷特提出这种假说时还只是个研究生）。另一方面，一位量子计算方面的领导者则写道：多世界解释“要比以往任何一种世界观更有意义，当然更胜于那种玩世不恭的实用主义学说。这种学说在时下往往成为科学家当中的世界观的代言人”。（这里他用“玩世不恭的实用主义”，表明他对哥本哈根解释是毫不怀疑地接受。）

212

今天，多世界解释已成为量子宇宙学家在考虑早期宇宙时的一种喜爱的解释。他们可以忽略观察者的问题。那时周围没有观察者。由于宇宙包括一切，因此它隔离于外部“环境”。因此退相干不再是一个问题。量子宇宙学家同事告诉我们，多世界解释是他的偏好，虽然他不喜欢它。

多世界解释有一个尚未解决的问题：什么构成了观察？世界是从什么时候分裂的？分裂成两个世界想必只是一种说话的方式。会不会有无限多个世界在不断被创造出来？

不管怎么说，多世界解释大大扩展了自哥白尼开始的宇宙观。我们不仅离开了宇宙的中心，成为无限宇宙中的一个小点，而且我们经历的世界也仅仅是所有世界中不起眼的那一点点。然而，“我们”存在于它们中的许多宇宙中。多个世界，作为有史以来认真提出的对实在的最离奇的描述，为探索和科学幻想提供了一个引人入胜的基础。

相互作用解释

相互作用解释处理的是由薛定谔的猫和普遍联系因允许波函数在时间上向前演化和向后回溯而带来的直观挑战。这种挑战就是未来能够影响过去。这当然也就改变了我们看待所发生事情的方式。

例如，相互作用解释的倡议者约翰·克拉默提供了这样一个例子：

> 当我们站在黑暗中遥望一百光年外的一颗恒星时，不仅是这颗恒星发出的光波经过一百年到达我们的眼睛，而且也是我们的眼睛通过吸收过程产生的前向波穿越一百年回到了过去，完成了使该恒星指引我们方向的相互作用。

213

虽然这种时间回溯性方法仍不免要遇到有意识的观察者这一问题，但我们最终将量子之谜打包成一个单一的谜团。

玻姆解释

1952年，特立独行的年轻物理学家戴维·玻姆完成了一项“不可能完成的任务”：为人们长期接受的定理找到了一个反例。这条定理声称：实验事实与隐变量不相容。玻姆的反例则用含隐变量（不出现在量子理论标准公式里的那些物理量）的解释再现了量子理论的所有预言。他的“隐变量”就是粒子的实际位置。正是玻姆的工作启发了约翰·贝尔去寻找非隐变量证明中的数学缺陷，并最终得到了贝尔定理。

玻姆在政治上也是一个特立独行的人。由于他拒绝在众议院非美活动调查委员会面前作证，普林斯顿大学解雇了他，此后他没能在美国获得另一份学术工作。[1]

玻姆的解释由下述假设开始：平均而言，他的粒子最初遵从薛定谔方程所要求的分布。然后，他用简单的数学直接推导出作用于粒子

---

1. 这段事情的原委是这样的：在20世纪40年代末与50年代初，美国在参议员约瑟夫·麦卡锡的煽动下，开展了一场针对共产党及其同情者的清洗运动（史称麦卡锡主义时期）。1949年5月25日，玻姆被召到众议院由麦卡锡领导的非美活动委员会，要他就第二次世界大战期间与他一起在伯克利辐射实验室从事曼哈顿工程研究的部分朋友和同事的对美国的忠诚问题作证，这些人被指控为共产党间谍或其同情者。玻姆拒绝作证，并引用美国宪法中关于公民权利的第五修正案为自己辩护。但他的申辩被驳回，美国联邦调查局以蔑视国会罪对玻姆提出公诉。案件提交到最高法院后，最高法院以“如果本人没有犯罪，且证词是自陷法网，则不应强迫其作证”为由撤销了对玻姆的起诉。这期间，普林斯顿大学并未解聘玻姆，而是劝他不要在校园露面，这使他有时间完成了《量子理论》一书的写作。后来，玻姆在普林斯顿大学的合同期满，奥本海默劝他不要在美国找工作，以免麦卡锡主义得势后再遇不测。于是在1951年秋，经朋友介绍，玻姆在巴西圣保罗大学获得教席。玻姆在巴西期间，美国官方取消了他的护照，致使玻姆开始了流亡国外的学术生涯。这以后，他先后在以色列哈法大学（1955~1957）和英国布里斯托尔大学威尔逊物理实验室（1957~1961）从事研究，最后受聘成为伦敦大学伯克贝克学院理论物理教授直到退休（1961~1983）。——译者注（编自玻姆著《整体性与隐缠序》一书译者序）

的“量子力”，使它们继续服从薛定谔方程。这种量子力一般称为“量子势”。

量子势起的是引导而不是推动的作用。玻姆用了个无线电指挥船舶航行的比喻。量子理论内在的普遍联系解释出现在这种解释之前。一个对象经受的量子势取决于该对象与某个对象发生相互作用时，以及这些对象与所有对象发生相互作用时，所有对象的瞬时位置。原则上，量子势包括与宇宙中所有对象的一切相互作用。玻姆的量子势相当于玻尔的“影响”，即爱因斯坦所称的“幽灵作用”的那种东西。

玻姆解释描述了一个物理上真实的、完全确定性的世界。普适的瞬时量子势要求存在一个“超确定性”的世界。量子随机性地出现，[214] 只是因为我们无法知道每个粒子的精确的初始位置和速度。这里没有不明原因的波函数坍缩，而在哥本哈根解释里这一概念是必需的；这里也没有多世界解释里的那种不明原因的意识分裂。一些人声称玻姆解释解决了量子力学的观察者问题，或至少使之成为一个良性的问题，就像它在牛顿物理学里那样。

其他人，包括玻姆本人，则持不同的看法。不像牛顿的原子只是进入一对盒子的其中一个，玻姆原子不仅进入其中某一个盒子，而且“知道”另一个盒子的位置。通过量子势，宏观盒子对一直处在与世界所有其他东西即时交流的状态，因而与先前释放该原子的宏观仪器有交流，因此与入射原子有交流。量子势从一开始就将这一切联系在一起，因此，它甚至能确定原子在后来的干涉图样中的位置。安排实验的人类，也被预设为一个物理对象，同样影响到量子势。（而受到它的影响呢？）

正如多世界解释那样，由于不存在坍缩，波函数里对应于实际上看不见的那部分将永远存在：我们可以看见薛定谔的猫活着，但包含死猫可能性的那部分波函数，以及猫的主人埋葬它时的那部分波函数，都将永远存在。出于实际考虑，我们可以忽略这部分波函数，因为它与环境是纠缠在一起的。但在这种解释中至少在原则上它是真实的，而且有未来的后果。

玻姆承认物理学遇到了意识问题。他在1993年出版的高度专业性的量子理论著作《不可分割的宇宙》，标题就强调了量子理论在宏观上会得到与微观上一样的应用，玻姆和巴兹尔·希利写道：

> 我们的立场贯穿于这本书中：量子理论本身可以在不引进意识的条件下被理解。就物理学研究而言，至少在目前这个一般时期，这可能是最好的办法。然而，意识和量子理论存在某种联系的直觉似乎是一个很好的设想。

215　就在爱因斯坦试图告诉我（布鲁斯）和一位同行的物理研究生有关他对量子力学问题的研究的那天晚上，他也表示：“戴维（玻姆）做了一件好事，但这不是我要告诉他的。”由于我们在进行量子力学学习时从未遇到过这类问题，因此我们不知道爱因斯坦所指的是什么。我想当时我要是能问一问爱因斯坦他要告诉玻姆的是什么就好了。

伊萨卡解释

位于纽约州伊萨卡的康奈尔大学的戴维·默明提出了所谓的“伊萨卡解释”。他的这个解释确立了两个“大难题”：客观概率（只出现在量子理论里）和意识现象。

古典概率是主观的，是对人的知道程度的衡量。而量子概率是客观的，对每个人都是一样的。对于一对盒子里的原子，量子概率不是度量人对事物知晓程度的不确定性，而是对任何人观察到的结果的可能性的度量。伊萨卡解释将客观概率作为一种底层概念，我们无法再对其做进一步的还原。伊萨卡将量子力学的奥秘降低到这种单一的难题。

依据伊萨卡解释，量子力学告诉我们：“关联是一种物理实在，而被关联的对象本身并不是。”例如，未观测的孪态光子没有特定的偏振方向，但它们具有相同的偏振。只有它们的偏振的关联是一种物理实在，偏振本身并不是。再例如，如果两个原子的位置发生纠缠，只有它们的分离程度（即相对位置——译者注）是一种实在，而每个原子的位置并不是。

那么譬如，如果我们用宏观仪器观察一个光子的偏振，其读数对光子的两种偏振状态不同，又该如何呢？如果我们从量子力学角度来考虑仪器，它变得只与光子的偏振相关联。根据量子理论，仪器的表头应该读出这两种方式。但我们总是看到它读取的要么是这种要么是那种。

这里默明是这样用伊萨卡解释来处理的：

> 当我看仪器的读数时，我知道上面显示的是什么。那些极其微妙的、根本不可能得到的全球系统的相关性，显然在它们与我联系时消失得干干净净。这是否是因为意识超越了量子力学能够处理的现象范围呢，或是因为它有无限多的自由度，或有它自己的特殊的超选择规则使然，对此我不会冒昧地猜测。但是，这是关于意识的谜团，它不该与我们将量子力学理解为一种描述无意识世界子系统的相关性的理论所付出的努力混为一谈。

216

伊萨卡解释避开了物理学与意识的遭遇问题，它将量子之谜限定为客观概率的问题。伊萨卡认为意识属于一种比“物理实在”更大的“实在”，至少目前应对它进行限制。这种对量子之谜的温和解释只是承认它是个谜。

量子信息解释

一种在研究量子计算的人群中获得赞许的解释被称为“量子信息解释”。它认为波函数只代表在物理系统上可能测得的信息。在这里，波函数不被认为等同于实际的物理系统。它甚至不描述所考虑的物理系统。

在这种解释中，波函数，或量子态，仅仅是作为计算观察量之间相关性和由初始测量来预言后续进一步结果的一种精致的数学工具。

因此量子态不是一种客观的物理的东西，它只是知识。这种解释可以被看作是在关联问题上的伊萨卡解释与哥本哈根在下述问题上的观点——玻尔说过，物理定律的目的只是“尽可能地追踪我们的经验的多方面之间的关系”——的一种混合。

量子信息的解释通过将量子态限定在仅为可能观测的知识上回避了遇到的意识问题。因此在某种意义上，它将量子理论的范围限定[217]在只是关于意识的范畴。

量子逻辑解释

考虑这样一种情形：我们可以做些实验，但实际上我们并没有这样做。这种观点认为量子之谜就是在这种情形下出现的。量子逻辑解释不认为考虑那种事实上没采取行动的作用是有意义的。它否认反事实的确定性（即那些没有成为事实的方案的可能性——译者注）。量子逻辑是通过修改逻辑规则以适应量子理论来“解决”量子之谜的。

量子逻辑是一种非常有趣的智力练习，一些量子理论家就持这种观点。但是，由于任何可以想象的观察都能够通过采用一套适应性逻辑规则来得到“解释”，因此它对量子测量问题很难提供令人满意的解决办法。

不仅如此，在我们的意识经验里，我们必须考虑到我们可以执行也可以不执行的那些替代方案。这种对反事实的确定性的否认不仅超越了在下述意义上对“自由意志”的否认——我们的选择完全取决于我们大脑的电化学过程，而且它要求我们的自由选择与外部物理状态完全密切相关。这样，我们基本上就成了完全确定的世界里的一个机器人。作为量子之谜的解决办法，这个假设——用第13章中所引述的约翰·贝尔的话来说——比它所预设要解决的谜团“更让人难以置信”。

GRW解释

为了解释为什么大的事情从来没有看到以叠加态存在，加拉迪、里米尼和韦伯修改薛定谔方程，以使波函数可以偶尔发生随机坍缩。这种处理称为“GRW解释”。对于像原子这样的小的事情，只是在每十亿年左右的时间发生一次坍缩。

这种罕见的坍缩不会影响到在更短的时间里发生的用孤立原子进行的干涉实验。但是，假设一个原子与其相邻的较大对象的原子接触，比方说，与处在生和死叠加态的薛定谔猫的原子发生接触，那么218 这些原子就将与相邻原子发生纠缠，并通过它们与猫的所有其他原子相纠缠。原子从它的同时活猫和死猫的两个叠加态位置随机坍缩到要么活或要么死的单一位置，这种随机坍缩将触发整个猫坍缩到活或死的状态。而猫有这么多的原子，即便原子的坍缩频率每十亿年一次，在每微微秒的时间内也至少有一个原子会坍缩。从而猫有可能留在活着和死去的叠加态是很容易理解的。

严格地说，GRW方案不是一种理论解释，因为它提出了理论的变化。正是这种变化使我们对宏观物体的感知在原理上就是完全确定的，而不仅仅是出于实用目的。这样的结果会令一些人感到满意。

GRW现象目前还没有实验证据。此外，正如用大分子进行的实验所表明的，向古典概率的过渡遵从退相干计算，这是GRW现象可以有效地推广到越来越大的对象的关键。这将使得更小的物体的实在性以及它们缺乏可分性的实验证实成为一个谜团。

彭罗斯和斯塔普解释

分别由罗杰·彭罗斯和亨利·斯塔普提出的两项建议也可以称之为解释，但实际上它们包含了涉及意识的物理猜想。我们将在第17章予以讨论。

哪种解释能够实现

量子力学的一些解释是从实用角度来解决测量问题。当然，从实用的角度看，这其实从来都不是问题。量子理论的预言都完美地得到了证实。这是一种奇特的世界观：实验事实展示的东西使我们产生这样的疑问："这是怎么回事？"今天的这些广泛的争议性解释表明，关于我们的世界（也包括我们自己）的深刻的问题还有相当大的讨论空间。

量子力学表明，我们的合理的、日常的世界观从根本上说是错误的。对于理论阐述的那些东西的各种解释提供了不同的世界观。而且它们每一种都涉及自觉观察者对物理世界的神秘入侵。是不是有可能存在一些尚未提出的理论解释在不关乎意识的条件下来解决量子之谜？

不可能。与意识的遭遇直接产生于量子理论中立的实验演示。因此，单纯的理论解释不可能避开与意识问题的遭遇。但是，每一个解释都允许物理学避免处理意识问题。这里我们来看看约翰 · 惠勒是如何将二分法用于这个问题的讨论的：

> 认为存在一种“外在的”独立于我们的世界，这在日常情况下是有用的，但这种观点不能再坚持了。存在奇怪的感觉：这是一个“参与宇宙”。

但之后惠勒立即指出：

> “意识”与量子过程没有任何关系。我们正在处理这样一件事情：它通过不可逆转的放大行为，通过不可磨灭的记录——登记行为——使自身变得闻名遐迩……[意义]是这个故事的独立组成部分，它重要，但不会与“量子现象”相混淆。

我们将这种观点看作是对物理学家的训令，使他们集中精力于量子现象本身，而不是现象的意义。从实用角度说，量子理论不需要任何解释。它可以完美地预见到我们选择的任何特定实验的结果。

然而，我们中的一些物理学家，或只是作为好奇者，愿意做这种思考，并试着去理解这其中到底发生了什么。这一直是许多杰出物理学家(有时也包括惠勒)的态度。这种态度今天已得到广泛认同。

这种态度的增长困扰了一些物理学家,也带来了激励性挑战。此外,目前对量子力学的越来越频繁的伪科学处理,像电影《嘟嘟嘟嘟吵死啦》就使物理学家感到不安,激励他们去最大限度地减少量子之谜。我们物理学家倾向于将这种难言之隐深藏不露,有的甚至否认它的存在。 220

例如,在1998年,一篇题为《没有观察者的量子理论》的文章(《今日物理》两期连载)提出几种解释,主要是玻姆解释,消除了量子力学中观察者的作用。(由上面引述可知,玻姆自己不会同意这种观点。)当这样的论点提出来时,我们通常不清楚这种观察者的消除到底是在原则上的一种建议,还是仅仅出于实用考虑的一种量子之谜的解决方案。虽然《今日物理》这篇文章的态度与当今物理学界大多数人的同情态度是相符的,但时代在变。

在薛定谔方程发表的八十年后,物理学与意识的相遇的意义正变得越来越富有争议。如果专家们与你的意见不一致,你可以选择自己的专家。或者按你自己的思路去推想。

“如何持续”是一个悬而未决的问题,它让我们想起了本章开头所引用的话:“你知道这里有些事情要发生,但你不知道它是什么。”

在量子力学的一开始,我们就遇到了意识问题。下一章我们开始讨论意识,并从另一个角度来看待它。

第 16 章
意识之谜

221 我们无须讨论意识指什么，这是毫无疑问的。

——西格蒙德·弗洛伊德

意识带来了脑科学中最令人费解的问题。在我们知道的东西里，没有什么比意识经验更熟悉的了，但也没有什么能比意识更难解释的了。

——戴维·查默斯

意识能坍缩波函数吗？这个问题，在量子理论一出现就提出来了，至今不能回答。它甚至提得不是很恰当。意识本身就是一个谜。

当我们描述一项实验证明了的量子事实，并用量子理论来解释这些事实（有别于理论上有争议的几个解释）时，我们给出的是物理学界无可争议的共识。但在讨论意识问题时，我们达不成这样一种共识。有些问题就没有答案。有些问题虽有大量的无可争议的实验数据，但对数据的解释却可能截然相反。我们根据自己的需要从中获取信息，而且你可能已经注意到，我们的态度是摇摆不定的。

直到20世纪60年代，占主导地位的行为主义心理学在推定什么是科学的讨论中还是避谈“意识”问题。但这以后，人们对意识问题的兴趣剧增。这应部分归功于脑成像技术的迅猛发展。这一技术使人们可以看到，在特定刺激下，到底是大脑的哪些部位变得活跃。期刊《意识研究》的编辑这么评述道：222

> 意识研究的重新崛起很可能是出于社会学方面的原因：那些对“意识研究”有着丰富的课外处理能力的20世纪60年代大学生（即使其中的一些人没有持续下去）现在已主管各个科学部门。

人们对量子力学基础的兴趣差不多是与对意识问题的兴趣同时出现的，对二者间的联系也有过认真考虑。有些问题悬而未决。

什么是意识

我们经常谈到意识，但从来没有给予明确定义。在词典里，“意识”一词的定义并不比“物理学”一词的定义强多少。我们习惯于在“awareness(对周边环境、关系和对象的了解和认识)”的意义上来使用“意识（consciousness）”一词。在我们看来，“意识”肯定包括实验者对研究对象进行自由选择的自觉。“意识”一词在这种意义上的运用非常符合量子测量问题的处理标准。最后，一个词的内涵是在其使用中变得明白的。（正如胖墩儿告诉爱丽丝的那样：“当我用一个词的时候……它的意思正是我选择它的用意。”哲学家维特根斯坦曾教导说，词是按其使用来定义的，他应该基本赞同这个说法。）

人能知道意识的存在，不外乎通过第一人称所述的感觉或他人的第二人称报告。（在下面的章节中，我们对此限制提出了一种表观量子挑战。）

我们不从心理学的角度来讨论在意识活动的研究中发现的许多事情。例如，我们不讨论视幻觉、精神障碍、自我意识，或弗洛伊德的隐蔽情绪，即潜意识。我们也不讨论众多不可检验的、不涉及量子之谜的当代文学性的意识理论。

我们关注的是与观察者在实验中自由选择有关的“意识”问题，223即物理学所遇到的意识问题。在后面描述了查默斯的意识“硬问题”之后，我们会看到一种意识与心理学和神经科学有着较为密切的联系。

物理学上经常遇到的意识问题是观察单个盒子里对象的决定是如何造就该对象的。我们这里用“造就”一词，完全是因为观察者先验地认为可以选择一种干扰观测来确立一种看似矛盾的情形——换言之，在观测之前，盒子里的对象不是完全确定的。我们假设，观察者可以选择建立起这样一种情形：观察对象是同时存在于两个盒子里的波。

这种示范是不是一定需要一个有思想的观察者呢？是不是没有思想的机器人，甚至盖革计数器，就不能做这样的观察呢？这取决于你说的“观察”是什么意思。就目前而言，还记得吧，如果将机器人或盖革计数器与世界的其他部分隔离开来，而且它们由量子理论所支配，那么它就变得只与总叠加态的一部分相纠缠，就像薛定谔的猫一样。在这个意义上说，这不是观察。

量子之谜源自这样一种假设：实验者可以在两个实验之间进行自由选择，而这两个实验会产生相互矛盾的结果。我们假设实验者有做出这样选择的“自由意志”。但是，我们不能通过否认实验者的自由意志来回避量子之谜，也就是说，仅仅认为人做出某种选择是受控于其大脑的电化学机制并不能排除量子之谜。为了回避量子之谜，我们需要对与自由意志的关系的否决有更为严厉的形式。这种否定必须包括对反事实定义的否定，也包括对一个“阴谋”世界的假设[1]。（在我们的例子中，实验者的“选择”必须与一对盒子中的物理状况相匹配。）

当今，心理学或神经生理学关于自由意志的讨论重点通常在更为狭窄的“我们做出选择的行为是否在某种程度上是由我们大脑的电化学机制预设的”这样的问题上。而这种自由意志问题对于量子之谜来说是无关紧要的。但是，在与量子之谜有关的问题上，“自由意志”会不断出现。所以现在我们有必要来谈谈这种限定意义下的自由意志。

自由意志

与自由意志有关的问题会出现在某些情况下。这里举一个古老的例子：既然上帝是万能的，因此我们必须为我们做的任何事情负责似乎显得不公平，因为毕竟是上帝在控制着一切。中世纪神学家是通过下述认定来解决这个问题的：每件事情的发展都有一个带有“间接有效原因”的开始和一个带有“最后原因”的归宿，二者均由上帝掌握。[224] 但这其间的各种因果则由我们自由选择而定，不论哪种选择，我们都

1. 这句话是照字面直译的。译者理解为：要想在物理世界里彻底排除自由意志的影响，就不但要排除有违实际的各种定义，也要杜绝与目的论世界观有关的假设。—— 译者注

将在最后的审判日受到评判。

中世纪的这种对自由意志的界定并没有完全远离我们今天的道德哲学家的诉求。同样，刑事辩护律师可以通过认为被告的行为是由遗传和环境所致，而非自由意志决定，来为被告进行开脱。但我们这里要谈的是更为简单的自由意志问题。

经典物理学，或曰牛顿物理学，是完全确定论性质的理论。一双“洞悉一切的眼睛”不仅能将宇宙当下的一切一览无余，而且可以知道它的整个未来。如果经典物理学适用于一切事情，就没有自由意志的藏身之处。

然而，自由意志却可以愉快地与经典物理学共存。在论述牛顿世界观的第3章里，我们谈了在过去物理学是如何能够止步于人体的边界，或完全止步于神秘的大脑的缘由。科学家们可以将自由意志排除在他们的考虑之外，将它留给哲学家和神学家去处理。

但在今天，当科学家开始研究大脑的操作机理，研究其电化学特性，以及它对刺激的响应时，这种排除就不那么容易了。他们是将大脑作为一个物理对象来处理的，其行为受到物理定律的支配。这时自由意志就不可能那么轻易地作为一种因素受到考虑。它只好像幽灵一样潜伏在某个角落里。

多数神经生理学家和心理学家心照不宣地忽略了这个角落。有的通过采用广泛适用的物理模型来否定自由意志的存在，并声称我们关于自由意志的看法是一种假象。当我们下面讨论了意识的“硬问题”之后，这种矛盾的产生便会一目了然。

你怎么才能证明自由意志的存在呢？也许存在的只是我们对自由意志的感觉和别人对自由意志的宣称。如果在任何条件下都不能展示这种自由意志，那么它的存在就是毫无意义的。这里有一种相反的论调：虽然你不能向他人证明你的痛苦感觉，但你知道它是存在的，而且它肯定不是没有意义的。

225

一个著名的自由意志实验曾产生过激烈争论。在20世纪80年代初，本杰明·利贝特让受试者在自己选择的时间内弯曲手腕而不作任何预先设定。由此他确定了3个关键时刻的顺序：“蓄势”时刻（这里“势”是指在受试者做出实际行动之前由贴在受试者头皮上的电极检测到的电压），曲腕时刻和受试者报告他们做出曲腕决定的时刻（报出秒表所指时刻）。

人们预期的顺序可能是：①决定，②蓄势，③行动。但事实上，蓄势走在了报告决定时间的前面。这是不是就表明在大脑中存在某个确定性函数可以自由地做出决定呢？可能是，但不一定，利贝特这样认为。但所涉及的时间尺度是几分之一秒的量级，而且报告决定的时间的意义很难评估。此外，由于手腕动作应该是没有任何“预设”的条件下发起的，因此充其量而言，这个实验结果似乎可视为存在意识上自由意志的模棱两可的证据。

2008年，约翰·迪伦·海恩斯将时间尺度扩展到秒量级。他和他的同事用功能磁共振成像技术（fMRI）来监控神经活动。当一些字母出现在受试者面前的屏幕上时，受试者被要求随意地用右手或左手按下手边的按钮，在他们决定了按哪个按钮后，即报告他们看到的字母。研究人员从fMRI的信号可以预测出70％的按下按钮的次数（如果仅凭猜测，则正确与否各占50％），而且受试者在报告决定时刻前所花的时间长达10秒。海恩斯说："这并不能排除自由意志，但它确实令人难以置信。"

这是真的吗？据推测，如果受试者在10秒的时间间隔期间被告知，"你要按左手边的按钮"，但受试者仍可能自由选择去按右手边的按钮。用fMRI数据能大致预言某人的行为，这并不构成对其自由意志的严重挑战。我们从人的面部表情来预测其行为往往也相当准确。

我们相信存在自由意志，是因为我们在各种可能性之间进行选择时能意识到这种行为。如果说自由意志只是一种幻觉，如果我们都只是由神经化学系统（这个系统还带有些微热随机涨落）控制的复杂机器人，那么我们的意识是不是也是一种假象呢？（如果是这样，幻觉在这里又指什么？）

226　虽然我们很难将自由意志融入我们一贯的科学世界观，但在任何严肃意义上，我们自己不能对其存在表示怀疑。J.A.哈伯孙的下述说法基本上能代表我们的态度："我们中那些具有常识的人对心理学家、生理学家和哲学家们在存在自由意志这种明摆的实在性问题上所表现出的抗拒感到惊讶。"

如果你不承认存在自由意志，那么大脑的电化学过程就应在任意时刻停止。毕竟，提出这种拒绝的动机是牛顿经典物理学的决定论。既然这在逻辑上是一致的，而且我们完全接受这种推理，那么我们便进入一个完全确定的世界，那只“全能的眼睛”能够知道万物的整个未来，包括我们的实验者假想的导致量子之谜的自由选择。

与大脑的电化学过程可以随意停止不同，接受完全的确定性确实避开了量子之谜。对于我们大多数人来说，成为完全确定的世界里的“机器人”实在是不甘心。然而，如果我们既接受自由意志又接受无可争议的量子实验，那么我们必然会遇到量子之谜以及作为其解释的量子理论。

量子理论不像经典物理学，它不是一种描述独立于实验者自由做出决定（即独立于他们的自由意志）的物理世界的理论。

按照约翰·贝尔的话说：

> 业已证明，量子力学不可能“完全”成为一种定域因果关系理论，至少只要我们允许有……自由操作的实验者。

在贝尔定理之前，“自由意志”——或“自由操作的实验者”的明确假设——在物理学的书里是看不到的，更不可能见诸严肃的物理学期刊。当然这种情形正在改变。例如，在2010年12月，权威期刊《物理评论快报》就发表了一篇关于自由意志的精确计算的文章：自由意志弱到什么程度我们便可在自由操作的实验者进行孪态光子实验时放弃它与解释观察结果之间的相关性。答案是14%。这对于人的因素意味着什么目前尚不清楚。

让我们来研究贝尔的“自由操作实验者”的观察。回想一下帕斯227夸尔·约丹对哥本哈根解释的界定，即物理学家通常的解释：“观察不仅对待测对象形成干扰，而且产生待测对象。”在这里，“观察”是一个不限具体内容的用词，但任何物理实在的产生都是某种观察的结果这一点是难以让人接受的。然而，它不是一个新概念。

从贝克莱到行为主义

观察创造物理实在的观念可以追溯到几千年前的吠陀哲学[1]，但我们直接跳到18世纪。在牛顿力学之后，所有物质运动都由机械力支配的唯物主义观点被广泛接受。但不是每个人都对此感到高兴。

唯心主义哲学家乔治·贝克莱认为，牛顿世界观贬低了我们作为具有自由选择能力的道德生命的地位。经典物理学似乎没有为上帝留下什么余地，这使他感到震惊。毕竟，他是一位主教。（在那个时代，对于作为一位圣公会牧师的英国学者来说，持有这种观点是很自然的，虽然在牛顿时代，独身要求已不再必要。贝克莱已婚。）

贝克莱反对唯物论的座右铭是“存在就是被感知”。这句话的意

1. 吠陀哲学，发源于印度公元前1500年左右，是现今印度各种宗教、哲学思潮的源头。吠陀一词的含义是“知识”，尤指神圣的“天启的知识”。这一词语后来逐渐转化为对婆罗门教、印度教各种经典的总称。——译者注

思是所有的存在都是由观察创建的。对于那个老问题："如果在森林里一棵树倒下了而周围没人听到它倒下的声音，是不是那个声音就不存在？"贝克莱的回答是，在没观察之前，甚至根本就没有一棵树。

虽然贝克莱的几近唯我主义的立场看起来可能有点古怪，但他那个时代的许多唯心主义哲学家都醉心于此。而塞缪尔·约翰逊却不以为然。据说他用一则逸闻来回应贝克莱的哲学：他踢石头，石头伤了他的脚趾，于是他宣称："就这件事我就不同意他的观点！"但是那些偏好贝克莱思想的人对这则逸闻没什么印象，当然也就谈不上反驳。

虽然下面这首流传百年的打油诗配不上为贝克莱的思想作注，但较传神地阐明了他的这一思想：

有一个小伙子叫托德
他说"好生奇怪
有这么一棵树
能一直活到现在
那时广场附近还没一个人。"

答复：
有什么好奇怪的；
我一直在广场附近。
这就是为什么这棵树
可以一直活着，
因为观察它的
是你忠实的——上帝。

上帝可以是万能的，但我们注意到，这首打油诗透出的精神表明，他并不是无所不知的。如果上帝的观察使大的东西的波函数坍缩到实在，那么量子实验则表明，他不观察小的东西。

我们周围的世界是由观察产生的这种思想从来没有被人认真对待过。大多数务实的人，尤其是大多数18世纪的科学家，都认为世界是由固体小颗粒构成的，这些小颗粒中有些称为“原子”。这些原子被假定像较大的粒子（譬如行星）一样服从力学规律。虽然物理科学家可能推想过有关大脑的工作原理，有些人使用液压图像而不是今天的计算机模型，他们忽略了它的最重要的部分。

在19世纪和20世纪的大部分时间里，科学思想通常等同于唯物主义思想。即使在高校的心理学系，意识问题也没有得到认真研究。行为主义成为主流观点。人们被当作接收到的刺激作为输入、做出相应反应作为输出的“黑匣子”来研究。将刺激与行为关联起来构成了科学对于系统内部机制所能了解的一切。如果你知道每一种刺激能激起什么样的相应行为，你就会知道有关心灵所需了解的一切。

行为主义方法在揭示人们如何应对，以及在某种意义上他们为什么这么做等方面是成功的。但它不能确切描述人的内部状态、自觉的意识和做决策时的那种自由选择的感觉。按照行为主义领袖人物B.E.斯金纳的说法，有意识的自由意志的假设是不科学的。但随着人文心理学在20世纪的后半叶的崛起，行为主义的思想似乎再也没结出什么硕果。

意识的“硬问题”

当行为主义在20世纪90年代初消退的时候，年轻的澳大利亚哲学家戴维·查默斯以确认意识“硬问题”震撼了意识研究界。简而言之，这个硬问题就是解释生物的大脑是如何产生人所经验的主观内心世界的。查默斯的“简单问题”是指心理状态对刺激的反应和可报告性，以及所有其余的意识研究。查默斯并没有隐含在任何绝对意义上认为他的简单问题是容易解决的问题这样的意思。它们的容易只是相对于硬问题而言。我们目前对有关意识或经验等问题的兴趣源于它们与量子力学的硬问题——观察问题——之间明显的相似性（和联系）。

在讨论有关硬问题以及由此引起的激烈争论之前，我们先了解一下戴维·查默斯其人：查默斯在大学本科阶段学的是物理和数学，在转入哲学研究之前攻读过数学专业的研究生。查默斯认为量子力学可能与意识问题有关，虽然这不是他的观点的核心。他的里程碑式著作《意识的大脑》的最后一章的标题是“量子力学解释”。戴维·查默斯曾是加州大学圣克鲁斯分校的一名教师，（令我们遗憾的是）后来他去了亚利桑那大学，出任意识研究中心主任。在我们写作本书时，他回到了家乡澳大利亚，成为澳大利亚国立大学意识研究中心的主任。

查默斯的简单问题往往涉及神经活动与意识的物理方面之间的关联，即“意识的神经关联”。今天的脑成像技术已可使大脑在思维和感觉过程中的代谢活动的细节可视化，这极大地促进了思维过程研究的发展。

探索大脑内部发生的事情并不新鲜。神经外科医生很早就从事将电极直接安置到暴露的大脑，以了解意识知觉的电活动和与电刺激有230 关的报告。这样做的主要目的是用于治疗，当然，以科学研究为目的的实验是有限的。脑电图（EEG，在头皮上进行电位检测）则更古老。脑电图可快速检测神经元的活动，但它不能告诉我们大脑中正在发生的活动。

正电子发射断层扫描（PET）技术在了解大脑神经元活动的确切位置方面表现更为优秀。医生将（例如氧的）放射性原子注射到血液中，然后利用辐射探测器和计算机分析就可判断代谢活动在什么地方增加，由此将需要较多氧的部位与知觉意识的报告关联起来。

目前最先进的脑成像技术是功能磁共振成像（fMRI）技术。它在局部定位方面比PET更优越，而且不涉及辐射。（但是头部检查仍然必须在大的磁铁装置中进行，而且通常噪声很大。）磁共振成像作为一种医疗成像技术，我们在第9章曾将它作为量子力学的实际应用之一进行过描述。fMRI可以通过特定脑功能在响应外部刺激时需要大量耗氧的特征来识别大脑部位。

fMRI可将大脑区域与参与记忆、语言、视力或所报告的意识活动等神经过程联系起来。由计算机生成的伪彩脑图像可以显示出某个人在考虑譬如食物或感觉疼痛时大脑相应区域需要更多血液的情形。正如其他以代谢活动为基础的技术一样，fMRI并不快。

这些技术所观察的物理大脑的活动难道就是大脑的所有活动，即心灵活动的全部内容？尽管当今有关意识的神经电化学研究还很基础，但假设采用更先进的成像技术，或某种未来的技术，也许我们就能够完全确定经验某种意识时的特定大脑激活部位。这种技术有可能将所有自觉的情感经历与代谢活动关联起来，甚至与基本的电化学现象关联起来。这一整套的意识活动的神经关联就是当今关于大脑的意识研究的最终目标。

如果真正实现了这个目标，有些人认为我们就完成了所有能够完成的目标了。他们声称，到那时，意识问题将完全得到解释，因为除了与神经活动的联系之外，我们称之为“意识”的经验就再也没有其他东西可予以解释的了。如果我们拆开一架古老的摆钟，看看钟摆是如何由弹簧驱动齿轮来运转的，我们就可以掌握时钟的工作原理。这些人的意思是，如果我们掌握了有关大脑神经元的全部知识，意识的活动就将得到同样的解释。

231

弗朗西斯·克里克，那位共同发现DNA双螺旋结构的物理学家，现在已是脑科学家，试图寻找出“认知神经元”。在他看来，我们的主观经验，我们的意识，不过就是这种神经元的活动而已。他在著作《惊人的假说》中提出了如下的假设：

> 你，你的欢乐和悲伤，你的记忆和你的野心，你对个人身份和自由意志的意识，其实无非是一大套神经细胞及其相关分子的行为表现而已。

如果真是这样，那么我们的直觉——认为意识和自由意志远不只是大脑中电子和分子运动的那种经验——就是一种错觉。意识最终将因此得到一种还原论的解释。至少在原则上，它应该完全能够由更简单的实体——意识的神经关联——来描述。主观感受便可以从神经元的电化学过程"突现[1]"而生。这是大家都乐于接受的想法：水的表面张力或"湿润性"便是氢原子和氧原子经过相互作用形成连片的水分子所突现的结果。

这种突现性构成了克里克的"惊人的假说"。它真的如此惊人吗？我们很怀疑，至少大多数物理学家是这么想的，它似乎是一种最自然的猜想。

克里克的年轻的长期合作者克里斯托夫·科赫提出了一种更为细致的处理：

> 由于日常生活的主观感受具有核心价值，因此在得出认为特性和感觉都是虚幻的这一结论之前，我们需要掌握非凡的事实证据。我采取的变通办法是将第一人称的经验当作生命的不争的事实，然后寻求解释。

232 科赫在一种稍许不同的语境下来进一步平衡不同意见：

> 虽然我不能排除解释意识现象可能需要根本上全新的定律，但我目前看不到采取这种步骤的迫切需要。

1."突现"是一个哲学上的概念，是指简单要素在一定规模上组成有机系统后便具有了原先简单要素所不具有的新的性质的过程。突现的结果具有不可还原性。——译者注

> ……(但是)大脑状态和现象状态[1](经验状态)的特征看上去是如此不同,以至于彼此之间不能完全用还原论的模式来说明。我怀疑它们之间的关系要远比传统所设想的更复杂。

戴维·查默斯,作为与克里克的观点截然相反的主要发言人,认为纯粹用神经关联概念来解释意识是不可能的。查默斯坚持认为,往好里说,这样的理论也只是告诉我们意识所可能发挥的物理作用,但这些物理理论并不能告诉我们意识是如何产生的:

> 对于我们指定的任何物理过程,存在一个悬而未决的问题:为什么这个过程会产生(意识)经验?假如存在这样的过程,它可以……在没有经验的情况下(存在),这在概念上是说得通的。这样,就不会有对物理过程的单纯解释能告诉我们为什么会出现经验。经验的突现不是通过物理理论的推演就可以说明的。

虽然原子理论可以还原性地解释水的湿润以及为什么它会附着在你的手指上,但这种解释与如何解释你对湿润的感觉相去甚远。查默斯拒绝任何可能的意识的还原性解释,他提出意识理论应当将经验当作像质量、电荷和时空那样的主要实体。他认为,这一新的基本属性将会带来新的基本定律,他称这种定律为"心理物理学原理"。

1. phenomenal states。phenomenal 这个词通常译为"现象的",但它的本意是"由感官感觉到的",故在此译作"感觉的"可能更贴切。—— 译者注查默斯接着推测了这些原理。其中他认为是基本的，而且也是最有趣的一条引出“自然的假说：信息（至少是部分信息）有两个基本方面，物理方面和现象方面（或称感觉方面——译者注）”。这个二元论假设让人想起量子力学的情形。在量子力学里，波函数也有两个方面：一方面，它是一个对象的总的物理实在；另一方面，这个实在，按某些人猜测，纯粹是“信息”（不论是什么信息）。

233

为了说明意识经验超越智力知识，有人讲了这么一个“玛丽的故事”：玛丽是一位未来的科学家，她知道有关感知颜色的一切知识。但是玛丽从来没有走出过房间，房间里的一切不是黑色就是白色。有一天，有人给她看一件红色的东西。这是玛丽第一次经验红色。她对红色的经验显然超出了她所具有的关于红色的完整知识。是不是会有这种事呢？毫无疑问，针对玛丽的故事所引发的论战，你可以提出你自己的正反两方面的见解。

哲学家丹尼尔·丹尼特在他被广泛引用的著作《意识解释》一书中，将大脑处理信息的过程描述为“多重草案”经过不断编辑、多次凝练从而产生经验的过程。丹尼特否认存在所谓的“硬问题”，认为这种提法是某种形式的心脑二元论。他用下述论证来反驳这种观点：

> 物理能量或质量不与它们（从心灵传给大脑的信号）相联系。那么如果心灵要对身体施加影响，对于这些信号作用下脑细胞所发生的事情，它们该如何发挥作用呢？……新标准下物理学与二元论之间的这种矛盾……被广泛认为是二元论不可避免的和致命的缺陷。

由于查默斯认为意识遵循的是超越标准物理学的原理，因此我们不清楚，基于“新标准物理学”的这一论据是否可以成为查默斯的有力反驳。此外，丹尼特的论证中存在量子漏洞：在确定波函数经观察坍缩到某一可能的态方面，质量或能量都不是必需的。

当然，我们自己之所以关注意识这个硬问题，是因为物理学在量子之谜中已经遇到了意识问题，即物理学家所称的“测量问题”。这里，物理观察的特征很接近意识经验。在这两种情形下，似乎都有通常方法（前者是物理学，后者是心理学）不能处理的问题需要解决。234

自从量子理论建立以来，量子力学中测量问题的基本性质一直存在争议。同样，自从意识成为心理学和哲学中的科学讨论对象，它的本质也一直存在争议。2005年，《纽约时报》刊载的一篇文章揭示了人们对此的观点存在相当大的分歧。一些著名科学家被要求说出自己的信念。认知科学家唐纳德·霍夫曼认为：

> 我相信意识及其内容都存在。时空、物质和场从来就不是宇宙的基本常客，而是从一开始就是意识的谦卑的内容，它们的存在非常依赖于意识。

而心理学家尼古拉斯·汉弗莱则不以为然：

> 我相信，人的意识是一种魔术伎俩，旨在欺骗我们，以为我们是一种莫名的神秘的存在。

探索意识性质及其存在的方法之一，就是看你问谁，或是怎么提出问题了。

计算机有意识吗

我们每个人都知道，我们是有意识的。也许相信其他人也都有意识的唯一证据，是他们或多或少看上去和行为上都像我们一样。还有没有什么其他证据呢？这种假设——我们人类同胞都有意识——是如此根深蒂固，以至于我们很难表达出我们为什么相信这一点的理由。

意识在物种上可以延伸多远？猫和狗有意识吗？蚯蚓或细菌呢？有些哲学家将意识看成是一个连续统，甚至将意识的属性延及恒温器。另一方面，也许意识是在这种尺度达到某个点后突然呈现的。毕竟，自然可以是不连续的：低于32°F时，液态的水会突然变成坚冰。

235

让我们从意识问题退后一步，只谈“思想”或智能。今天称为人工智能（或AI）的计算机系统能够帮助医生诊断疾病，辅助将军规划战役，并协助工程师设计更好的计算机。1997年，IBM的深蓝甚至击败了国际象棋世界冠军卡斯帕罗夫。

是深蓝会思考吗？否！ 它依赖于你的思考。信息理论家克劳德·香农在被问及电脑是否会思想时幽默地回答道：“当然，我就是一台电脑，我有思想。”但设计深蓝的IBM科学家们坚持认为，他们的机器仅仅是一台快速计算器，它能够在眨眼间估算出上亿步象棋走法。无论深蓝会不会思考，这肯定不是意识问题。

但是，如果一台计算机在各个方面看上去都有自觉行为，我们会不会就认为它有意识了呢？我们按照时间考验的原则，即如果它看起来像只鸭子，走起来也像只鸭子，“嘎嘎”叫起来也像鸭子，那它就一定是只鸭子。

有趣的问题是，我们是否有可能建立一台有意识的计算机，或有意识的机器人。计算机意识有时也被称为强人工智能。（它会不会是一个拔掉真正有意识的机器人的电源的杀手？）我们有很先进的逻辑“证据”证明强人工智能原则上是可能的。但也有其他“证据”证明它是不可能的。你怎么判断一台计算机是否有意识？

1950年，阿兰·图灵提出了一项测试计算机意识能力的建议。实际上他称这项建议是对计算机是否能思考进行检验，那时的科学家不会将“意识”一词用到计算机上。（图灵还设计了第一台编程计算机，发展了一条定理来说明哪些是计算机最终能够做的，哪些是不能做的。后来图灵因同性恋被捕，并于1954年自杀身亡。在他去世多年后，官方透露，正是图灵破译了德国的“谜”代码，使盟军能够读取敌人的最秘密的讯息，并有可能因此使二战缩短了好几个月。）

图灵在检验计算机是否有意识方面采用的判据与我们判断另一个个体的意识时采用的“它在外观上和行为上是否与我们类似”这一判据基本上是相同的。我们不必担心“外观”那部分，一个有着人类外貌的机器人毫无疑问是能够实现的。问题是这部计算机的大脑是否被赋予了意识。

236

为了检验一台特定的计算机是否有意识，按照图灵的观点，它应具有足够强的键盘沟通能力，能进行你愿意进行的任何对话。如果你不能判断你是在与一台计算机对话，还是在与另一个人沟通，那就说明这台计算机通过了图灵测试。有人因此会说，你不能否认它是有意识的。

有一天在课堂上，我（布鲁斯）随便评论说，任何人都可以轻易通过图灵测试。一位年轻的女士表示反对："我就是无法通过图灵测试的老家伙！"

意识是我们正在探索的一个谜，因为物理学与它的相遇给我们带来了量子之谜。在下一章里，我们就来谈谈意识之谜与量子之谜的遭遇。

第 17 章
意识之谜遭遇量子之谜

当物理理论的领地扩展到包括量子力学创建的微观现象后，意识观念再度冒头：量子力学要想不考虑意识问题就得到完全自洽的形式体系是不可能的。 237

——尤金·维格纳

当存在两个谜团时，假设它们有共同的起源，那就会变得很有诱惑力。这种诱惑在下述事实面前已经变得很明白：量子力学的问题似乎被牢牢地绑定在观察概念上，其关键涉及主观经验与世界其他部分之间的联系。

——戴维·查默斯

意识和量子之谜不只是两个奥秘，它们是两个这样的谜团：首先，量子之谜实验演示向我们展现了客观的、“外在的”物理世界的谜团；其次，自觉意识则向我们展示出主观的、“此地的”精神世界之谜。量 238 子力学则似乎将二者联系在一起。

“正统”解释

约翰·冯·诺伊曼在1932年出版的《量子力学的数学基础》一书

中，严格证明了量子理论遭遇意识的必然性。冯 · 诺伊曼考虑的是一种理想化的量子测量过程。实验由一个处于叠加态的微观对象开始，以观察者的观察结束。例如，将一台与世界其他部分完全隔绝的盖革计数器与一个量子系统（譬如说，一个同时处于两个盒子里的原子）发生联系。如果原子在下面的盒子里，则盖革计数器被触发；如果原子在上面的盒子里，则盖革计数器不触发。冯 · 诺伊曼证明了孤立的盖革计数器作为由量子力学支配的物理对象，将与两个盒子里的原子纠缠在一起。因此，它将与原子形成叠加态。就是说，盖革计数器将同时处于被触发和不触发的状态（我们在薛定谔的猫上就看到过这种情形）。

如果第二个设备（譬如说显示盖革计数器是否被触发的电子仪器）也是隔离的，与盖革计数器发生接触，那么它也将加入到同时显示两个情形的叠加态波函数中。这种所谓的“冯 · 诺伊曼链”可以无限持续下去。冯 · 伊依曼证明，服从物理学定律（即量子理论）的物理系统不可能使叠加态波函数坍缩到一个特定的结果。但是，我们知道，处在冯 · 诺伊曼链终点的观察者总是能看到一个具体的结果——被触发或没触发的盖革计数器，而不是二者的叠加。冯 · 诺伊曼证明了，就实用意义而言，波函数可以被认为坍缩到测量链上干涉演示根本的不可能的任一宏观阶段。不过，他得出结论，严格说来，坍缩只发生在“Ich”（这个词是弗洛伊德的“自我”的同义词，指有意识的头脑）的地方。

两三年后，薛定谔用他的猫的故事来强调他自己的量子理论的“荒谬性”。他的故事基本上是建立在冯 · 诺伊曼的结论的基础上的。

这个结论就是：原则上，为了使叠加态发生坍缩，量子理论需要一个有意识的观察者。难道真是如此吗？[239]

我们需要有意识的观察者吗

使波函数坍缩需要一个自觉的观察者？要回答这个问题，你可以用“是”也可以用“否”。“坍缩”和“意识”都具有广泛的意义。对于薛定谔猫的故事，我们可以借助哥本哈根解释，认为只要原子遇到盖革计数器，那么宏观盖革计数器的波函数就必然坍缩到触发态或未触发态。猫便迅速变得要么死要么活，从来不会是一种叠加态。另一方面，由于盖革计数器和薛定谔的这个“地狱般的玩意儿”与环境是隔绝的，因此猫同时处在死和活的状态不会变成要么死要么活的单一状态，除非观察者变得意识到这种非死即活的状态，情形才会改变。

这后一种情形有点复杂。“变得意识到”可以理解为看到猫并且充分意识到这只薛定谔的猫譬如说是死的。另一方面，对猫的状态的“有意识的观察”可以由看到盒子小孔透出的闪光灯的闪光来实现。如果没看见闪光灯闪光，说明猫站立在那儿。（猫可以是有意识的观察者吗？对于这种说法，不妨考虑一只机器猫，如果盖革计数器被触发，它就倒下。）

了解闪光灯闪光的意义的观察者会有意识地观察猫是否死了。然而，如果这位观察者仅仅只是注意到闪光，而对其意义一点都不了解，结果又将如何呢？或者，如果观察者受到闪光灯的一闪，但却没有意识到，那又该如何呢？观察者毕竟与这些光子发生了纠缠，从而与猫有纠缠。如果是与有意识的观察者的纠缠构成了坍缩，那么我们就大大拓宽了“意识”的意义。

我们要强调的是，这种波函数坍缩的问题源自量子理论。“坍缩”和“波函数”都是理论术语。而量子之谜则通过实验者的自由选择直接产生于量子实验。这个谜团的出现不是“坍缩”或“波函数”讨论的结果。

240

自觉意识与纠缠

我们再回过头来考虑盒子对里的原子。现在的情形是让盒子可以透光。如果原子处在上面的盒子里，那么由上面的盒子透出的光子会被原子反弹到一个新的方向。如果原子在下面的盒子里，则光子将直接通过。由于原子处于上下两个盒子的叠加态，因此光子与原子纠缠并加入到叠加态。它处于既反弹又直通的状态。在直通的路径上安有一台隔离的盖革计数器，它也会与光子–原子波函数发生纠缠，处于被触发和未触发的叠加态。

然而，现在假设被光子击中的盖革计数器坐落在桌子上，而桌子静立在地板上，那么这台非隔绝的计数器就会与桌子有相互作用（譬如它的原子受到桌子的原子的反弹），因此与桌子形成纠缠，从而由此推开去与世界其他部分（包括人）发生纠缠。与光子纠缠的原子，不但与计数器有纠缠，现在与有意识的观察者也纠缠在一起。如果没有人看盖革计数器（或不知道它的触发意味着什么），那么就没有人知道哪个盒子里有原子。

难道是原子与世界其他部分（包括有意识的观察者）的这种纠缠使原子坍缩到一个盒子里？或者说，原子坍缩到某个盒子需要通过实际查看盖革计数器来确定原子在哪个盒子里的意识参与？我们怎么能知道这一切呢？严格地说，除非我们诉诸某种超越目前量子理论的东西，否则原子仍然在两个盒子里，盖革计数器仍处于被触发和未触发的叠加态。（第13章中，我们谈到过由隔着空间的观察者对此进行检验的假想实验。）

只要光子击中的不是孤立的盖革计数器，世界其余部分便瞬间与我们纠缠在一起。根据量子理论，纠缠跑得无限快。但对于知晓计数器状态变化的远处的人来说，他或她必须通过某种物理手段进行沟通，而这些手段的传递速度均不会超过光速。

我们看到，在得出贝尔定理的实验中，纠缠传递的速度超过光速，无限快。一旦对孪态光子的偏振进行了观测，这对孪态光子的偏振特性便确定了。这就是纠缠。但只有当两个观察者获得了彼此结果的信息后，他们才能知道他们的结果是否匹配。光子瞬间便“得知”其孪态兄弟的形态，但爱丽丝和鲍勃要了解对方的结果则只能在有限光速的条件下实现。

241

图17.1是一幅摘自2000年5月的《今日物理》的漫画。它反映了几方面的情况。（量子之谜出现在当时的物理期刊上，并不表示这个问题已经解决，而往往是以幽默的方式表现一下而已。）自然，在埃里克环顾左右而言他的时候，克丽斯，尽管与埃里克和世界其余部分存在纠缠，却并非处于“所有可能状态的叠加态”。毕竟，当你看着远

处的时候，你发现的那个处在特定盒子中的原子不会处在这两个盒子的叠加态。

图17.1 尼克·金的漫画，版权所有：American Institute of Physics（2000年）

意识和还原论

随着意识问题在量子实验中的出现，或者只是出现在量子理论里，我们都可以看到一个与还原论有关的问题。在还原论者看来，对复杂系统的说明都可以到其底层科学中去寻找。例如，我们可以从生物方面来寻求心理现象的解释。生物现象则可以最终被还原成化学过程。没有哪个化学家会怀疑，化学现象本质上是一种遵从量子物理学的原子之间的相互作用。物理学本身则被认为是基于坚实的原始经验。

在第3章中，我们用还原论金字塔来代表这一观点。物理学所基于的原始经验受到了量子力学的挑战，在量子力学看来，物理学最终是基于观察。而观察又以某种方式涉及意识（无论什么途径）。因此，图17.2中的还原金字塔的基础添加了有点阴云密布的意识。就实用目的而言，科学永远是分层的，每个层次都有它自己的一套概

242

念。然而，这种新的还原论视角却改变了我们所熟悉的科学大厦的基础。

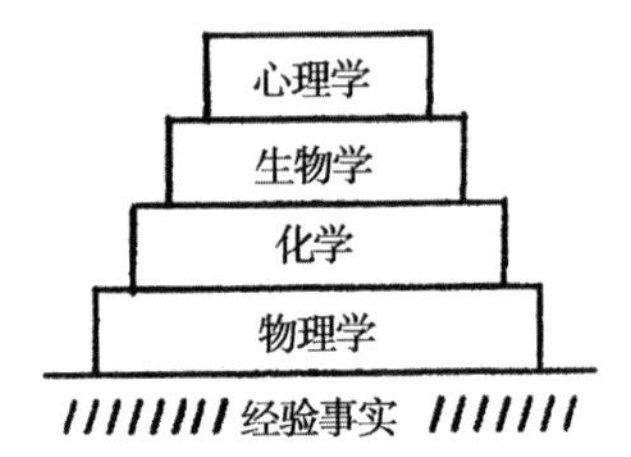

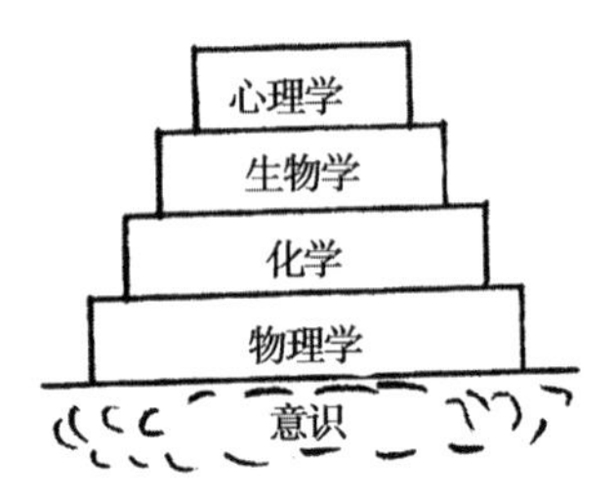

图17.2 科学解释等级序列的重构

机器人论证

人们往往用机械机器人的论证来否定与意识的遭遇。这里的论点是：坍缩波函数并不需要一个有意识的观察者，因为一台没有意识的机器人可以做同样的事情。机器人可以是第7章中所述的盒子对。按照程序设定，你可以用每组盒子对来做“哪个盒子”实验，也可以做“干涉”实验，并打印出二者的结果报告。而打印出的结果对于有无有意识的实验者参与是无法区分的。由于实验中不涉及意识，因此这里不存在涉及意识的谜团。

下面谈谈为什么这种论证不起作用。机器人的打印输出表明，用特定一组盒子对来进行“哪个盒子”实验，确立的是这组盒子对中包含的对象全在一个盒子里。而用其他组盒子对来进行“干涉”实验，确立的是这些盒子对所含对象处在两个盒子里。机器人的打印告诉我们，不同的盒子对确实包含着不同类型的对象。

一个问题：机器人怎么“决定”用哪组盒子对来进行相应的实验？如果它用对象实际上全在一个盒子里的那组盒子对来做“干涉”实验，结果就会变得没有干涉条纹出现，只是均匀分布。回答是：这从未发生过。反过来，如果机器人用分布在两个盒子的对象来进行“哪个盒子”实验，结果又会如何呢？回答是：部分对象也从未报道过。

如果你探讨这台机器人怎么会莫名其妙地总是能做出合适选择来进行实验，你就会发现，对任何机械机器人来说，它使用的是一种与掷硬币一样有效的选择方法。一面是“哪个盒子”实验，另一面是“干涉”实验。机器人在掷硬币上的正确选择与在特定一组盒子对实验中的表现是有联系的。你会发现这种联系莫名其妙，很神秘。

你继续调查，你用一种决策方法来取代机器人的硬币翻转，这是一种你肯定在特定的一组盒子对上不存在实际关联的决策方法：你有意识地自己做出自由选择。你按了一下按钮，告诉机器人用哪组盒子对做实验。你会发现，由于你的自由选择，你既可以建立对象集中在一个盒子的结果，也可以让它们分布在两个盒子里，即两个相互矛盾的结果的其中一个。于是你现在就遇到了量子之谜，遇到了意识。所以说，用机器人论证来否定意识的参与是不起作用的。

对机器人论证的驳斥确实需要我们接受这样一种自觉的感知：我们可以做出自由选择，我们的选择至少部分独立于外部物理世界。另一种方法就是承认我们就是这个完全确定论世界里的机器人。

意识的唯一客观证据

所谓“客观证据”是指可以向任何人展示的第三人称证据。在这个意义上，客观证据是建立科学理论的正常要求。我们每个人都知道，我们是有意识的，这是意识的第一人称证据。他人报告说他们有意识，这是意识的第二人称证据。但如果没有第三人称的证据，即意识本身可以直接作用于物理上可观察的东西的客观证据，那么它的存在依然是不可靠的，而且时常就是否定的。

有人声称，“意识”不过是我们大脑的神经细胞和其相关分子的电化学行为的名称而已。那么意识是否能在超出我们身体的电化学活动能够解释的某些方面直接显现其作用呢？ 244

什么东西可能有资格作为意识直接作用于实体的客观证据呢？双缝实验（或盒子对版本）似乎有这个资格。但它有一个缺点，就是这个证据是间接证据而不是直接证据。就是说，这个事实（干涉条纹的宽度取决于盒子对间距）是用来建立第二个事实的（对象存在于两个盒子里）。

在合理的疑点之外，间接证据可以是令人信服的。例如，它可以合法地确保对一项犯罪事实的定罪是可靠的。但间接证据的逻辑有点绕。因此，如同我们讲述纳根帕克故事那样，我们首先提出一个实际上并不存在但可以作为意识的直接证据的例子。这个直接证据很容易分析，它是对我们的量子实验的一种比喻，能将旁证更正面地摆在我们面前。下面是我们的故事：

你面前有一组盒子对。如果你选择一次打开一对盒子中的一个，你会发现其中一个盒子里有宝石，另一个是空的。宝石是在你打开的第一个盒子里还是在第二个盒子里是随机的，但另一个盒子一定是空的。另一方面，如果你选择同时打开每对盒子，你总能发现每个盒子里都有半块宝石。

你和你的专家团队可能有充裕的研究经费，试图寻找能证明开盒的物理过程有可能对宝石的存在条件有影响的任何证据。但你只能得到超越合理怀疑的结论：这样的物理效应不存在。

当然，这个演示不可能实现。如果它真能实现的话，你别无选择只有将它作为开盒动作的有意识选择可以影响到物理状态的客观证据加以接受。这将是下述断言的客观的、第三人称的证据（虽然没有证明）：意识可以在超出它的神经关联之外作为实体存在。

原型的量子实验——双缝实验或本书给出的盒子对实验——就接近这个示范。我们在打开盒子对时找不到任何物理效应。你对要做的实验的有意识选择（是“哪个盒子”实验还是做“干涉”实验）显然能够创建这两种相互矛盾物理情形的一种。由于这种示范可显示给任

245

何人，因此量子实验属于客观证据。

虽然量子实验必然涉及干涉，因此再好也属于旁证，但这是我们关于意识的唯一的客观证据。当然，证据不是证明。量子实验属于在犯罪现场提取的疑犯的可疑足迹。

量子实验真的能实际证明意识可以延伸到并做出某种物理行为吗？作为物理学家，在此严峻时刻，我们甚至做不到半信半疑。但量子理论的创建者、诺贝尔物理学奖获得者尤金·维格纳是这样推测的：

> 支持存在意识对物理世界的影响是基于这样一种观察：我们不知道是否存在这样一种现象，其中一个因素受到另一个因素的影响而不对后者施加影响。笔者似乎信服这一点。事实上，在通常的实验物理学或生物学情形下，意识的影响肯定是非常小的。“我们不必假设有任何这样的效应。”然而，让人记忆犹新的是，在光与机械物体的关系上我们也曾说过同样的话……如果理论上就不认为它存在，那么要检测出这类（很小的）效应是不可能的……

这种推断可能会激怒一些物理学家。但你至少可以知道，维格纳的激进推断是基于无可争议的实验事实。

位置很特殊

为什么我们不能看到一个对象同时处在两个盒子里？量子理论没

有提供答案。严格地说，一个对象完全处于盒子A中也可以被认为是一种“叠加态”。它是状态{在A盒中+在B盒中}与状态{在A盒中－在B盒中}的叠加。结果得到{在A盒中}。同样，活猫状态也是状态{活+死}与状态{活－死}的叠加。缺少的因子2可由量子理论的实际数学演算来解释。

246

就量子理论而言，所有这些态都有同等地位。那么，为什么我们总是看到事物处在某些态，以某个特定位置为特征的态呢？我们从来没有看到过对应于物体同时处于不同位置的怪异状态。（薛定谔的猫同时活着和死了就是这样一种怪异状态，因为要将活态与死态区分开来，活猫的原子就必须处在与死猫的原子不同的位置上。）

对于我们的一对盒子里的对象，我们通过干涉实验推测出它同时在两个盒子里。但我们从干涉实验取得的实际经验是对象在干涉条纹的具体极大值处的位置。

可以说，我们之所以仅能观察到以独一位置为特征的态，是因为我们人类的生命只能够体验到位置（和时间）。例如，速度就是两个不同时刻的位置。我们的眼睛之所以能够看到东西，是因为被物体反射的光落在我们的视网膜的特定位置上。我们通过皮肤触摸某物的位置来感觉它的存在，我们通过声波作用于不同的耳膜位置而听到声音，我们通过鼻子里特定受体位置上的效应来感觉气味。因此，我们制造出测量仪器根据其位置来显示结果——譬如米尺刻度所指的位置或屏幕上光的明暗条纹的位置等。在量子理论中没有任何东西必然造成这种情形，而是我们人类自身的特殊构造使然。

我们是不是可以想象其他生命能够体验到不同的实在呢？难道它们可以直接感受到我们只能推断的叠加态的存在？对它们来说，原子同时在两个盒子里，薛定谔的猫同时活着和死去或许是很“自然的”。毕竟，这是量子方式，一种大自然的方式。因此，它们可能不会有测量问题，也没有量子之谜。

两个谜团

247

事实上，我们可以看到两种测量问题，两个谜团。我们专注于观察者创建的实在：譬如说，观察造成被看的原子整个儿地出现在一个盒子里，或薛定谔的猫活着或死了。（爱因斯坦有句俏皮话，他相信月球是真的在那儿，即使没有人看它。他用这句话来质疑这个谜团。）令人不安的程度稍弱点的另一个谜团是大自然的随机性：是什么原因使原子随机地出现在譬如说A盒而不是B盒中？猫是怎么就随机地譬如说成了活的状态？（爱因斯坦用另一句俏皮话——上帝不掷骰子——来挑战这个谜团。）

按照埃弗雷特对量子力学的多世界解释，你可以选择所有可能的实验并查看所有可能的结果。根据这种观点，处在一个特定世界的“你”之所以受到两个谜团的困扰，只是因为你没有意识到，在每一次观察，在做出每一个决策时，你是分裂并同时存在于多种不同的世界里的。按照埃弗雷特的观点，完整的“你”应当不受任何谜团困扰。

让我们展开点幻想来对比这两个谜团（受到罗兰·翁内斯的寓言的启发）。持埃弗雷特观点的人待在较高的层面，他们愉快地体验到量子理论给出的同时并存的实在的多重性质。他们不受任何谜团的困扰。一位年轻的埃弗雷特信徒，屈尊下凡到地球进行探索，他吃惊地发现他的同时多重实在坍缩为单一的现实体（就像波函数全坍缩到一个盒子里）。他的好奇心驱使他反复来到人间。每一次他都看到他的实在随机地坍缩到他在他那个更高层级里习惯了的同时并存的多个实在中的任意一个。他对这种坍缩感到莫名其妙，肯定有东西是他所熟悉的量子理论无法解释的，于是他报告了这个谜团：都到地球上来吧，大自然在这里随机选择实在的一个现实体。

这位埃弗雷特信徒在观看他所经历的多重实在时有一种偏爱（正如我们在选择用盒子对做哪种实验时一样）。然而他明白，根据量子理论，他的这种个人选择，即物理学上所谓的"基底"，与其他人是等价的。对于地球上特定人群的相当不寻常的某种情绪，我们的埃弗雷特信徒需要为他的多重实在采用不同的基底。他经历了第二个困惑。随机坍缩不只是坍缩到一个具体的现实体，一个他现在已变得习惯的东西，而是一个在逻辑上与他以前观看的方式所呈现的样子不一致的现实体。于是他报告了第二个而且是更令人不安的谜团：快到地球上来，他看东西时的有意识的选择会造成不一致的实在。

248

意识的两种量子理论

那种既包括精神又涵盖物质的超出类比的理论一定要是一种结构宏大而思想奔放的理论。它们难免受到争议。彭罗斯-哈莫洛夫方法就是这样一种基于量子引力的理论，这是一个仍在发展的理论，描述的是黑洞和大爆炸，罗杰·彭罗斯是这个理论的主要创立者。彭罗斯–哈莫洛夫理论对意识的处理还涉及数理逻辑和神经生物学的思想。

数学家哥德尔证明了任何逻辑系统都包含着其真理性不能证明的命题。但是，我们可以通过洞察力和直觉来把握其答案。彭罗斯从这点出发，有争议地推断道，意识过程是不可计算的。也就是说，没有计算机可以复制它们。从而彭罗斯否认了实现强人工智能（或称为强AI）的可能性。如果不可能存在强人工智能，那么意识，就像量子之谜一样，必定超越我们现在的科学可以解释的范围。

彭罗斯提出了一种超越目前的量子理论所能解释的物理过程：宏观叠加态迅速坍缩为现状。这个过程会使同时以盒子A和盒子B存在的两个宏观对象迅速变成盒子A或者盒子B。它可以使同时活着和死去的薛定谔的猫迅速变成要么活着，要么死了。在一般情况下，它会导致“和”变成“或”。这个过程客观地坍缩或“约化”波函数，就是说，对任何人都一样，甚至不需要观察者。彭罗斯把这个过程称为“客观约化”，或缩写为OR。他指出这种词头缩写很恰当，它带来“或”的局面。

249

彭罗斯猜测，每当两个时空几何体差异太大，从而其引力效应也相差很大时，客观约化便自发发生了。斯图尔特·哈莫洛夫，一名麻醉师，则指出，他规律性地关闭意识，然后重新开启，并暗示这个过程是如何在大脑中发生的。存在于神经元中的某些蛋白质（微管蛋白）的两种状态可能会在神经官能的时间尺度上显示出彭罗斯的客观约化过程。彭罗斯和哈莫洛夫声称，叠加状态和长程量子相干性可能存在于大脑，即使它与环境是一种物理接触；这种自发的客观约化过程可以调节神经功能。

这样一种客观约化过程或许构成“经验的显现”。如果与观察者身外的对象纠缠在一起，大脑中的客观约化过程就会坍缩被观察对象的波函数，因此每件事都与它们发生纠缠。

彭罗斯-哈莫洛夫理论的三个基础——不可计算性、量子引力的参与和微管蛋白的作用——每一个都有争议。整个理论已被讥讽为具有对“突触内的精怪尘埃”的解释能力。然而，与几乎所有其他的意识理论、量子理论等不同的是，它提出了一种具体的物理机制，提出了某些用我们今天的技术可检验的基本方面。这类检验正在进行，虽然结果有争议。

亨利·斯塔普则提出了另一种理论。他认为，经典物理学永远无法解释意识是如何能够有物理效应的，但量子力学的解释来得自然些。前面我们已经看到了自由意志是如何通过将心灵挡在物理学领域之外而被允许与确定论的经典物理学相容的。斯塔普指出，将经典物理学扩展到脑（心）会使我们的思想受到粒子和场的确定性运动带来的“自下而上”的控制。经典物理学不允许存在任何“自上而下”的意识影响机制。

斯塔普从冯·诺伊曼的哥本哈根解释的那套体系出发。我们知道，冯·诺伊曼认为，在查看一个处于叠加态的微观对象时，整个测量链——从（譬如说）飞向盖革计数器的原子到看它的人的眼睛，再到观察者大脑里的因此变得纠缠的突触——（严格来说）必须被视为一个庞大的叠加态。只有意识，作为某种超越薛定谔方程和超越目前物理学的东西，可以（按照冯·诺伊曼的观点）坍缩波函数。

斯塔普假设了两种实在：一种是物理的，一种是精神的。物理实在包括大脑（也许它处在一种特定的量子叠加态）；精神实在则包括 250 人的意识，特别是人的意图。精神实在可以有意识地作用于物理的大脑来选择特定的叠加态，后者随后坍缩到一种实际情形。在这个理论里，意识不直接“伸向”外部世界，但这种精神选择毕竟部分决定了身体之外的物理世界的特征。例如，它决定了一个对象是否整个儿地处在一对盒子的某个盒子里，还是同时处在两个盒子里。这种选择的最终随机特性（例如，对象是在某个盒子里，还是在干涉条纹的最大亮条纹里）是由大自然决定的。

一个大的、温暖的大脑，在人意图影响它时，是怎样在特定的量子态下保持足够长的时间的呢？大脑中原子的随机热运动使得一个量子态存在的时间要比心理活动过程所需的时间短得多。对此斯塔普用所谓“量子芝诺效应”（芝诺曾说过类似的话：观察水壶永远不会使其烧开）的表现来回答。当一个未经观察的原子，或任何量子系统，从较高的态衰变到较低的态时，衰变开始时非常缓慢。如果这个系统在衰变刚一开始就受到观察，它几乎肯定会被发现处于原始状态。然后衰变再次从原始状态开始。如果系统几乎是不间断地受到观察，那么它便几乎从来不曾衰减。斯塔普用这一过程来说明人的精神有意地“观察”人的大脑，因此可使大脑在给定的量子态下保持足够长的时间。

斯塔普援引各种心理检查结果来作为他的理论的证据。自然，这一理论颇受争议。

量子力学的心理学解读

虽然量子理论明显违反直觉，但它非常有效。既然大自然不需要表现得符合我们的直觉，那么是不是测量问题，或者说量子之谜，只存在于我们的头脑里呢？也许是这样。但是，如果真是这样的话，为什么我们发现量子力学这么难以接受呢？为什么观察事实会产生如此强烈的认知失调，使我们的自由意志的意识与我们相信存在一个独立于观察的真实的物理世界的信仰之间发生冲突呢？

251

仅仅说我们是在作为一种很好的近似的经典物理学所描述的世界里演化是不够的。过去我们曾认为自己是生活在一个太阳在天空中移动而地球静止不动的世界里。然而，哥白尼图像出现后，尽管一度被认为有违直觉，但人们还是欣然接受了，我们的世界观随之改变。我们也曾认为自己是生活在一个一切事物的变化与光速相比要慢得多的世界里。爱因斯坦的相对论被认为严重违反直觉。虽然学物理的学生在最初接受在一艘运动的宇宙飞船里时间会变慢这一现象时会感到困难，但他们会很快调整自己的直觉来接受这一结果。相对论不需要“解释”。你对相对论思考得越深入，就越不会对它感到奇怪。但是你对量子力学思考得越深入，则越会感到它奇怪。

我们的大脑到底是怎么组织的会使量子力学显得如此怪异？对于这个问题，大多数物理学家往往将这种量子之谜归咎于心理学。于是我们对观察创建的物理实在感到的不安便成了仅仅是一种心理上的担忧。这就是量子力学的心理学解释。于是量子之谜不再是一个物理学问题，而是心理学问题，变成了需要心理学家真正去解决的东西。

量子力学支持神秘论吗

有时人们不言而喻地认为，古代宗教圣贤们早已直觉到当代物理学的各个方面。有人进一步声称量子力学为这些神秘教义的有效性提供了证据。但这样的推理并没有说服力。

然而，与牛顿世界观有时被认为否定了这种思想不同的是，量子力学——认为世界是广泛通连的，并且涉及对实在性质的观察——否定了牛顿世界观的这种否定性。从这种最一般的意义说，人们可以看到，物理学的结果是支持古代先哲们的某些思想的。（当玻尔被封为爵士时，他把他的阴阳图案的纹章用作袖标。）

量子力学告诉了我们一些关于我们的世界的奇怪的事情。对这些事情我们还不能完全理解。这种陌生感具有超出物理学的影响。因此，当非物理学家将量子思想融合到他们自己的思想体系中时，物理学家可以抱容忍的态度。

252

然而，我们的物理学家常常为量子思想的滥用所困扰，感到尴尬。例如，某些医学或心理治疗方法就号称是以量子力学为基础的。这种滥用的明证是这类概念的陈述，言下之意它们是从量子物理学派生出来的，而不只是对它的类比推断。

确实，量子力学可以为富有想象力的故事提供良好的出发点。《星际迷航》里的隐形传态（“传给我，斯科蒂”）就是对EPR型量子实验的影响的一种富于想象力的但可接受的推断。这样的故事很好，正如《星际迷航》所表现的那样，它很明确这是一种虚构。但不幸的是，事情并非总是如此。

类比

意识是否可以对大脑之外的事物产生直接影响，量子物理学提供了一些引人注目的类比。既然是类比，当然也就证明不了什么，但它们可以激发和引导我们思考。启蒙运动正是通过与牛顿力学的类比而引发的。这里我们给出玻尔曾提出的一个非常一般的观点：

> 联想性思考的持续向前冲动与人的个性上统一的保守性之间的强烈对比，展现了由叠加原理支配的物质粒子运动的波动描述与这些粒子坚不可摧的个体性之间的富于启发的类比关系。

以下列出的是其他人提出的更多的观点：

二重性：经常有观点认为，意识经验的存在性不可能从物质大脑的物理性质推导出来。它牵扯到两种性质不同的过程。同样，在量子理论中，真实事件不是出自不断变化的波函数，而是由观察造成的波函数坍缩引起的。这是两种性质不同的过程。

253

“非物理的”影响：如果在物理大脑之外有一颗“心灵”存在，那么它是如何与大脑沟通的?这个谜让人回想起爱因斯坦称为“幽灵作用”而玻尔称为“影响”的两个量子纠缠对象之间的联系。

观察产生的实在:贝克莱的“存在就是被感知”是一种观察创建所有实在的先验的唯我论观点。但是它让人联想到盒子对里的对象上,或薛定谔的猫身上所发生的事情。

观察思想:如果你思考一种思想的内容(它的位置),你将不可避免地改变它(它的运动)。另一方面,如果你考虑它去往哪里,你将失去其内容的清晰性。类似地,测不准原理表明,如果你观察对象的位置,你便干扰了其运动。另一方面,如果你观察它的运动,你便失去了它的位置的清晰性。

并行处理:神经动作速率要比电脑慢几十亿倍。然而,面对复杂问题,人类的大脑可以说是表现最为优秀的计算机。据推测,大脑可以实现多路径同时工作。它就像一台大规模并行处理的计算机,科学家正试图用量子计算机来实现这一功能,其运算单元同时处在多种态的叠加状态。

意识与量子力学之间的类比让我们预期,一个领域的基础性研究的进展将刺激其他领域研究的进展。类比甚至可以提出这两者之间的可检验的联系。

异常现象

异常现象是指正常科学里发生的出乎意料的事情。涉及心灵的例

子有三个：超感官知觉（通过正常感官之外的途径获取信息）、预知
254 能力（能预见未来将会发生的事情）和心灵致动（单独的心理活动能产生物理效应）。

据调查，大多数美国人（和英国人）笃信存在这种现象。在大教室上的普通物理课上，当我们用一种积极的口吻问道："你认为至少可能存在某种超感官知觉吗？"有一半以上的学生举手表示赞同。（我们两个人会回答："不太可能。"）

由于异常现象经常与量子力学的奥秘联系在一起，因此我们有必要在此做些评论。这种联系很可能会产生误导，有时甚至是欺诈。这种联系让物理学家感到为难，正像我们自己亲身体验到的那样。这也是为什么物理学家总是避谈量子之谜的一个原因。

然而，有些有特异功能的研究人员声称他们可以展示这类现象。这些人虽然看上去普通，但他们一出手就可以显示预知能力，而且显得很傲慢。但这不是一种有效的证明方式。

我们举出一个最近的例子来说明必须认真对待这种现象的报告：在2011年1月，《纽约时报》上发表了一篇题为《关于超感官知觉的期刊文章引发愤怒》的文章。事实正是如此。

这篇由最受尊重的心理学期刊发表的文章是康奈尔大学的杰出的心理学家和教授达里尔·伯恩写的。伯恩在文章中报告了有关超感官知觉和预知能力的广泛的实验证据。伯恩知道这些异常现象有违正

常的科学世界观，因此他提醒读者道："这些（无可争议的）量子现象的若干特征本身是与我们日常的物理实在的概念不相符的。"

人们往往认为科学家们在面对他们所看到的东西时会表现出一种豁达的态度，甚至对那些难以相信的东西持开放心态。有些科学家则对他们所看到的东西过于开放，以至于用这些异常现象实验来欺骗自己。另一方面，魔术师作为玩弄假象的行家，则不容易受骗。魔术师不止一次地揭露了某些科学家所声称的异常现象的证据的缺陷。我们应指出，心理学家伯恩就是一位著名的魔术师，因此他不太可能上当受骗。

那些让人很难相信的事情需要强有力的证据。然而，迄今为止，足以说服怀疑论者的异常现象的存在的证据尚不存在。

但是如果——注意，是如果——这种现象得到了令人信服的证明，即能够让最初持怀疑态度的科学家（和魔术师）相信的那种证明，[255] 那么我们就知道该从哪里开始寻找解释：爱因斯坦的"幽灵作用"。进一步说，那种经证明的量子现象的存在扩大了人们可以想象的范围，从而增加了各种异常现象的主观可能性。（在贝叶斯概率意义上的"主观性"。）在目前的物理学理论里，各种异常现象的极端不可能性意味着，任何确认，无论其效应多么微弱，都将迫使我们彻底改变世界观。

在接下来的章节里，我们考虑对所有宏观物体和整个宇宙的量子之谜的影响。

第 18 章
意识和量子宇宙

257　刚开始时只有概率。只有当有人观察它时，宇宙才可能开始存在。尽管观察者的出现是几十亿年以后的事情了，但这无所谓。宇宙之所以存在是因为我们意识到这一点。

——马丁 · 里斯

马丁 · 里斯，英国剑桥大学教授，英国皇家天文学家。他的这番话肯定不能仅从字面上来理解。本书写到这儿，你至少知道是什么刺激产生出这样一种评论。从说明观察者创建实在的诸多小事被证明外推到整个宇宙，这是观念进步上的一大步。然而，量子理论理应适用于一切事情。

量子理论可能包括了大部分的物理学（和生物学）现象。但由量子实验带来的谜团，以及由宇宙学带来的谜团，似乎需要用全新的概念予以说明。我们已经看到，领袖级量子宇宙学家，像维格纳、彭罗斯和林德，均认为从某种意义上说，意识遇到了寻求这些新概念的问题。同样，本书将关于宇宙的讨论作为结束全篇的最后一章。

爱因斯坦的引力理论——广义相对论——对大尺度宇宙的描

述近乎完美。它预言了黑洞，认为需要借助宇宙大爆炸来处理。然而，要了解黑洞和大爆炸，还需要处理小尺度的事情。因此，它需要量子理论。既需要广义相对论又需要量子理论，这就带来了一个问题：广义相对论与量子理论不好嫁接。 258

问题是这样的：量子理论假设了一种固定的空间和时间，或曰时空，然后在这个框架内描述物质运动。但在广义相对论中，这个框架随物质分布呈卷曲状态，物质决定着空间如何弯曲，空间给出物质如何运动。为了将这两种对自然的基本描述统一起来，给出一种引力的量子理论，弦理论家和其他人已经奋斗了几十年，但仍然一筹莫展。

当几年前，我告诉一位从事弦论的同事我对量子之谜感兴趣时，他的反应是："布鲁斯，我们还没有准备好。"他的看法是，他称之为量子测量问题的解决可能需要在量子引力理论方面取得进一步推进。他觉得，他们绝不会将意识问题掺和进来。也许吧。但今天的宇宙学——我们对宇宙作为一个整体的看法——提出了量子之谜。这个谜团似乎在前所未有的大尺度上涉及意识问题。

黑洞、暗能量和宇宙大爆炸

黑洞

当恒星耗尽了保持其热度因而使其膨胀的核燃料后，将在自身引力的作用下坍缩。如果它的质量超过某个临界质量，就没有任何力量可以使其停止继续坍缩。广义相对论预言，恒星将坍缩到一个质量极大、空间体积无限小的点——“奇点”。物理学家正设法去掉这种奇点，量子理论的做法是通过尚未理解的途径用一个高度致密但有限体积的质量来取代这个奇点。

在这个致密质量附近的一定距离（也许是几千米）内，是所谓的“事件视界”，此处的引力非常之大，甚至连光都无法逃脱。因此坍缩的恒星是不发光的，它是暗的天体。任何冒险进入视界内的东西就永远出不来了，故它也称为黑洞。

史蒂芬·霍金证明，要理解黑洞的物理图像，在奇点问题和视界问题上都离不开量子力学。量子效应导致黑洞的视界发出所谓的“霍金辐射”。通过这种能量排放方式，任何无法再从周边吸进物质的黑洞将最终辐射殆尽，或“蒸发掉”。

虽然大的黑洞的蒸发时间尺度可能会超过宇宙的年龄，但黑洞蒸发机制提出了一个悖论。量子理论坚持认为，总的“信息量”是守恒的。（“信息”的概念能够独立于“观察”概念吗？）但如果霍金辐射像最初以为的那样是随机的热辐射，那么随着黑洞蒸发，包含在落入黑洞的物体内的所有信息都将失去。

我们这里用的是一种非常牵强的“信息”概念。例如，如果你把你的日记本投到火里，原则上，有人可以通过分析光、烟雾和灰烬来恢复其中的信息。正是这种表观的、在黑洞蒸发时量子理论破坏信息的损失导致霍金推测，在黑洞蒸发时，信息可能取道进入了一个平行的宇宙。

霍金最近认为，黑洞辐射是不随机的，辐射实际上带走了落入黑洞的物质的信息——就如同烟雾带走了烧着的日记本里的信息一样。我们不需要平行宇宙来接管黑洞的信息。而某些宇宙学家则认为，出于其他量子方面的理由，我们的宇宙可能不是唯一的宇宙。这种建议甚至谈到可以给出观测证据，虽然不是很有说服力。

2009年，一个小组曾请求联合国出面阻止启动造价55亿美元、位于瑞士日内瓦附近的直线强子对撞机（LHC）项目，于是黑洞概念引起了大众媒体的注意。人们担心的是，这台机器所进行的前所未有的高能量（14 TeV）质子碰撞会产生一个黑洞，它将吞噬地球。理论上确实猜想过存在产生微型黑洞的可能性，但它们会迅速无害地蒸发掉。为此物理学家们专门设立了一个委员会来研究并对这类关注做出回应。他们给出的不存在这类危险的有说服力的论据是，我们的地球一直在经受着高能宇宙射线的轰击，有些宇宙射线的能量甚至比大型强子对撞机产生的能量更高。我们不是还在这里吗？大型强子对撞机现在已经运行。至今也没有什么黑洞出来作祟。

暗能量

260

现代宇宙学是基于爱因斯坦的广义相对论，这里“广义”是相对于他早期的狭义相对论而言。广义相对论包括了加速运动和引力，并将这两者等效看待。例如，如果你乘坐的电梯的吊缆断了，那么你的自由落体加速度就抵消了你的重力。

虽然广义相对论在数学上很复杂，但它给出了一种概念上完美、直接的理论。但是，爱因斯坦于1916年第一次给出的形式似乎有严重的问题。它说，宇宙不可能是稳定的，星系的相互引力会导致它们自我坍缩。为此爱因斯坦修补他的理论，加入“宇宙学常数”项，这是一项反抗引力的斥力。

1929年，天文学家埃德温·哈勃宣布，宇宙不是稳定的。事实上，它在膨胀。相对距离越遥远的星系，二者分离的速度就越快。如果确实是这样，那么在过去的某一时刻，宇宙间万物应该都聚在一起。这样便产生了宇宙始于大爆炸的设想。星系间因此均呈飞离状态。这可以解释为什么星系不会合并到一块儿。排斥力，宇宙学常数，都不是必需的。

大爆炸不是非常准确的图像。在广义相对论里，空间本身就是扩张的，而不是星系在固定的空间里飞离。一个很好的比喻是设想粘在气球上的纸屑，当气球充气膨胀时，这些纸屑之间的距离就会增大。膨胀的速度越快，纸屑间距离就越远。

当爱因斯坦发现宇宙确实是不稳定的之后，他抛弃了宇宙学常数，称之为“我职业生涯中最大的失误”。如果他只相信他的原初的、更美观的理论，他便能够在观测发现之前十年就预言出宇宙的膨胀（或收缩）。

星系彼此间的引力吸引使得膨胀变得缓慢，就像重力使得向上抛出的石头上升减缓一样。石头上升到一定高度后便回落下来。同样，人们可以预期，星系的膨胀会慢下来，达到最大分离距离，并最终回到大挤压的状态。

如果你扔出石头的速度足够快，那么石块将一直在太空中持续飞行。但地球的引力仍然起着拉回的作用，石块会不断变慢。同样的道理，如果宇宙大爆炸的烈度足够强，宇宙将永远膨胀下去，尽管速度在变慢。通过确定向上扔的石头的速度变慢的速率，你便可以知道它是会落回到地面还是一直保持飞行。同样，如果能知晓宇宙膨胀速度减慢的速率，我们便可以知道它是否会走向大挤压状态。

事实上，几十年前人们就知道星系并不构成宇宙的全部质量，甚至不是宇宙质量的最大部分。星系中恒星的运动和其他证据告诉我们，除了构成我们地球、行星和恒星的那些物质之外，宇宙间还有一种物质。它有引力，但不发光，也不吸收或反射光线。因此我们看不到它。这就是“暗物质”。没有人知道它是什么，但人们已经建立探测器寻找可能的嫌疑物质。正是正常物质和暗物质的总和使膨胀变缓，并决定着我们的宇宙的最终命运。

（对于最近的PBS新星项目，有一位天文学家这样说道，对人类来说，他不认为还有比“宇宙的最终命运是什么”更基本的问题。也许这确实是一个迫切的问题，但它让人想起了一则故事：在一次公开讲座上，天文学家得出结论：“因此，大约在五十亿年后，太阳将膨胀为一颗红巨星，并焚烧掉类地行星，包括地球。”“噢，不！”坐在后排的一个人叫道。“但是，先生，也许再过五十亿年事情又不会发生了。”天文学家安慰道。这名男子神情松弛下来，“哦，感谢上帝！我以为你说的是五百万年。”）

在过去十年里，天文学家通过测量某些遥远的处于爆发期的恒星（超新星）的退行速度来确定宇宙的命运。这些特殊的爆发具有特征性的内禀亮度，因此天文学家可以通过它们的亮度来测知它们退行得有多远。退行得越远，我们现在接收到的光必然离开它们越早。将所有这一切综合起来，天文学家们便可以确定宇宙在过去不同的时间段里膨胀得有多快，因此也就能够确定宇宙膨胀放缓的速度。

真是令人惊喜！宇宙的膨胀没有变慢，而是在加速。不仅星系间262的引力相互抵消，而且空间还存在一种强度超过引力的排斥力。有了这个力，必然还有新的能量。

由于质量和能量是等效的（$E=Mc^2$），因此这个神秘的排斥性能量在空间上有质量分布。事实上，宇宙的大部分物质都是由这种神秘的“暗能量”构成的。宇宙是由约占70%的暗能量和25%的暗物质组成的。像恒星、行星和我们人类这类物质，只占到宇宙的5%。

虽然没有人知道暗能量是什么，但在形式上，它使爱因斯坦的宇宙学常数这个“最大失误”又回归到广义相对论方程里。理论猜想就是这么以不可思议的方式完成了一次轮回。

我们是否能够想象，神秘的暗能量涉及在本章开篇马丁·里斯所评论的大尺度宇宙与意识之间的联系？这不是没有可能。但在这里，让我们引述一段量子理论家弗里曼·戴森的观点。甚至在暗能量的想法产生之前，戴森写道：

如果事实证明，在脱离生命和意识现象的条件下，我们不可能充分理解宇宙中能量的起源和命运，这并不奇怪……可以想象……生命可能发挥着比我们想象的更大的作用。生命可以在宇宙成形过程中成功地克服一切困难，达到目的。正如20世纪的科学家往往假设的那样，无生命宇宙的设计不可能带来生命和智力的潜力。

大爆炸

天文学家是通过星系发出的光的“红移”来确定星系离开我们的退行速度的。这个频率的降低类似于“多普勒频移”，就像救护车由近及远经过我们身边时警笛的音高逐渐变低。实际上，空间的膨胀抻长了光的波长。

天文学家通过研究星体绝对亮度的红移将星体的红移与它离我们的距离联系起来，因此从中我们能够测知它离我们的距离。他们发现，我们能够看到的最遥远的天体——那些以接近光速的速度离我们而去的星系——所发出的光是距我们现在十三亿年前发出的。这些星系在发出这种光时年龄可能在1亿年左右。这表明，大约十四亿年前，宇宙发生了大爆炸。

263

宇宙大约在400000岁时已经足够冷，使得光散射的电子和质子结合成中性原子，并且首次变得对初始火球产生的辐射透明。因此，在宇宙年轻时，辐射和物质是相互独立的。那时，这种初始辐射的频率非常高，主要集中在光谱的紫外和可见光区。但自那时以来，空间膨胀了一千多倍，因此这种初始光的波长也被抻拉了一千多倍，成为我们周围来自各个方向的3K“宇宙微波背景辐射”。这种微波辐射最初是由AT & T的贝尔实验室的物理学家于1965年在研究通信卫星时意外发现的，它是大爆炸的最有力的证据。它的精细结构与大爆炸理论计算给出的结果惊人的一致。

“暴胀”理论推测了大爆炸之后的瞬时情形，用以解释宇宙在大尺度上惊人的均匀性，这种均匀性业已为星系和微波背景辐射的分布所证实。根据这些概念，空间几乎是瞬间膨胀（暴胀）起来的。它的各个部分彼此分离的速度比光速还快。这并不违反狭义相对论的光速极限规定。在膨胀时，天体在空间的运动速度并没有超过光速。天体间相距越来越远，因为空间本身在膨胀。我们今天观察到的整个宇宙，由一个远比原子还要小的状态开始，几乎是在瞬间就暴胀到柚子般大小。

插入旁白：我们显然正在谈论一个远非智慧观察者能够想象的时期。有人可能会认为，研究这种物理的专家几乎不可能涉及意识问题。事实未必如此。有关这一问题的最重要的著作《粒子物理学和暴胀宇宙学》（不易阅读）一书的作者，美国斯坦福大学物理学教授安德烈 · 林德这么写道：

264

> 是不是存在这样一种可能，随着科学的进一步发展，对宇宙的研究和对意识的研究将有着不可分割的联系，并且其中之一的最终进展在另一项研究没有取得进展的情形下将是不可能的呢？……下一个重大步骤是不是应该考虑发展一种统一处理我们整个世界，包括意识的方法呢？

在最近的一次视频采访中（http://www.closertotruth.com/video-profile/Why-Explore-Consciousness-and-Cosmos-Andrei-Linde-/874），林德透露，他的编辑建议他删除书中有关意识的参考文献，因为他“可能会失去他的朋友们的尊重”。但林德告诉她，如果他删除了，“我会失去自尊”。

除了极短期的暴胀之外，物理学似乎能够从细节上考虑这之后发生的一些事情。当宇宙诞生1秒钟后，夸克结合形成质子和中子。几分钟后，质子和中子结合形成最轻原子的原子核：氢、氘（重氢，一个质子加一个中子）、氦和少量的锂。最古老的恒星和气体云中的氢和氦的相对丰度与我们对这个创造过程的预期是吻合的。

但在那1秒之前，即我们所“熟悉”的夸克和电子诞生之前，大爆炸必须十分精细地产生我们可以生活其中的宇宙。相当精细！ 对此各种理论千差万别。根据其中的一种理论，如果宇宙的初始条件是随机选择的，那么宇宙中出现生命的概率就只有10^{120}（1后面跟了120个零）分之一。宇宙学家和意识理论家罗杰·彭罗斯设想的可能性更小：他建议的指数是10^{123}。（很难设想这个大数的意义。）这种小概率估计相当于说，出现像我们这个世界这样的有生命宇宙的机会，要比在宇宙的所有原子中随意挑选一个原子就恰好挑中某个特定原子的机会还要小。

你能认为这样的小概率事件是一种巧合吗？我们更容易将它看成是未知物理学中的某些事情决定了宇宙必然按现存方式开始演化。这种新物理学可能会包括引力的量子理论。它可能就是人们长期追求的

“万有理论”，即那种将自然界的四种基本力统一成单一力的理论。至少在原则上，现今的所有物理现象都应是可解释的。

我们知道这种万有理论会是什么样子。它将是一个方程组。毕竟，这正是研究者所追求的。那么这组方程能够解决量子之谜吗？回想一下，物理学与意识的相遇是在理论中立的[1]量子实验中直接看到的。逻辑上它产生于量子理论之前，源于包括自由意志的假设。因此量子理论的解释，甚至它的从更一般的数学形式的推导，并不能以某种方式脱离我们的意识决定过程来解决量子之谜。

对于万有理论是否可以解释我们所看到的事实也可能存在类似的观点，史蒂芬·霍金提出了这样一个问题：

> 即便可能的统一理论只有一种，它也只是一套规则和方程。是什么将火喷入方程从而产生出这些方程所描述的宇宙的？科学上构建数学模型的通常做法并不能回答为什么一定存在能够用模型来描述的宇宙的问题。宇宙为什么要惹出所有这些麻烦呢？

有人建议，最终的万有理论将能够预言我们所看到的一切，即使我们无法“解释”它。因此，我们必须寻求一个万有理论作为终极目标，并且如果我们发现了它，我们将对此感到满意。这就是我们对科学所能期待的东西。这也是我们两人所接受的态度——基本如此，

---

1. 这是一个哲学概念。所谓“理论上中立”是指既不认为物质是先于意识的独立实在，也不承认相反情形的假设，而是认为“心”和“物”都是某种基本材料的不同呈现。——译者注

但并非总是如此。

对这种态度持批评意见的人喜欢谈论人存原理。这里我们就较容易接受的版本来谈谈这一原理，而将更激进的想法作为本书的结束。

人存原理

宇宙大爆炸只产生最轻的原子核。较重的元素，像碳、氧、铁和所有的其他元素，则产生于恒星内部，时间上要晚得多。除了氢和氦以外，所有这些元素都是由大质量恒星耗尽核燃料后，先发生剧烈坍缩，再以超新星爆发时释放到空间中的。后代的恒星和行星，包括我们的太阳系，都是由这些碎片聚集形成的。我们都是爆炸恒星的残余物。我们都是星尘。 266

我们这颗恒星的创生，除了前面提到的宇宙大爆炸的极端微调之外，似乎还需要另外一点点运气。早期的计算曾表明，在恒星上不可能产生碳核（6个质子加6个中子）及其以后的重元素。但宇宙学家弗雷德·霍伊尔则认为：既然恒星上确实存在碳，就一定存在制造它的途径。他得出，在某种非常精确的能量下，碳核会处于不曾预料的量子态，它可能允许在恒星中生成碳、氮、氧乃至更重的元素。霍伊尔建议去寻找这种完全出乎意料的核能态。人们果然发现了这种态。

还有其他一些巧合：如果电磁力和引力的大小要比它们的实际值稍许有那么一丁点儿不同，或是如果引力稍大或略小那么一丁点儿，那么宇宙就不会允许存在生命。没有一种已知的物理学机制可以解释为什么这些事情会拿捏得如此恰到好处。

除了上述巧合外，人们还注意到其他一些巧合。事情做得如此完美，而且如此不可思议，这不需要解释吗？还真不需要。如果一切不是像现在这样地发生，我们就不会在这里问这个问题。这种解释是否足够了呢？这种回溯性的论证是基于我们和我们的世界已经存在这一事实，这种推理被称为“人存原理”。

人存原理可以陈述为：我们的宇宙之所以能够出现生命，纯粹出于偶然。另一方面，有理论认为，存在多个宇宙，其数量甚至是无限多个，每个宇宙都有自己的随机初始条件，甚至有其自身的物理学规律。还有人提出了不断产生新宇宙的所谓大“多元宇宙”概念。这些宇宙中绝大多数可能不存在出现生命的物理机制。因此，我们的宇宙能够以这样一种罕见的、对生命友好的几乎不可能的方式存在，这难道不需要一种解释吗？

这里有一个比喻：考虑你的存在是如何的不可能。考虑这样一种不大可能的情形，如果说，有某个人与你拥有同样的独特DNA，这是可能的；但说有数以百万计的人都是你可能的兄弟姊妹，这就无法想象了。现在倒回去几代人，按照出现的概率，你的出现基本上是不可能的。那么你活在当下这需要解释吗？

267

正是按照这样的类比，有些人便呼吁科学应避开人存原理。他们声称，人存原理解释不了任何东西。因此，这种原理应被视为“科学上毫无必要的混乱概念”而加以摒弃。而且，它还有负面影响，对进一步探索起着阻碍作用。但人存推理有时是富有成效的。譬如霍伊尔对碳能级的预言即为一例。

上述人存原理——我们现在可以称之为“弱人存原理”——的反对者可能更反对“强人存原理”。这种观点认为，宇宙就是为我们量身订做的。“量身定做”意味着有一个裁缝，他大概就是上帝了。这种理论说说还行，但几乎没有为智慧设计提供论据，只是偶尔的建议。那个向“宇宙学方程喷出火”的老兄大概无所不能，从最开始就做得十分恰当，不需要对每一步的进化进行修改。

我们在本章开篇的引言中就隐含了强人存原理的一个不同版本：我们创造了宇宙。量子理论认为，观察产生出微观物体的属性。而我们又普遍认为量子理论具有广泛的适用性。如果真是这样，那么更广泛的实在性是不是也可以通过我们的观察来创建？殊途同归，这种版本的强人存原理断言，宇宙之所以对我们如此优待，就是因为我们不可能创造一个我们不在其中的宇宙。如果说，弱人存原理涉及时间上的回溯推理，那么这种强人存原理则涉及时间上回溯行为的形式。

量子宇宙学家约翰·惠勒曾在20世纪70年代画了这么一幅画：一只眼球在看宇宙大爆炸的证据，并问道：“是不是‘现在’的回头看造就了‘那时’所发生事情的实在性？”他的这幅挑战性示意画并没有失去影响。最近我（弗雷德）出席了纪念惠勒九十岁诞辰的会议，主讲嘉宾在介绍他的当前的回溯产生实在性这点时还谈到了惠勒的这幅画。

惠勒的画所蕴含的人存原理影响想必还有很多版本，有些甚至因为惠勒而走俏。在他提出“回头看”的问题之后，他立即评论道：“这里眼睛可以是一块云母，它无须是智慧生命的一部分。”当然，这里 268

被认为带来大爆炸的实在性的云母，显然是大爆炸之后才有的。（对于物理学家来说，由云母片创建宇宙大爆炸要比由有意识的观察者来创建可以减轻稍许不安。）

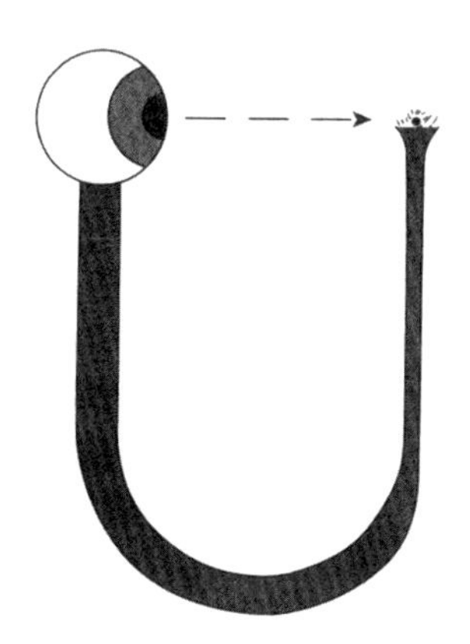

图18.1 是不是"现在"的回头看造就了"那时"所发生事情的实在性

这种强人存原理可能太过火以致令人难以相信，或甚至于理解。如果我们的观察创造了一切，包括我们自己，那么我们必然陷入一种逻辑上的自我指涉的概念中，因此令人难以置信。

假设我们先将其可信性搁在一边，我们来问这样一个问题：虽然我们只能创造我们生活其中的宇宙，那么这个宇宙是否是我们可以创造的唯一一个呢？选择不同的观察，或不同的假设，宇宙是不是就不同了呢？一种大胆的猜测认为，作为纯粹的理论假设，一种不与以往任何观察相冲突的理论实际上是创建了一个新的实在。

例如，亨德里克·卡西米尔在看似不可预言的正电子发现的启发下，思忖道："有时候真的会出现这样的情形：理论不是对一种几乎无法接近的实在进行描述，而是所谓的实在不过是理论的结果。”也可能是出于他自己预言的激励，卡西米尔后来证实（卡西米尔猜想——译者注）：空间的量子力学真空能也许会导致两个宏观物体相互吸引。

打趣一下：如果说有什么东西与卡西米尔猜想有关的话，爱因斯坦最初的宇宙学常数可能会造成宇宙加速的建议算不算一个呢？（这种猜想不可能被证伪，因此，它不是一种科学猜想。）虽然持有这样的想法从字面上说肯定很可笑，但量子之谜可以激励大胆的猜测。

约翰·贝尔告诉我们，用新的方式看待事物会让我们震惊。很难想象，那些最初没当作荒谬被剔除的东西会让我们真正感到震惊。大胆猜测可以是合适的，但需要谦虚和谨慎。猜想无非是一种猜测，但它也许会成为一种可检验的和经确认的预言。

临别思考

269

我们已经通过无可争议的量子实验中所显示的严酷事实展现量子之谜。我们不认为可以解决量子之谜。这个谜团引发的问题要比我们可以认真提出的任何解决方案更深刻。

量子理论非常有效，没有一项理论预言被证明是错的。它是所有物理学，因而也是所有科学的理论基石。全球经济有三分之一依赖于基于这一理论所开发的产品。从任何一种实际效用上说，我们对它完全满意。但是，如果你从超越实用意义的角度来认真对待量子理论，就会发现它有令人费解的潜在影响。

量子理论告诉我们，物理学正遇到意识方面的问题，原则上，由微观领域对这个问题的确证适用于一切范围。这里说的“一切”包括了整个宇宙。如果说哥白尼废黜了人类在宇宙中心的位置，那么量子理论是不是在以某种神秘的方式暗示，我们就是宇宙的中心？

自从八十年前量子理论诞生以来，物理学与意识的遭遇一直让物理学家困扰。很多（大多数）物理学家认为，观察创造实在这种认识的意义有限，在超越微观实体的领域，其物理意义不大。另一些人则认为，自然正告诉我们一些东西，我们应该听取。我们自己的感受恰如薛定谔所说：

> 寻找突破这种僵局出路的迫切愿望应当不会因害怕招致明智的理性主义者的嘲弄而受到挫伤。

如果专家有不同观点，你可以选择你自己的专家去讨论。由于量子之谜源自最简单的量子实验，因此对其精神实质的充分把握并不需要什么专业背景。普通人可以得出自己的结论。我们希望你像我们一样，去大胆地尝试。

> 霍拉旭，天地间的许多事情，要比你梦想的哲学更丰富。
>
> ——莎士比亚《哈姆雷特》

名词索引

（名词后的页码为英文原书页码，即本书中的边码。数字后的“f”表示所在页的图）

B

C

E

I

J

K

L

N

P

R

S

T

U

Z

译后记

译者谨识于京北回龙观

坊间关于量子的书已有不少，为什么还要添加这本《量子之谜》呢？ 我是带着这种疑惑接下本书的翻译任务的。随着译事深入，方逐步体会出责编的良苦用心来——这确实是一本值得学过量子力学甚至没学过量子力学但对量子力学感兴趣的知识饥民一读的好书。虽然你在浏览目录时可能会觉得与流行的量子科普读物没两样，都是从薛定谔的猫聊到贝尔不等式，但本书在聊这两方面的内容时，可不是纯粹的思辨和哲学，而是有着非常现实的应用背景（量子力学的应用范围早已不限于微观领域，很多宏观现象，除了书中描述的晶体管、CCD和磁共振之外，像超导电性、巨磁阻效应等差不多所有极端条件下的宏观现象，都是以量子力学为基础的）。图解示例里所用的偏振态概念，也正是量子通信领域的基本概念。除此之外，书中列举的当今学界对量子理论意义的十一种有影响的解释（第15章），也是其他书中不曾见到的。这些解释为我们思考理论的效用与意义之间的区别，提供了更多的思路。本书英文版的副书名为《物理学遇到意识》，因此全书最后3章着重从物理学角度谈了意识之谜以及它与量子之谜、宇宙之谜的关系，可谓别开生面，成一家之言。

简言之，这是一本由资深专家用平实的大众语言撰写的，融亲身经历和当今理论前沿、技术前沿为一体的不可多得的枕边书。